Susanne Burgstaller (Hrsg.)

Lösungsfokus in Organisationen

Zukunftsorientiert beraten und führen

Mit einem Vorwort von Mark McKergow und Jenny Clarke

2015

Umschlaggestaltung: Uwe Göbel
Satz: Verlagsservice Hegele, Heiligkreuzsteinach
Printed in Germany
Druck und Bindung: Freiburger Graphische Betriebe, www.fgb.de

Erste Auflage, 2015
ISBN 978-3-8497-0064-5

Bibliografische Information der Deutschen Nationalbibliothek:
Die Deutsche Nationalbibliothek verzeichnet diese Publikation
in der Deutschen Nationalbibliografie; detaillierte bibliografische
Daten sind im Internet über http://dnb.d-nb.de abrufbar.

Informationen zu unserem gesamten Programm, unseren Autoren
und zum Verlag finden Sie unter: www.carl-auer.de.

Wenn Sie Interesse an unseren monatlichen Nachrichten
aus der Vangerowstraße haben, können Sie unter
http://www.carl-auer.de/newsletter den Newsletter abonnieren.

Carl-Auer Verlag GmbH
Vangerowstraße 14
69115 Heidelberg
Tel. 0 62 21-64 38 0
Fax 0 62 21-64 38 22
info@carl-auer.de

Inhaltsverzeichnis

Vorwort

Dies ist ein wichtiges neues Buch, eines, das jeder, der mit Entwicklungen in der Welt des Managements und der Organisationsberatung auf dem Laufenden bleiben will, lesen sollte. 2002 wurde die erste Internationale Konferenz für Praktikerinnen von *Lösungsfokus* in Organisationen in Bristol/UK abgehalten. Von diesen Anfängen ausgehend, hat sich eine gedeihende Gemeinschaft, SOLWorld genannt, entwickelt, die sich rasch sowohl geografisch als auch thematisch ausdehnte. Mittlerweile besuchen Menschen aus 30 Ländern der Welt die Jahreskonferenzen, und neue Anwendungen von *Lösungsfokus* werden unentwegt erprobt. Ein gemeinnütziger Verband, die Vereinigung für Qualitätsentwicklung von lösungsfokussierter Beratung und Training (ASFCT), hat zum Ziel, die Anwendungen von *Lösungsfokus* in Organisationen zu fördern und weiterzuentwickeln.

Lösungsfokus bietet sowohl eine radikal andere Art des Denkens über Organisationsentwicklung und die Herausforderungen von Führung als auch ein nützliches Toolset. Seine Art des Denkens erkennt die emergente und interaktive Qualität menschlicher Aktivitäten an und zeigt die Sinnlosigkeit vieler Zugänge zu Change-Management auf (die alle funktionieren würden, wenn nur die Dinge für einen winzigen Moment stillstünden!). Dieses Denken stammt direkt aus der interaktionalen Sicht von Gregory Bateson, John Weakland und dem Mental Research Institute.

Mit diesem Buch bietet uns Susanne Burgstaller eine wertvolle Tour d'Horizon, indem sie die historischen Wurzeln und richtunggebenden Leitlinien von *Lösungsfokus* beschreibt und das Besondere am *Lösungsfokus* durch Fallbeispiele veranschaulicht. Aber was noch wichtiger ist angesichts der Mündigkeit von *Lösungsfokus* in der Welt der Organisationsberatung: Sie platziert *Lösungsfokus* auf der Landkarte der Beratungsmethoden. Lösungsfokussierte Praktikerinnen zeigen laufend neue Ansätze der Organisationsentwicklung auf und präsentieren sie auf Fachkonferenzen auf der ganzen Welt. Zwischen *Lösungsfokus* und jenen Praktiken, die die Implikationen der interaktionalen Sicht anerkennen, wie zum Beispiel der systemischen Beratung, Appreciative Inquiry, Open Space oder World Café, lassen sich viele Resonanzen finden.

Susanne Burgstaller kann diese Aufgabe gut erfüllen: Sie hat 25 Jahre Erfahrung mit Organisations- und Personalentwicklung und ist eine gefragte Beraterin und Coachin. Dennoch genügt es ihr nicht, sich einfach auf ihre Erfahrung zu verlassen. Sie hat aktives Interesse an den neuesten Entwicklungen und trägt tatkräftig zu Konferenzen und Publikationen bei. Ihre Beiträge zur Thematik (vgl. etwa Burgstaller 2014; Kuch u. Burgstaller 2011) geben uns ein gutes Beispiel für die Aufmerksamkeit und Reflektiertheit, die sie auf ihre eigene Praxis anwendet.

Auch wenn Sie (noch) nicht mit dem lösungsfokussierten Zugang vertraut sind, wird Ihnen dieses Buch eine wertvolle Art, über Ihre eigene Praxis nachzudenken, vermitteln, wie es Ihnen auch Instrumente und Vorschläge unterbreitet, die Ihnen helfen, Ihre Effektivität zu steigern.

Mark McKergow und Jenny Clarke
The Centre for Solutions Focus at Work
London, im Februar 2014

Einleitung: Wozu Lösungsfokus?

»Lösungsfokussiert sind wir doch alle! Was ist daran so besonders?« Das bekommen lösungsfokussierte Praktikerinnen oft zu hören. Klar, wer will schon ein Problem? Natürlich bevorzugen alle Menschen eine Lösung, und sie setzen dazu die Alltagslogik der Problemlösung mit mehr oder weniger Erfolg ein. Was aber bedeutet »Lösung« überhaupt für den Einzelnen? Und wozu brauchen wir *Lösungsfokus* als gelernte Methode und Haltung? Genügt nicht einfach der »angeborene« Wunsch nach Lösungen?

Erstens stimmt es gar nicht, dass alle Menschen lösungsfokussiert geboren sind, sondern das Gegenteil scheint der Fall zu sein, wenn man Psychologen glauben mag. Das sogenannte Negativitätsvorurteil, das grundsätzlich bei Menschen aller Lebensphasen vorzufinden ist und neurologisch bedingt sein soll (Cunningham et al. 2008), zählt zu den seit Jahrzehnten bestens untersuchten menschlichen Vorurteilen (Ito et al. 1998). Es besagt, dass wir Negatives, wie z. B. Fehler, früher bemerken und dass es für uns mehr ins Gewicht fällt als Positives. Die Menschen befinden sich also anscheinend in einer »Problemtrance« und merken es nicht einmal.

Zweitens sind Führungskräfte wie auch Mitarbeitende im organisationalen Überlebenstraining auf Zweckoptimismus getrimmt. Sie ersetzen einfach das Wort »Problem« durch »Herausforderung« und gehen an sie mit ihrer alltäglichen Reparaturlogik heran. Wenn wir mit Reparaturen und viel Glück 50 % der organisationalen Probleme lösen können, was ist mit dem Rest? Wie können wir mehr als 50 % lösen? Genügt dazu die alltägliche Reparaturlogik, und wann und wie können wir die natürliche oder gelernte Lösungslogik wirksam einsetzen? Das ist eine Kernfrage, mit der sich dieses Buch beschäftigt.

Es stellt dar, wie Lösungsfokus in den letzten zwei Jahrzehnten einen erfolgreichen Einzug in die Welt der Organisationsberatung genommen und sich dort entwickelt hat und welche Methoden als besonders wirksam betrachtet werden. Es geht der Frage nach: Was ist der besondere Nutzen der lösungsfokussierten Vorgangsweise für Organisationen? Woran ist Lösungsfokus erkennbar? Was kann er besser als andere Richtungen, und wie schafft er es, raschere und direktere Wege zu Lösungen zu bahnen?

Der Auslöser dafür, dieses Buch zu schreiben, war einerseits die mir immer wieder gestellte Frage: »Wo finde ich deutschsprachige Literatur zu Anwendungen von Lösungsfokus in Organisationen?«, andererseits die Frustration darüber, dass immer noch viele Menschen die Subtilität und Eleganz des lösungsfokussierten Ansatzes nicht erkennen. Meine beste Hoffnung für dieses Buch ist, dass es den Unterschied, den Lösungsfokus in den Alltag von Organisationen einführen kann, für die Leserinnen[1] ersichtlich macht und dem Lösungsfokus so dazu verhilft, noch stärker seine »PS auf die Straße zu bringen«. Meine Intention ist es nicht, eine »Definition« von Lösungsfokus in der Organisationsberatung vorzunehmen oder gar vorzuschreiben, wie man Lösungsfokus in Organisationen anwenden soll. Dieser Band soll vielmehr einen kleinen Beitrag zur Dokumentation der vielfältigen Anwendungsmöglichkeiten leisten und dadurch noch mehr Praktikerinnen zur Weiterentwicklung der Anwendungspraxis in Organisationen inspirieren.

Sie finden in diesem Buch eine Einführung in den Hintergrund und die Wurzeln von Lösungsfokus sowie einen Überblick über die verschiedenen Strömungen, mit denen er in Resonanz steht. Die Auseinandersetzung mit den Eigenheiten von Lösungsfokus im Vergleich zu anderen Zugängen soll helfen, Unterschiede klarer zu erkennen. Die Darstellung von lösungsfokussierten Annahmen, Tools, typischen Designs, Rahmen und Prozessen legt die Grundlage für eigene Anwendungen. Es folgen Praxisbeiträge aus ausgewählten Anwendungsfeldern, gegliedert nach den Settings Arbeit mit Einzelpersonen, Teams und Organisationen. Hier finden Sie frische Ideen und Erkenntnisse von Praktikerinnen verschiedenster Richtungen sowie Transkripte von Coachinggesprächen. Zum Abschluss gibt es Antworten auf häufig gestellte Fragen über den Einsatz von Lösungsfokus in Organisationen.

Das Buch ist für Praktikerinnen aller Richtungen geschrieben, für alle, die in und mit Organisationen – ob beratend, leitend oder leidend – nach effektiveren Lösungswegen suchen. Der Begriff »Praktikerin« bezieht sich auf alle, die Lösungsfokus anwenden, ob in Beratung, Führung, Coaching oder anderen Situationen. Sie können das Buch grundsätzlich in jeder beliebigen Reihenfolge lesen. Neulingen

1 In diesem Band wird die weibliche Form präferiert verwendet; die männliche Form ist selbstverständlich immer mit eingeschlossen.

im Lösungsfokus empfehle ich vor allem die Kapitel 1 und 4, damit sie die Grundlagen gut erfassen.

Da Bedeutung meiner Ansicht nach durch die Ko-Konstruktion in einer Community entsteht, so hat dieses Buch auch viele Ko-Autorinnen – und zwar nicht nur jene, die Sie in der Autorinnenliste angeführt finden –, deren vielfältige Beiträge ich leider hier nicht alle entsprechend würdigen konnte. Ich danke vor allem meinen Mitautorinnen, aber auch meinen Kundinnen, Kolleginnen, Freundinnen und Testleserinnen sehr herzlich für ihre Unterstützung. Besonders sei hier meinem Mann Andrew und meinen Töchtern Emily und Katie für ihren Glauben an mich und ihre aktive Unterstützung gedankt, wie auch meinem Lehrer und Coach Chris Iveson und seinen Kollegen Harvey Ratner und Evan George für ihre Inspiration und Kooperation. Auch spendete mir Insoo Kim Berg mit ihrer persönlichen Widmung »Mögen Deine Wunder wahr werden!« Inspiration für dieses Werk. Ohne sie alle wäre es nicht Realität geworden.

Alle namentlich nicht gekennzeichneten Beiträge in diesem Band stammen von mir. Die Übersetzungen aus dem Englischen habe – sofern nicht anders angegeben – ich selbst vorgenommen. Meine beste Hoffnung für Sie, meine sehr geehrten Leserinnen, ist, dass Sie aus dieser Lektüre einige Inspirationen für Ihre erwünschte persönliche und professionelle Zukunft gewinnen.

Susanne Burgstaller
Wien, im März 2014

1 Schnellstart mit Lösungsfokus: Das Wichtigste in Kürze

1.1 Was ist Lösungsfokus?

»Lösungsfokus ist ein mächtiger, praktischer und erprobter Zugang zu positiver Veränderung von Menschen, Teams und Organisationen« und »eine neue Change-Technologie« (Jackson a. McKergow 2007, p. XV).

Der **lösungsfokussierte Zugang**, in der Folge **»Lösungsfokus«** genannt, ist geprägt von radikaler Einfachheit und hochsensibler und individualisierter Anwendung. Er umgeht Problemanalysen und steuert direkt auf die »Lösung« zu. Dies führt zu raschem, pragmatischem und als positiv erlebtem Fortschritt. Es ist ein subtiler und hochdisziplinierter Ansatz, der für den uninformierten Beobachter simpel, fast banal wirken kann. In Wahrheit verbirgt sich dahinter eine sehr fein differenzierte Form der Konzentration auf Bedürfnisse der Kunden und ihre Visionen, Ziele und Lösungsstrategien. Im Herzen von Lösungsfokus stehen drei zentrale Ideen (nach Jackson a. McKergow 2007):

- so klar wie möglich bezüglich dessen zu sein, was eine erwünschte Zukunft darstellt (= »die Lösung«)
- funktionierende Anzeichen der erwünschten Zukunft in der Gegenwart zu erkennen und sie für die Gestaltung der Veränderung zu verwerten
- den direkten Weg zu dem, was funktioniert, zu gehen, ohne sich mit Umwegen zum Problem zu befassen.

Warum verwende ich in diesem Buch den Begriff »Lösungsfokus« anstatt, wie auch gebräuchlich, »Lösungsorientierung« oder »Lösungsfokussierung«? Lösungsfokus ist dem englischen Begriff *solution focus* am nächsten, ist kürzer, und drückt die Notwendigkeit der klaren Fokussierung auf die erwünschte Zukunft und ihre Anzeichen und Vorboten aus. Wenn wir unseren »Fokus« auf etwas lenken, dann schenken wir diesem Etwas unsere Aufmerksamkeit. Wir richten quasi unsere »Scheinwerfer« auf die Anzeichen der Lösung anstatt auf die Anzeichen des Problems.

Lösungsfokus erlaubt einen sehr schonenden und positiven Umgang mit der Veränderung von Systemen. Geprägt von den Gedanken Gregory Batesons, der immer darauf verwies, dass Ökosysteme nicht zerstört werden dürfen (1985), versucht die lösungsfokussierte Organisationsberatung, so viel wie möglich vom bestehenden intakten System zu erhalten und so wenig wie nötig zu ersetzen. Interventionen wollen nicht »verstören«, sondern das Geleistete würdigen, das Gute erhalten und möglichst schonend und sanft Platz für Neues machen.

Lösungsfokus darf nicht mit »positivem Denken« verwechselt werden. Darauf verwies Steve de Shazer immer mit Nachdruck und wurde ärgerlich, wenn es doch geschah. »Denken« ist im Lösungsfokus wichtig, aber Handeln ist noch wichtiger. Lösungsfokus ist meist »positiv«, aber nicht immer: Schwierige Situationen werden als solche anerkannt und nicht beschönigt, und die kleinen Schritte zur erwünschten Zukunft können auch harte Schnitte bedeuten. Lösungsfokussierte Organisationsberatung ist bei Weitem keine neue »soziale Wohlfühlmasche«, wo alle von Wunderlösungen träumen, sondern eine klare Methodik, die in iterativen, d. h. sich wiederholenden Schleifen zu Fortschritten führt.

1.2 Was ist die »Lösung«?

»Um Gertrude Stein zu paraphrasieren:
Eine Lösung ist eine Lösung ist eine Lösung.«
de Shazer (2012b, S. 37)

»Die Lösung des Problems des Lebens
merkt man am Verschwinden dieses Problems.«
Wittgenstein (1969, 6.521)

»Lösung« im Verständnis von lösungsfokussierten Praktikerinnen ist nicht einfach das Gegenteil von »Problem«. Wir verstehen unter dem Begriff »Lösung« vielmehr so etwas wie das, was sich die Menschen wünschen und infolge dieser Wünsche für sich realisieren. Die »Lösung« ist auch noch nicht das, was die Menschen z. B. in einem Coachinggespräch als ihre »erwünschte Zukunft« (im Englischen auch oft *preferred future* oder *future perfect* genannt) beschreiben. Dies mag wohl der erste Schritt dazu sein, aber »die Lösung« zeigt sich in der Realität. Lösung und Problem haben nicht unbedingt etwas miteinander gemein. Steve de Shazer entwickelte 1985 erstmals den Gedanken, dass viele verschiedene Probleme möglicherweise denselben Prozess der Lösungsfindung haben könnten:

> »Die genaue Beschaffenheit des jeweiligen Problems scheint für den Prozess der ›Lösungsfindung‹ nicht wichtig zu sein – die Intervention muss lediglich ›passen‹. Was gebraucht wird, ist ganz einfach ein Dietrich, nicht aber der eine und einzige Schlüssel, der für ›dieses‹ spezifische Schloss gefertigt worden ist« (de Shazer 2012b, S. 163).

Auch Chris Iveson beschreibt überzeugend Parallelen in der Lösungsfindung anhand ganz unterschiedlicher Fälle: Ein hochrangiger Manager, eine Sozialhilfeempfängerin und eine Studentin stehen alle vor einem für sie entscheidenden Gespräch. Der von ihm für diese Lösungsfindung verwendete »Dietrich« ist das »beste Selbst«-Frageset, mit dem er in liebevollem Detail die Stunden und Momente vor dem entscheidenden Interview exploriert (das Interviewbeispiel dazu finden Sie in Abschn. 4.8.3). Er schreibt:

> »Maria und Tom hatten so gut wie gar nichts miteinander gemein, aber als es darum ging, sich vorwärts zu bewegen, dann hatten sie alles miteinander gemein« (Iveson 2014).

Für Kundinnen ist die Erfahrung des Lösungszustandes eine grundsätzlich andere als jene des Problemzustandes. Insa Sparrer (2010, S. 18) schreibt über die Lösungserfahrung:

> »Die Lösung stellt die Erfahrung einer Umkehr dar und ist damit etwas Prinzipielles – nicht etwa jedes Mal etwas anderes.«

Kundinnen beschreiben oft das »Kippen« in die Lösung als einen plötzlichen Wechsel des Blickwinkels, als ein »Aha« und das Sein im »Lösungszustand« als eine grundlegend andere Erfahrung. Diese Veränderung zeigt sich auch oft körperlich. Kundinnen beginnen, sich bei der Beschreibung einer Lösung körperlich aufzurichten oder durchzuatmen:

Während eines Coachinggesprächs im Rahmen einer Weiterbildung beobachtete ich, wie sich die Körperhaltung der Kundin deutlich veränderte, während sie über ihre erwünschte Zukunft sprach. Sie begann, ihre Fußspitzen mehr und mehr vom Boden zu entfernen, bis sie auf den Absätzen ihrer hohen Stiefeletten balancierte. Gleichzeitig neigte sie auch ihren Stuhl in dieselbe Richtung, nämlich nach hinten. Sie schien sich quasi von ihrem »Problemzustand« abzuheben. Sie saß nach hinten geneigt mit Blick nach oben da und schilderte in sichtlich freudiger Stimmung die Details ihrer Lösung.

Als Abschlussfrage stellte der Coach jedoch (leider) die Frage, wie sie all diese Errungenschaften wieder zerstören könne (eine völlig nichtlösungsfokussierte Frage!). Im selben Moment kippten sowohl Stuhl wie auch Fußspitzen wieder nach unten, und die Kundin saß genauso zusammengesunken da wie zuvor.

Andere Kundinnen wiederum schildern die Lösung als eine so allmähliche Veränderung, dass sie von ihnen zuerst gar nicht wahrgenommen und erst nach einiger Zeit oder mithilfe von Würdigung in einem Coachinggespräch erkannt wird. Luc Isebaert (2005) beschreibt in seinem Modell der Transkontinuität die »rekursive Verschränkung von plötzlichem mit allmählichem Wandel« (vgl. Sparrer 2010, S. 18). Die Veränderung kann sich sowohl plötzlich wie auch allmählich vollziehen. Dies ist vergleichbar mit einem chemischen Prozess: Manche Lösungen zersetzen Stoffe sofort, manche unmerklich und langsam. Jedenfalls gerät das Problem aus dem Blickfeld und »löst sich auf«. Vielleicht bringen es Steve de Shazer und Insoo Kim Berg am besten auf den Punkt, wenn sie in bekannt prägnanter Weise schreiben (1993, p. 21):

> »Eine Lösung ist ein gemeinsames Produkt von Therapeutin und Klientin, die miteinander darüber sprechen, was immer das Problem oder die Beschwerde *nicht* ist.«

1.3 Was ist lösungsfokussierte Organisationsberatung?

Lösungsfokussierte Organisationsberatung kann als Teil der systemischen Großfamilie betrachtet werden, unterscheidet sich aber von manchen Ausprägungen der systemischen Organisationsberatung in einigen Punkten deutlich. Ursprünglich im therapeutischen Setting entwickelt, wurde das Modell noch zu Lebzeiten von Steve de Shazer und Insoo Kim Berg auf Organisationen übertragen. Während Steve de Shazer sich von dieser Übertragung eher abgrenzte, wirkte Insoo Kim Berg aktiv dabei mit.

Die Übertragung von der Therapie auf die Organisationsberatung war in Einzel- und Kleingruppensettings (z. B. im Coaching oder in der Teamentwicklung) mit nur geringfügigen Modifikationen möglich. Die Coachingansätze lösungsfokussierter Praktikerinnen zeigen unterschiedliche Nuancierungen, und im Teamcoaching hat sich eine bunte Fülle von Tools und Vorgangsweisen ausgeprägt. Die Nutzung von Lösungsfokus zur Unterstützung von Veränderung in größeren Organisationseinheiten wächst stetig und zeigt wirksame Eigenheiten in Prozess, Design und Rahmung der Projekte. Bei der Übertragung des Modells auf verschiedene Managementbereiche empfiehlt es sich, differenziert vorzugehen: Einerseits lässt sich Lösungsfokus auch mit ursprünglich problemorientierten Methoden so kombinieren, dass deren Wirksamkeit steigt. Andererseits muss man auch die Grenzen der Anwendungen erkennen, respektieren und ausschildern. Sonst ist nicht überall, wo »Lösungsfokus« draufsteht, auch wirklich Lösungsfokus drin.

1.4 Nutzen von Lösungsfokus

Der Nutzen von Lösungsfokus besteht primär darin, dass vier Effekte, die bei organisationalen Veränderungen oft nur um den Preis des jeweils anderen erzielt werden können, gleichzeitig entstehen. Im besten Fall ist es möglich, durch lösungsfokussiertes Vorgehen folgende Ergebnisse zu realisieren:

- effektivere und raschere Veränderungen
- verbesserte Kooperation
- stärker motivierte Mitarbeitende
- höhere Agilität der Projekte bzw. Organisation.

Die Konzentration auf die erwünschte Zukunft, auf das, was funktioniert, und das Planen und Ausführen kleiner Schritte mit den dadurch erzielten Erfolgserlebnissen sind ein positives, energiespendendes Erlebnis für die Beteiligten. Dadurch, dass so wenig wie nötig verändert wird, ergeben sich große Vorteile in Bezug auf Kosten und Aufwand. Zudem erzeugt ein Vorgehen, das dem jeweils bisher

Geleisteten hohe Wertschätzung entgegenbringt und mit viel Partizipation arbeitet, ein viel höheres Maß an Kooperation als andere Veränderungszugänge (Jackson a. McKergow 2007, p. 6).

Es ist oft unmöglich, ein Problem mit derselben Denk- oder Vorgangsweise zu lösen, mit der es entstanden ist. Soll Innovation erzeugt werden, braucht es meist ein Umdenken, einen anderen Zugang. Lösungsfokussierte Methoden können diesen Paradigmenwechsel sehr effektiv initiieren. Die lösungsfokussierte Haltung legt die Basis für eine neue Struktur der aktiven Achtsamkeit, die in zukunftstauglichen Organisationen gefordert ist. Die Zukunftsbilder von Organisationen ändern sich immer schneller und erfordern laufende Anpassung der Strategien. Die Flexibilität eines Zugangs, der auf kleinen Schritten und laufender Nachjustierung basiert, passt sehr gut zu den sich ständig dynamisierenden Anforderungen an Organisationen. Lösungsfokussierte Praktikerinnen machen keine Fünfjahrespläne, sondern fragen:

- Wo wollen wir gemeinsam hin? Was ist unsere erwünschte Zukunft?
- Was hat bisher gut funktioniert? Worauf können wir aufbauen?
- Wo zeigt sich die erwünschte Zukunft bereits ein wenig?
- Was müssen wir ganz anders machen, weil die angestrebte Zukunft es erfordert?

Sie arbeiten in sich wiederholenden, sich aber immer wieder anders ausprägenden Schleifen von Zielbildung durch Beschreiben der erwünschten Zukunft, Erheben dessen, was funktioniert, Umsetzung in kleinen Schritten, Überprüfen von Fortschritten und wieder Nachjustierung der Ziele.

Wie zeigt sich Lösungsfokus für Anwenderinnen? Hören wir von einem CEO aus Schweden über seine Erfahrungen damit in seiner Firma:[2]

> »Ich komme nicht umhin zu reflektieren, wie sehr die Implementierung von Lösungsfokus als eine Form des Change-Managements in unserer Organisation und mit Kunden unsere Firma transformiert hat. Ein sehr bodenständiges Beispiel davon ereignete sich heute früh, das ich mit Ihnen teilen möchte:

2 Mit Dank an Niklas Tiger, CEO von Hi5, Schweden (Tiger 2012).

Sieben Leute kamen heute in ein Meeting, um ein potenzielles Sicherheitsproblem mit unseren Kundennetzwerken zu diskutieren. Was üblicherweise vor unserer ›lösungsfokussierten Ära‹ geschah und womit auch heute gestartet wurde, war, dass wir begannen, das Problem zu definieren: ›Ist es wirklich ein Problem?‹ Einige meinten, nicht. ›Wie groß ist das Problem?‹ Dazu kamen viele verschiedene Ideen. ›Was ist das *wirkliche* Problem? Und warum haben wir es noch nicht gelöst?‹ Usw. Unsere Techniker sind *sehr* versiert, und das Ganze endet meist in einem endlosen ›Krieg der Kompetenzen‹, wer das Problem am besten definieren kann, wer die lauteste Stimme hat etc. Der Fokus wandert sukzessive darauf, wer die Diskussion gewinnt, und der Grund des Meetings, nämlich eine positive Veränderung zu erzielen, gerät in Vergessenheit. In unseren ›Vor-Lösungsfokus‹-Tagen hätten wir das Meeting aus Zeitgründen irgendwann einmal ohne Ergebnis beendet.

Aber heute war es anders! Nach 15 Minuten ›Problemgespräch‹ wurde mir klar, was wieder mal geschehen würde. Daher schlug ich vor, dass wir die Problemdiskussion kurz mal ›parken‹ und unsere Aufmerksamkeit stattdessen darauf lenken, etwas Neues zu entwickeln, das *›das Beste vom Besten‹* ist. Wo sich unsere Techniker eine Minute vorher über gar nichts einigen konnten, brauchten wir jetzt plötzlich nur mehr fünf Minuten, um die erwünschte Zukunft zu identifizieren, und es gab dazu volle Einigkeit. Ich hatte unsere Leute während der letzten zwei bis drei Jahre mindestens 20-mal dieses Problem, aber niemals die Lösung dazu definieren hören. Und die ganze Zeit lang war sie nur fünf Minuten entfernt gewesen?

Wir machten weiter mit der Suche nach dem, was wir schon hatten, das zu unserer Lösung passte, und entdeckten einen wesentlichen Baustein, von dem nur ganz wenige wussten. Am Schluss hatten wir eine Menge kleiner wie auch großer Dinge, die wir tun konnten. Wir wählten drei aus, die wir sofort angehen wollten. Bevor wir das Meeting beendeten, fragte ich, ob jemand noch irgendetwas hinzufügen wollte. Es gab nichts! Kein Bedarf mehr, zurück zur Problemdefinition zu gehen. Und das Lächeln auf den Gesichtern der Leute sagte mir, dass zum ersten Mal ein echter Glaube daran war, dass wir diesmal das Problem wirklich lösen konnten.

Es ist eine Freude, jeden Tag zur Arbeit zu gehen und den Zauber zu erleben, den Lösungsfokus kreiert, und auch, was das mit den Leuten macht. Und was die Business-Seite betrifft: Ich betrachte Lösungsfokus als einen signifikanten Wettbewerbsvorteil, also sagt es bitte nicht meinen Konkurrenten weiter!«

2 Hintergrund: Wurzeln, Quellen und Kontext von Lösungsfokus

2.1 Prägende Personen

Die lösungsfokussierte Organisationsberatung, so wie wir sie heute kennen, beruft sich primär auf das Milwaukee-Modell, das von Steve de Shazer, Insoo Kim Berg und einem Team von Therapeutinnen und Forscherinnen am BFTC (Brief Family Therapy Center) in Milwaukee entwickelt wurde. Die Wurzeln dieses Modells sind vor allem mit folgenden prägenden Ansätzen, Personen und Institutionen assoziiert worden:

- dem Systemdenken des britischen Anthropologen und Allroundwissenschafters Gregory Bateson
- dem psychotherapeutischen Genie von Milton H. Erickson
- der systemischen Kommunikationstheorie des MRI (Mental Research Institute) in Palo Alto, wie sie von John Weakland, Richard Fisch, Jay Haley, Don D. Jackson und Paul Watzlawick erforscht und begründet wurde.

2.1.1 Gregory Bateson (1904–1980): Systemische und erkenntnistheoretische Grundlagen

Gregory Bateson war ein führender Vertreter der Entwicklung systemischen Denkens in der Mitte des 20. Jahrhunderts. Er beschäftigte sich mit ethnologischer Forschung, Kulturvergleichen, Kommunikationstheorien, Fragen von Ökologie und Umwelt, entwickelte neue Konzepte der Kybernetik sowie eine ihm eigene Erkenntnistheorie. Die Fülle und Breite seiner Gedanken ist wohl bis heute in ihrer Gesamtheit und Bedeutung noch nicht vollständig erfasst.

Als sich ihm eines Tages ein junger Anthropologiestudent, nämlich John Weakland, vorstellte, begann eine jahrzehntelange Beziehung, die zu vielen neuen Erkenntnissen für die Sozialwissenschaften und zur Gründung des MRI führen sollte. Bateson warb 1952 Forschungsgelder von der Rockefeller-Stiftung ein und bot Weakland einen Job in diesem Projekt an. Gemeinsam mit Jay Haley und William Fry bildete er eine Gruppe, die Paradoxien in menschlicher Kommunikation zu untersuchen begann.

Bateson stellte seinem Team den Arzt und Psychotherapeuten Milton Erickson vor, der damals bereits bekannt dafür war, mit seinen Klienten herausragende Ergebnisse zu erzielen. Weakland und Haley besuchten Erickson regelmäßig über einen Zeitraum von 17 Jahren hinweg. Laut Jay Haley half Erickson, die Therapeuten auf dem Boden der Realität zu halten, und war dadurch ein wichtiger Gegenpol zu den Abstraktionen Batesons.

1959 gründete Batesons Team das Mental Research Institute in Palo Alto, Kalifornien, um seine Kommunikationsstudien mit Paaren und Familien fortzusetzen. Unter der Leitung von Don Jackson entwickelte die Gruppe den damals revolutionären Familientherapieansatz, der mehr auf einer anthropologischen und soziologischen als einer psychiatrischen Sicht basierte. Mitarbeitende damals waren u. a. Paul Watzlawick, Richard Fisch und auch Virginia Satir.

Steve de Shazer bezieht sich in seinen Publikationen immer wieder auf Bateson, dessen

> »Denken über Systeme und Systemtheorie die Entwicklung und das Wachstum von Familientherapie und Kurztherapie grundlegend beeinflusst hat« (2012c, S. 254).

2.1.2 Milton H. Erickson (1902–1980): Hypnosystemische Grundlagen

Milton Erickson war bekanntlich einer der herausragendsten Therapeuten seiner Zeit. Seine Interventionen waren originell und stets hochindividuell am Patienten als einzigartiger Person und nicht an den ihm zugeschriebenen Pathologien orientiert. Milton Erickson war selbst mehrfach behindert, hatte sich aus eigener Kraft von völliger Lähmung befreit und nutzte seine persönliche Erfahrung, trotz widrigster gesundheitlicher Bedingungen ein erfülltes Leben zu führen, für seine Therapie.

Ursprünglich startete das Milwaukee-Team mit der Intention, die Methoden Ericksons zu erklären und dadurch vermittelbar zu machen:

> »Von Beginn an gründete meine Arbeit auf den Prinzipien, die ich den vielen Schriften Ericksons entnahm. Nach meinem Verständnis dient Ericksons Werk als Ausgangspunkt für meine Arbeit und die meiner Kollegen am BFTC« (de Shazer 2004a, S. 156–157).

Ericksons Vorgehen unterschied sich deutlich vom damals üblichen »medizinischen Modell«, bei dem die Therapeuten nach kausal zuordenbaren genetischen oder entwicklungsbedingten Ursachen für psychische Erkrankungen sucht und sie dann mit Expertenwissen behandelt:

> »Wer sich einer Psychotherapie unterzieht, sucht nicht primär nach einer Erhellung der unveränderlichen Vergangenheit, sondern kommt zu uns, weil er an der Gegenwart leidet und die Zukunft besser zu gestalten wünscht. Wohin der erforderliche Wandel führen und wie umfassend er sein muss, können zunächst weder der Patient selbst noch der Therapeut wissen. Gewiss ist nur, dass eine Veränderung der gegenwärtigen Situation notwendig ist und dass das Eintreten dieser Veränderung, so klein sie zunächst auch sein mag, weitere kleine Veränderungen bedingt, die ihrerseits dann im Rahmen der dem Patienten offenstehenden Möglichkeiten meist weitere größere Wirkungen zur Folge haben. [...] Ein großer Teil meiner eigenen Bemühungen besteht im Erkennen, Freilegen und Fördern der einem Individuum oder einer Familie innewohnenden Veränderungsmöglichkeiten« (Watzlawick, Weakland u. Fisch 1975, S. 7).

Durch diese höchst pragmatische, zukunfts- und ressourcenorientierte Vorgangsweise legte Erickson eine weitere wesentliche Grundlage für die lösungsfokussierte Therapie. Als Therapeut nutzte er alle Ressourcen, die er beim Patienten finden konnte. Dieses Prinzip der Utilisation spielt im Lösungsfokus eine große Rolle und wurde von de Shazer (2004a, S. 157) sogar noch breiter interpretiert, nämlich als

> »all das, was der Klient irgendwie ›richtig‹ oder ›gut‹ macht, was ›nützlich‹ oder ›wirksam‹ ist oder ›Spaß‹ macht, um eine Lösung zu entwickeln« (ebd.).

De Shazer übernahm auch konkrete Techniken von Erickson, so z. B. die Kristallkugeltechnik (Erickson 1954). Er bat dabei Patientinnen, in einen Briefbeschwerer in Form einer Kristallkugel, der auf seinem Schreibtisch lag, hineinzusehen und sich vorzustellen, sie könnten in ihre eigene wunderbare Zukunft sehen (de Shazer 2012b). In gewisser Weise kann man diese Technik als Vorläuferin der Wunderfrage (Bentner u. Krenzin 2011, S. 62) betrachten.

Ericksons Aussage »You must do your share of the work« schlägt sich in der lösungsfokussierten Überzeugung »Arbeite nie härter als deine Klientin« nieder. Er lehnte auch jede Form von Perfektionismus ab. Anstatt unerreichbare Ziele anzustreben, arbeitete Milton

Erickson lieber daran, *»erste kleine Schritte in Richtung einer Heilung oder Lösung zu gehen«* (Bentner u. Krenzin 2011, S. 63). Das Prinzip der »ersten kleinen Schritte« sowie der Verzicht auf unrealistische, perfektionistische Ziele spielen im Lösungsfokus eine große Rolle. Einige weitere Aspekte von Lösungsfokus, die ursprünglich aus der ericksonschen Therapie stammen, sind (vgl. Ratner, George a. Iveson 2012, p. 7; O'Hanlon 1987, p. 3–20):

- nicht normativ (jeder Fall ist anders)
- kein Interesse an der Vergangenheit (Zukunftsorientierung)
- Beobachtung und Utilisation
- Verantwortung der Therapeutin für Erfolg oder Misserfolg der Therapie (Kooperation mit Klientin)

2.1.3 Das MRI: Paul Watzlawick, John H. Weakland, Richard Fisch, Jay Haley, Don D. Jackson – Grundlagen der Kurzzeittherapie

1967 gründeten Weakland und Fisch, in Vernetzung mit Bateson und Erickson, das Brief Therapy Center als Abteilung des MRI. In den 1970er-Jahren wurden die Erkenntnisse des MRI weltweit aufgegriffen und weiterentwickelt, so z. B. in der Mailänder Schule durch Mara Selvini Palazzoli oder in der Strategischen Familientherapie von Jay Haley. Die am MRI entwickelte lösungsfokussierte Kurzzeittherapie steht in der Tradition anderer Kurzzeittherapien, die alle den Anspruch haben, in möglichst kurzer Zeit Ergebnisse zu erzielen. Das 1967 am MRI gegründete Brief Therapy Center sah zum Beispiel eine Obergrenze von zehn Therapieeinheiten vor.

Die Forscher am MRI suchten Antworten auf Fragen nach Beharren und Wandel, nach Problementstehung und Problemlösung, die sie als allgemein auf menschliche Probleme anwendbar formulierten. Vor allem ihre Erkenntnisse über die Prinzipien von Veränderungen hatten großen Einfluss auf das Milwaukee-Team. Aus ihnen entwickelten sich die viel zitierten lösungsfokussierten Leitsätze, die sich nur in der Reihenfolge von jenen des MRI unterscheiden:

1) Wenn es nicht kaputt ist, repariere es nicht.
2) Wenn es funktioniert, mache mehr davon.
3) Wenn es nicht funktioniert, tue etwas anderes.

Auch einige weitere Erkenntnisse des MRI kommen lösungsfokussierten Praktikerinnen bekannt vor:

- Prozesse und Strukturen von Verhaltensabläufen haben Vorrang vor ihrem Inhalt.
- Das Hier und Jetzt hat größere Bedeutung als die Vergangenheit.
- Jedes Verhalten in Gegenwart einer anderen Person hat Wirkung auf das Wesen der Beziehung zwischen den beiden und beeinflusst sie somit.
- Bestand und Wandel müssen zusammen, als eine Gestalt, gesehen werden (Watzlawick, Weakland u. Fisch 1975, S. 10–19).

2.1.4 Das BFTC: Steve de Shazer (1940–2004) und Insoo Kim Berg (1934–2007)

Mitte der 1970er-Jahre befreundete sich John Weakland mit dem jungen Steve de Shazer, der ursprünglich eine Ausbildung als Musiker und Sozialarbeiter absolviert hatte, und stellte ihn Insoo Kim Berg, die ebenfalls am MRI arbeitete, vor. Nach einiger Zeit gemeinsamer Arbeit am MRI heirateten die beiden und gründeten ein MRI des Midwest in de Shazers Heimatstadt Milwaukee. Nachdem sie anfangs kaum Geld gehabt hatten, begannen sie in ihrem Wohnzimmer mit der Arbeit. Sie verwendeten Einwegspiegel und analysierten endlos Videokassetten, um beobachten zu können, was für ihre Klientinnen am nützlichsten war. Es ging ihnen darum, so kurz, effektiv und sachte wie möglich im Leben der Klientinnen zu intervenieren und rein induktiv, ohne »verblendende« Theorie vorzugehen. Wichtige Kooperationspartnerinnen im Laufe der Jahre waren Yvonne Dolan, Wally Gingerich, Gale Miller, Michele Weiner-Davis, Eve Lipchik, Terry Trepper, Harry Korman, Eric McCollum u. v. m. Das Team unterhielt vor allem zu John Weakland eine langjährige Beziehung: Er kam jährlich zu Besuch, führte stundenlange Gespräche mit de Shazer und dem Team und untersuchte mit ihnen Therapiesitzungen (de Shazer 2012c).

In der ersten Phase des BFTC von 1982 bis 1987 beruhte das lösungsfokussierte Modell mehr oder weniger darauf, Ausnahmen vom Problemzustand zu finden und die Klientinnen dabei zu unterstützen, sie auszubauen. Es wurden aber auch Techniken wie Skalen oder Pre-Session-Change erfunden. In *Wege der erfolgreichen Kurzthe-*

rapie (2012b) erwähnte de Shazer erstmals Wilhelm von Ockhams »Rasiermesser« und definierte somit das Prinzip des Minimalismus als einen lösungsfokussierten Grundsatz.

Der Durchbruch zur »eigentlichen« lösungsfokussierten Kurzzeittherapie kam durch die »Wunderfrage«, die Insoo Kim Berg in einem Gespräch mit einer Klientin in den frühen 1980er-Jahren entdeckt hatte und die dann weiterentwickelt wurde. Durch diese Frage konnten sich Klientinnen in ihr erwünschtes zukünftiges Leben versetzen und dieses Leben im Gespräch erfahren. 1988 beschrieb de Shazer die Wunderfrage in *Der Dreh* (vgl. 2004a) als einen Eckpfeiler des lösungsfokussierten Ansatzes.

1984 publizierte de Shazer endlich, nach 17 Zurückweisungen, den Artikel *The death of resistance* (»Der Tod von Widerstand«), der für Aufregung in der medizinisch-therapeutischen Szene sorgte. Er reinterpretierte darin alle bislang als »Widerstand« zusammengefassten Verhaltensweisen von Klientinnen als jeweils einzigartige Versuche, mit der Therapeutin zu kooperieren. Damit wurde die Therapeutin verantwortlich für die Anpassung an die Klientin und nicht umgekehrt, die Klientin war nicht mehr verantwortlich für die Anpassung an die Therapeutin. Anstelle der Annahme, dass die Therapeutin zuerst das Problem der Klientin verstehen muss, um es einer Lösung zuführen zu können, behauptete de Shazer, dass sie

> »erstens darauf fokussieren solle, woran die Klientin erkennen würde, dass das Problem gelöst ist, und zweitens darauf, was sie bereits im Begriff war, dazu zu tun« (Iveson, George a. Ratner 2012, p. 1).

Anstatt Probleme zu analysieren, zu diagnostizieren und Verschreibungen vorzunehmen, ist es viel hilfreicher, die knappen Zeitressourcen in eine Konstruktion der Lösung zu investieren durch:

- eine detailreiche Untersuchung der »bevorzugten bzw. erwünschten Zukunft« der Klientin bzw. eine Beschreibung des Zustandes, wenn das Problem gelöst ist
- die Identifikation von Vorkommnissen, die anzeigen, dass der Lösungszustand bereits manchmal eintritt

Diese einfachen, aber radikalen Ideen stellten den therapeutischen Prozess mehr auf den Kopf, als wir uns das heute vorstellen können, da mittlerweile sehr viel von dem ursprünglich »revolutionären« Gedankengut dieses Ansatzes in die systemische bzw. therapeutische Praxis hereingeholt wurde.

Nach 1994 löste sich das Team in Milwaukee zunehmend auf. Steve de Shazer und Insoo Kim Berg reisten um die Welt, um lösungsfokussierte Praxis zu lehren. Während sich Steve de Shazer stärker seinen philosophischen Betrachtungen widmete, wurde Insoo Kim Berg bekannt dafür, Lösungsfokus vom Therapiesetting in verschiedene andere Anwendungsfelder, wie z. B. in die Sozialarbeit oder in Schulen, zu übertragen. Beide unterhielten gegenseitig befruchtende persönliche und professionelle Kontakte zu verschiedenen Praktikerinnen weltweit (Vogt et al. 2012).

Gemeinsam waren die beiden ein perfektes Team: Steve de Shazer, der brummige, an philosophischen, systemischen und theoretischen Fragen interessierte Intellektuelle und Forscher, der gerne am Modell feilte, und Insoo Kim Berg, die hoch talentierte, unentwegt arbeitende Therapeutin und geborene Lehrerin, die in vielen Kooperationsprojekten für die praktische Implementierung von Lösungsfokus in die verschiedensten Settings sorgte. Steve de Shazer bekräftigte gegen Ende seines Lebens wiederholt, dass er

> »einen großen Teil seiner Laufbahn darauf verwendet habe, alles präzise zu benennen und schriftlich festzuhalten, was Insoo tat, wenn sie lösungsfokussierte Therapien durchführte« (de Shazer a. Dolan 2011, p. 18).

2.1.5 Jenseits von Milwaukee

Lösungsfokus wurde zu Lebzeiten Steve de Shazers und Insoo Kim Bergs und danach von verschiedenen Teams und Personen koentwickelt. Hier sind allen voran die Mitglieder des Milwaukee-Teams, wie z. B. Harry Korman, Therese Steiner, Yvonne Dolan und Eve Lipchik, zu nennen wie auch Bill O'Hanlon mit seiner »Possibility Therapy«. In Europa sind das Norddeutsche Institut für Kurzzeittherapie bedeutend wie auch Insa Sparrer und Matthias Varga von Kibéd mit ihrer richtungweisenden Integration von Lösungsfokus in die Aufstellungsarbeit, Gunther Schmidt mit seiner von Milton Erickson abgeleiteten Hypnosystemik oder Luc Isebaert und das Korzybski-Institut in Brügge – um nur einige der bekanntesten Namen zu nennen. Es würde den Rahmen dieses Buches sprengen, all ihre Entwicklungen im Detail zu beschreiben, zumal vieles davon durch deren eigene Publikationen gut dokumentiert ist. Ich greife hier das im deutschsprachigen Raum leider noch weniger bekannte BRIEF-

Institut[3] heraus, das aber am engsten den ursprünglichen Zielen des Milwaukee-Teams – und hier vor allem Steve de Shazers Ideen – verbunden ist und, wie mir scheint, auch die derzeit bedeutsamsten Weiterentwicklungen des lösungsfokussierten Modells anzubieten hat.

2.1.6 Von Milwaukee nach London[3]

Evan George

Eines Abends im Jahre 1989 saßen Chris Iveson, Harvey Ratner und ich, das BRIEF-Team, in London zusammen und versuchten, all unseren Mut zusammenzunehmen, um ein Telefonat zu führen, das unser Leben verändern sollte. Wir hatten beschlossen, Steve de Shazer im Brief Family Therapy Center in Milwaukee anzurufen. Wir waren sehr interessiert, um nicht zu sagen: besessen vom lösungsfokussierten Ansatz und wollten daher de Shazer nach London einladen. Wir wollten ihn einen Tag lang in Bezug auf unsere Arbeit konsultieren und dachten, dass wir das am besten durch eine öffentliche Konferenz finanzieren könnten. Beide Veranstaltungen, die Konferenz und der Konsultationstag, waren ein großer Erfolg. Die Konferenz hatte den Effekt, eine Plattform für Lösungsfokus in Großbritannien zu etablieren, von der das Modell in ganz außerordentlicher Weise abheben konnte. Aber für Chris, Harvey und mich war diese Veranstaltung der Beginn einer Freundschaft mit Steve de Shazer, die bis zu seinem Tod dauerte. Steve wurde unser Mentor, *auch wenn er das nie wusste*, und in den folgenden 15 Jahren wurde unsere Arbeit ein Versuch, der – wie wir fanden – unentrinnbaren Logik seines Denkens zu folgen und sie weiterzuentwickeln.

Die beiden Stränge von de Shazers Denken, die uns am meisten faszinierten, waren sein Interesse an Minimalismus und seine Suche nach Einfachheit. Diese eng verbundenen Stränge ziehen sich durch seine Arbeit und zeigen sich in einer Reihe unterschiedlicher Arten, wie zum Beispiel in seiner oft wiederholten Idee, dass Thera-

3 Evan George schildert in Abschnitt 2.1.6 wie es zur Gründung von BRIEF als führendem Zentrum für die Entwicklung und Vermittlung von lösungsfokussierter Kurzzeittherapie und lösungsfokussiertem Coaching kam und wie die mehr als 15 Jahre andauernde gemeinsame Arbeit und Freundschaft mit Steve de Shazer und Insoo Kim Berg begann. Er beschreibt des Weiteren anschaulich, wie die drei BRIEF-Gründer bereits zu Lebzeiten von Steve de Shazer und auch danach das lösungsfokussierte Modell in markanter Weise gestalteten.

pie so lange dauern soll, wie sie dauert und keine Sitzung mehr, in seiner Suche danach, die direkteste Linie vom Problem zur Lösung zu finden (de Shazer 1987), in seiner Aufforderung an Therapeuten, Beschwerden »für bare Münze zu nehmen« (ebd., p. 143), und in seiner Behauptung, dass »Therapie so beschrieben werden muss, dass Therapeuten verstehen, was sie wie machen sollen« (2004b, im am. Orig. 1991: p. 26). Der letztere Gedanke war mit dem Expertensystem assoziiert, das de Shazer (2004a, im am. Orig. 1988: p. 14) entwickelte und in *Der Dreh (Clues)* als Flow-Chart oder Entscheidungsbaum darstellte. Therapie, so behauptete de Shazer uns gegenüber, sei keine quasi »magische Einheit«, die sich an oder sogar jenseits der Grenzen von Sprache und Beschreibung befinde, sondern ein komplett logischer Prozess, für den die Regeln einfach definiert und kommuniziert werden könnten. Für das BRIEF-Team, das mühsam den inspirierenden Fußstapfen de Shazers folgte, ergaben diese Stränge eine Reihe von sich überlappenden Fragen:

- *Was ist das Minimale, das wir tun können, das dennoch ein gutes Ergebnis für unsere Kundinnen darstellt?*
- *Was ist der einfachste und direkteste Weg vom Problem zur Lösung?*
- Und schließlich, beeinflusst von Insoo Kim Bergs Mantra, dass Therapeutinnen keine Fußabdrücke im Leben ihrer Klientinnen hinterlassen sollten: *Wie können wir die Kundin im Veränderungsprozess ins Zentrum rücken und die Therapeutin eher an den Rand?*

Diese drei Fragen waren die Grundlage für unsere Veränderung des traditionellen Angesichts lösungsfokussierter Kurztherapie (Ratner, George a. Iveson 2012). Dieser Prozess führte uns zum Beispiel dazu, die Notwendigkeit, die Therapie mit »problemfreiem Gespräch« zu eröffnen – was seit Beginn der Arbeit am BFTC eine Standardpraxis war –, zu hinterfragen (George, Iveson a. Ratner, 1999). Dies aufzugeben schien wenig Unterschied zu machen.

Wir begannen des Weiteren, die Notwendigkeit, dass alle Sitzungen mit einer Aufgabe enden mussten, ob es nun eine rudimentäre war oder nicht (de Shazer 2012b), infrage zu stellen. Diese Praxis hatte de Shazer im Gespräch mit uns wohl hinterfragt, de facto in seiner Arbeit aber nie abgeändert. Nachdem wir entschieden hatten, dass es möglich war, auch ohne Aufgaben auszukommen, hinterfragten wir als Nächstes die Notwendigkeit für Komplimente, die de Shazer immer als sehr eng mit der Verschreibung von Aufgaben verbunden sah (ebd.), und bemerkten, dass, wenn wir sie nicht anboten, die Kundinnen sich dennoch veränderten. Als wiederum Nächstes – anstatt unsere Sitzungen mit der Frage »Was bringt Sie hierher?« zu eröffnen, wie sie de Shazer in typischer Manier in seiner früheren Arbeit gestellt hatte (eine Frage, die sehr oft zu problemdominierten Antworten geführt hatte) – entschieden wir, sie mit »Was ist Ihre beste Hoffnung, wozu unser gemeinsames Gespräch führen könnte?« (George, Iveson a. Ratner 1999) zu eröffnen. Wir fanden sie einfach lösungsfokussierter, und in unserer Erfahrung führte sie direkter in die Beschreibung der erwünschten Zukunft, die wir als zentral für den lösungsfokussierten Prozess betrachteten.

Weiterhin kamen wir zu dem Schluss, dass das Konzept von »Ausnahmen« von Natur aus problembezogen war, da es sich ja auf Ausnahmen von der Regel der *Problemdominanz im Leben der Kundin* bezog. Wir fanden, dass es für die Ausarbeitung des Modells nützlicher wäre, wenn wir zwischen zwei verbundenen, aber unterschiedlichen Einheiten unterschieden: nämlich den Elementen der erwünschten Zukunft, die bereits stattfanden und die wir »instances« (»Vorkommnisse«) nannten (Ratner, George a. Iveson 2012), und den Zeiten, in denen das Problem nicht auftrat und die wir weiterhin als »Ausnahmen« bezeichneten. Diese Unterscheidung zu konstruieren machte es leichter für uns, in unserer Arbeit diejenigen Manifestationen der erwünschten Zukunft zu privilegieren, die, wie wir fanden, besser zum direktesten Weg vom Problem zur Lösung passten, den wir suchten.

Und schließlich – im Hinblick darauf, unser eigenes Profil zu reduzieren und die Kundin ins Zentrum zu rücken – begannen wir, uns über die Verwendung der »Wunderfrage« (de Shazer 2004a) Gedanken zu machen. Sie schien uns ziemlich tiefe Fußstapfen im Leben der Kundin zu hinterlassen, und wir ersetzten sie durch die geringfügigere und weniger mit Bedeutung aufgeladene »Morgenfrage« (Ratner, George a. Iveson 2012, p. 93 f.). Diese Morgenfrage lautet zum Beispiel so: »Stellen Sie sich vor, Sie wachen morgen auf und Ihre beste Hoffnung hat sich erfüllt. Was werden Sie an sich bemerken? Was werden andere an Ihnen bemerken?« Am Ende unserer Suche hatten wir ein Kernmodell, das typischerweise so formuliert war:

- *Was ist Ihre beste Hoffnung von unserem Gespräch?* (Wir verwenden hier mit Bedacht die Formulierung »Ihre beste Hoffnung *von* diesem Gespräch« [your best hope *from* this conversation] und nicht »Ihre beste Hoffnung *für* dieses Gespräch« [your best hope *for* this conversation], weil wir gleich von Anfang an den Fokus auf die erwünschten Folgen des Gesprächs im Leben der Kundin lenken wollen.)
- *Wenn Ihre beste Hoffnung sich erfüllt hätte in Ihrem Leben, wie wäre Ihr Leben dann anders?* (Üblicherweise verwenden wir hier die bereits erwähnte »Morgenfrage«.)
- *Was machen Sie bereits jetzt, das zu der Zukunft, die Sie sich wünschen, passt?* (»Vorkommnisse« sind zentral für diese Untersuchung.)
- *Welches werden die nächsten kleinen Anzeichen von Veränderung sein?* (Skalenfragen erlauben es üblicherweise der Kundin, sich die letzten beiden Fragen zu überlegen. Eine Skalenfrage könnte zum Beispiel so lauten: »Auf einer Skala von 0 bis 10, wobei 10 für ›Ihre beste Hoffnung ist realisiert‹ und 0 für das absolute Gegenteil davon steht, wo, würden Sie sagen, stehen Sie gerade jetzt? Welche Vorkommnisse in Ihrem Leben zeigen Ihnen, dass Sie bereits bei X auf dem Weg zu Ihrer besten Hoffnung sind? Was werden die ersten kleinen Anzeichen sein, die Ihnen sagen, dass Sie eine Stufe weiter auf der Skala sind?«)

Mit dem Hinterfragen der Notwendigkeit von »Aufgaben« und »Komplimenten« kam es zu einer größeren Verschiebung in unserem Denken über die Art von Veränderung innerhalb von Lösungsfokus. Ursprünglich wurden Aufgaben als zentral für den Veränderungsprozess angesehen, und das Stellen der korrekten Aufgabe erforderte, dass die Therapeutin Informationen von der Klientin einholte. Daher wurden Fragen teilweise deshalb gestellt, weil die Therapeutin die Antworten kennen musste, um die korrekte Intervention verschreiben zu können. Es war die Intervention, die Aufgabe, die, wie wir ursprünglich glaubten, die Veränderung in den Verhaltensmustern der Klientin hervorbrachte. Durch die Marginalisierung von Aufgaben begannen wir, Veränderung als einen Prozess zu betrachten, der durch die Beantwortung einer Reihe von Fragen ausgelöst wird. Wir kamen zur Ansicht, dass die Einladung zur Beschreibung der erwünschten Zukunft das Zentrale unserer Arbeit war. Wir realisierten auch, dass wir nicht einmal die Antworten der Kundin hören mussten, außer um die nächste Frage stellen zu können. Es gab kein Herausfinden, keinen Versuch zu verstehen, keine Beurteilung, ja auch keinen Versuch, die Kundin zu verändern, außer durch Einladung zu einer Reihe von Beschreibungen.

Mit dieser Verschiebung ergab sich eine generelle Positionsveränderung, ein Unterbleiben unserer Versuche, die Kundin zu verändern. Wir stellten einfach Fragen, und die Kundin veränderte sich, und wir begannen zu glauben, dass, je weniger Druck die Kundin in unseren Fragen empfand, desto einfacher es für sie wurde, in jene Beschreibungen einzusteigen, die einen Unterschied zu machen schienen. Wir bemerkten, dass wir weniger »voraussetzende« und häufiger tentative Formulierungen benutzten. So stellen wir zum Beispiel unsere Fragen im Vergleich zu früher jetzt so:

Früher:

Wenn Sie mehr Vertrauen *haben,* was *werden* Sie dann anders machen?

Heute:

Wenn Sie mehr Vertrauen *hätten,* was *würden* Sie dann anders machen?

Welches *könnten die kleinsten Anzeichen* sein, dass Sie mehr Vertrauen *hätten?*

Natürlich muss jede Beschreibung eines Modells provisorisch sein und den Weg für Veränderung und Entwicklung offenlassen. Bereits jetzt, während ich schreibe, beginnen sich bereits neue und bis jetzt noch relativ ungeformte Gedanken in meinem Denken und von dort aus in unserer Praxis am BRIEF-Institut auszubreiten.

2.2 Kontext von Lösungsfokus

Lösungsfokus ist eingebettet in einen Kontext geistiger Strömungen, aus denen er wichtige Impulse empfängt. Er kann als ein Familienmitglied der systemisch-konstruktivistischen Großfamilie betrachtet werden – wie nahe verwandt, darüber scheiden sich die Geister. Darüber hinaus steht Lösungsfokus mit verschiedenen anderen philosophischen Richtungen und pragmatischen Disziplinen in Resonanz.

2.2.1 Die Philosophie Ludwig Wittgensteins

Steve de Shazer entdeckte mit Freude viele Parallelen zwischen seinen Gedanken und der Philosophie Ludwig Wittgensteins. Wittgenstein stellte auf seine Art die Philosophie genauso auf den Kopf wie Steve de Shazer manche Prinzipien der Psychotherapie. Allerdings tauchen die Bezugnahmen auf Wittgenstein erst ab de Shazers drittem Buch, *Der Dreh (Clues)* (2004a; am. Orig. 1988), auf, und er betonte auch immer, dass die Parallelen zu Wittgensteins Betrachtungen eher als eine nachträgliche Rationalisierung dessen anzusehen sind, was vorher im Therapiesetting entdeckt und entwickelt wurde. Die Philosophie Wittgensteins sollte jedenfalls keineswegs die fehlende Theorie des Lösungsfokus ersetzen:

> »Da ich behaupte, dass SFBT [solution focused brief therapy] eine Praxis bzw. Aktivität ohne darunter liegende (großartige) Theorie ist, erscheint es ein wenig merkwürdig, wenn nicht sogar widersprüchlich, sich immer wieder auf das Werk eines Philosophen zu beziehen. Das führt manche Leser oder Seminarteilnehmer zu dem Gedanken, dass Wittgensteins Werk vielleicht die (fehlende) Theorie ersetzen könnte« (de Shazer 2012d).

De Shazer verwendete aber immer wieder markante Aussagen Wittgensteins zur Illustration lösungsfokussierter Prinzipien, vor allem zum Thema »Sprache«. Welche Gedanken Wittgensteins erzeugen auch heute noch die größte Resonanz? Sie finden hier, wie auch im Buch eingestreut, ausgewählte Zitate mit Überlegungen zu ihrem Bezug zur lösungsfokussierten Praxis.

Alltagssprache und Bedeutung als soziale Konstruktion

Wittgenstein forderte, Worte von der metaphysischen in die alltägliche Verwendung zurückbringen: »Die Bedeutung eines Wortes ist sein Gebrauch in der Sprache« (Wittgenstein 1958, 43). Der Alltagsgebrauch der Sprache war das Fundament seiner Philosophie. Die Bedeutung eines Wortes entsteht aus seiner alltäglichen Verwendung. Wenn wir ein Wort aus dem Kontext, in dem es üblicherweise gebraucht wird, entfernen und losgelöst seine »Essenz« zu ergründen versuchen, entsteht Verwirrung. Philosophen versuchten – über Jahrhunderte relativ vergeblich – das Verständnis von Begriffen wie z. B. »Geist«, »Wesen« oder »Ich« zu definieren. Wittgenstein hingegen betonte immer wieder, dass Worte nur in ihrem alltäglichen Kontext verstanden werden können und dass die Verwendung von Sprache eine soziale und interaktionale Angelegenheit ist.

Beides sind zentrale Annahmen im Lösungsfokus. Wir befolgen im Gespräch die »Grammatik«, d. h. die Bedingungen für die Verwendung eines Wortes, unserer Gesprächspartnerinnen, ohne sie verstehen zu müssen. Nur im Kontext ist Verstehen möglich, und da dieser Kontext durch das Leben unserer Kundinnen definiert ist, kann er uns nie vollständig bekannt sein. Verstehen ist aber keine Voraussetzung für eine Lösungsfindung.

Beschreibung statt Erklärung

»Wittgensteins Art, die Dinge zu beschreiben, erinnert uns daran zu beobachten, was gerade passiert und das alltägliche Leben – einschließlich der Sprache, die tatsächlich verwendet wird – als Basis unserer Konzepte und Beschreibungen zu betrachten. Es sind diese Beschreibungen des Alltagslebens, die die Erklärungen und Theorien der traditionellen Philosophie und Psychologie ersetzen« (de Shazer 2012d).

Anstatt über Dinge Hypothesen aufzustellen, über die keine Fakten vorliegen, ist es besser, jene wegzulassen: »Wovon man nicht sprechen kann, darüber muss man schweigen« (Wittgenstein 1961, 7)

Fokus auf Verhalten, auf dem, was an der »Oberfläche« liegt

»Ein ›innerer Vorgang‹ bedarf äußerer Kriterien« (Wittgenstein 1958, 580).

»... sondern (es ist) unser Handeln, welches am Grunde des Sprachspiels liegt« (Wittgenstein 1969, 204).

Steve de Shazer vertraute inneren Veränderungen ohne äußere Merkmale nicht: Innere Veränderungen kommen und gehen; auf äußere Veränderungen gibt es meist Reaktionen, die verstärkend und stabilisierend wirken. Lösungsfokussierte Praktikerinnen achten auf diese verstärkenden Zyklen zwischen inneren und äußeren Merkmalen von Veränderungen. Sie vermeiden Abstraktionen und versuchen, Veränderungen im Alltagsleben sichtbar zu machen. Sie stellen Fragen wie z. B.: »Woran merken Sie, dass Ihr Team mehr Zuversicht hat? Was machen die Teammitglieder dann anders? Woran wird Ihr Kollege eine Veränderung bemerken, ohne dass Sie ihm ein Wort darüber sagen?«

2.2.2 Die Macht von Einfachheit: Wilhelm von Ockhams Rasiermesser und Minimalismus

»Mache die Dinge so einfach wie möglich, aber nicht einfacher.«
Albert Einstein

Diese in der lösungsfokussierten Community viel zitierte Aussage bezieht sich auf das im Lösungsfokus verfolgte Ideal der Einfachheit und Sparsamkeit. Häufig wird die Metapher von Wilhelm von Ockhams Rasiermesser in dem Sinne verwendet, dass damit überflüssige Theorien oder Annahmen »wegrasiert« würden. Ockhams Botschaft in einer ihrer Formulierungen lautet: »Entitäten dürfen nicht über das Notwendige hinaus vermehrt werden.« Wer war Wilhelm von Ockham, und was bedeutet seine Aussage? Er war ein Mönch im England des 14. Jahrhunderts, der sich gegen die komplizierten theologischen Modelle seiner Zeit auflehnte. Das bekannte Zitat von ihm besagt, dass es unnötig sei, in philosophischen Fragen mehr anzunehmen, wenn auch weniger möglich wäre.

Dies wurde zu einem wesentlichen Gedanken der lösungsfokussierten Praxis: Unnötig elaborierte Modelle werden nicht nur als eingebildet und hochgestochen, sondern auch als potenziell irreführend betrachtet. Psychologische Experimente, allen voran ein von Alex Bavelas in den 1950er-Jahren durchgeführtes und viel zitiertes Experiment (Kramer 2007, p. 69 ff.), zeigen uns, welche Anziehungskraft von Kompliziertheit ausgeht. Je komplizierter eine Erklärung, auch wenn sie in Wahrheit grundfalsch ist, desto wahrscheinlicher erscheint sie uns, und umso klüger wirken die Menschen, die sie vorbringen.

Seitens der Komplexitätsforschung und der Kognitionswissenschaft häufen sich die Hinweise, dass Menschen jedoch im Alltag am erfolgreichsten mit einfachen »Heuristiken« oder Daumenregeln operieren (A. S. Simon 1972). Experimente zeigen, dass einfache Entscheidungsbäume komplexe Modelle ausstechen (Gigerenzer a. Kurzenhäuser 2005, pp. 3–15). Wir Menschen kommen rasch an die Grenzen unserer kognitiven Kapazitäten, und unsere Rationalität ist vielen Gefahren, wie kognitiven Verzerrungen oder Selbstüberschätzung, ausgesetzt (Kahnemann 2011). Je komplexer die Situation, desto einfacher sollten die Regeln zu ihrer Bewältigung sein (Gigerenzer 2010).

> »So wie man Feuer nicht mit Feuer bekämpft, so bekämpft man Komplexität nicht mit Komplexität« (Haldane 2012).

Hier bietet Lösungsfokus seinen besonderen Nutzen: In der komplexen und sich ständig verändernden Welt der Organisationen liefert er Annahmen und Methoden, die eine vereinfachende Wirkung erzielen. Lösungsfokussierte Praktikerinnen versuchen stets, die Dinge so einfach wie möglich zu halten, ohne über Gebühr zu »simplifizieren«. Das bedeutet allerdings nicht, dass diese Prinzipien einfach anzuwenden sind. Im Gegenteil, sie erfordern viel Geschick, Selbstdisziplin und Erfahrung von den Anwenderinnen:

> »Nur weil dieser Zugang einfach ist, heißt das noch lange nicht, dass er leicht anzuwenden ist« (Berg a. de Shazer 1993, p. 21).

> »Das Einfache entsteht nur selten spontan. Es entwickelt sich eher über einen Zeitraum und durch einen Prozess, der viel anstrengendes Nachdenken einschließt« (de Shazer 2004a, S. 70).

Diese absichtliche Einfachheit hat aber oft zur Folge, dass die Radikalität, Eleganz und Andersartigkeit der lösungsfokussierten Vorgangsweise von Außenstehenden entweder nicht wahrgenommen oder als selbstverständlich, banal oder gar naiv betrachtet wird. Jede große Kunst wirkt leicht, und so kann auch ein kunstvoll geführtes lösungsfokussiertes Gespräch so leicht und selbstverständlich klingen, dass man das dahinter liegende Geschick der Praktikerin gar nicht erkennt. Einfachheit ist vor allem in Bezug auf folgende drei Bereiche wesentlich (Jackson a. McKergow 2007, p. 13):

- Theorie: Man lässt Annahmen, die im vorliegenden Fall nicht bestätigt sind, beiseite.
- Sprache: Vage und obskure Sprache kann wichtige und nützliche Details verschleiern.
- Vorstellungskraft: Imaginieren von verdeckten (nicht: von nützlichen) Details, die über das, was wir konkret beobachten können, hinausgehen.

Im Lösungsfokus geht es daher in gleichem Maße darum zu erkennen, was wegzulassen ist, wie darum, worauf zu fokussieren ist.

2.2.3 Die »positive Revolution«

In den letzten Jahren war eine Entwicklung in mehreren Disziplinen zu beobachten, die mit dem Überbegriff »positiv« zu bezeichnen ist.

Sie sind deshalb für uns interessant, weil sie in mancher Hinsicht Parallelen zum Lösungsfokus aufweisen und ihn ergänzen und bereichern. Es ist aber auch wichtig, stellenweise klare Grenzen zwischen Lösungsfokus und den »Positiv«-Ansätzen zu ziehen.

Die Positive Psychologie

Während sich die traditionelle Psychologie jahrzehntelang mit der Erforschung von geistigen Erkrankungen beschäftigte, erforscht die Positive Psychologie mentale Gesundheit sowie die Wirkung positiver Emotionen. Einige der bekanntesten Wissenschafter auf diesem Gebiet sind Seligman (2002, 2006), Diener (2009), Fredrickson (2009) und Csikszentmihalyi (1997). Während lösungsfokussierte Therapie und Beratung primär pragmatische Disziplinen sind, verfügt die Positive Psychologie über umfangreiches Forschungsmaterial, das den wissenschaftlichen Erklärungshintergrund auch für das Funktionieren vieler lösungsfokussierter Interventionen bietet. Aus Fredricksons »Broaden-and-build«–Theorie lässt sich zum Beispiel ableiten, dass die durch die lösungsfokussierte Methodik hervorgebrachten positiven Emotionen Denkperspektiven »verbreitern« (Glass 2009).

Eine weitere hilfreiche Errungenschaft der Positiven Psychologie ist die Einführung einer Reihe von Begriffen, wie z. B. »Flow«, »Glück« oder »Gedeihen«, die vorher kaum gebräuchlich waren. Allerdings tritt dabei auch einer der größten »Glaubensunterschiede« zutage: In der Positiven Psychologie interessiert man sich dafür, was in den »Köpfen« der Menschen vorgeht, und postuliert objektiv erforschbare »Persönlichkeitskonstrukte«. Im Lösungsfokus vertritt man eher die Meinung der interaktionalen Psychologie, dass Persönlichkeit im jeweiligen Kontext unterschiedlich konstruiert wird (Harré a. Gillet, 1994). Robert Biswas-Diener, ein Vordenker der Positiven Psychologie, zeigt aber mittlerweile ebenfalls interaktionelle Perspektiven auf. So erklärt er zum Beispiel, dass Stärken

> »hoch kontextbezogene Phänomene sind, die in typischen Mustern gemeinsam mit Zielen, Interessen, Werten und situationsbezogenen Faktoren entstehen« (Biswas-Diener, Kashdan a. Minhas 2011).

Die »Stärkenrevolution«

Ausgehend von den Forschungsergebnissen des Gallup-Instituts bezüglich persönlicher Stärken und Führungsstärken, haben Buckingham und Clifton (2001) die »Stärkenrevolution« ausgerufen. Die

Idee ist einfach: Anstatt Kompetenzdefizite zu bekämpfen, so wie es jahrzehntelang in der betrieblichen Personalentwicklung üblich war, ist es sinnvoller, Stärken zu fördern. Menschen fühlen sich dann motivierter und engagierter, sind resilienter und erbringen rascher bessere Leistungen. Diese Erkenntnisse wurden bald auf die Erforschung von organisationalen Stärken und Erfolgsprinzipien übertragen, sowohl von Gallup selbst wie auch von Jim Collins (2003). Lösungsfokussierte Beraterinnen achten ebenfalls stringent auf das, was im Kundinnensystem funktioniert und an Ressourcen vorhanden ist. Sie gehen allerdings nicht von der Annahme allgemein gültiger und stabil vorhandener Stärken aus, sondern lassen sich vom Prinzip »jeder Fall ist anders« leiten, was impliziert, dass das, was in einem Fall als »Stärke« konstruiert wird, im nächsten Fall als »Schwäche« betrachtet werden kann.

Positive Organisational Scholarship – POS

Diese Richtung der Organisationsforschung befasst sich mit positiven Leistungsabweichungen, Exzellenz und Stärken und erforscht all jene organisationalen Praktiken, die zu herausragenden Ergebnissen führen. Der bislang bekannteste Vertreter ist Kim Cameron (2003), Mitbegründer des Center for Positive Organizational Scholarship an der Universität von Michigan und Autor einiger wesentlicher Publikationen zu POS und Positive Leadership. Im deutschsprachigen Raum befasst sich die Forschergruppe um Max Ringlstetter (Ringlstetter, Kaiser u. Müller-Seitz 2006) mit Fragen nach positiven organisationalen Phänomenen sowie Attributen von Mitarbeitenden und deren Auswirkungen auf die Produktivität. Auch hier belegt die Forschung, dass die (mithilfe lösungsfokussierter Tools erreichbaren) »positiven Zustände« in Organisationen zugleich erstrebenswert für die Mitarbeitenden und gewinnbringend für die Aktionäre sind.

Appreciative Inquiry – Positive Change

Eine Methode, die große Resonanz mit Lösungsfokus aufweist, ist Appreciative Inquiry (AI) oder, mit neuem Namen, Positive Change (Cooperrider a. Whitney 2005). Beide Richtungen fokussieren auf das, was funktioniert, auf Ressourcen, Ausnahmen, eine »Vision«, Wertschätzung, und nutzen Fragen und Dialog als primäre Instrumente. Gleichzeitig gibt es aber auch eine Reihe von Unterschieden, von denen einige hier angeführt sind (Shaked 2013):

- AI legt großen Wert darauf, das gesamte System von Anfang an miteinzubeziehen, während Lösungsfokus davon ausgeht, dass große Fortschritte auch dann erzielt werden können, wenn man nur mit Teilen des Systems arbeitet.
- Lösungsfokus startet üblicherweise im Hier und Jetzt, während AI eher die Vergangenheit als Ausgangspunkt wählt.
- Im Gegensatz zu AI betont man im Lösungsfokus konsequent Ausnahmen und positive Abweichungen sowie das Prinzip der kleinen Schritte.
- Im Lösungsfokus werden die Bedeutung von Einfachheit und die Nutzung einer unkomplizierten Sprache geschätzt, während sich AI eher einer komplexeren und poetischen Sprache bedient.

Positive Deviance

Dieser Zugang wurde erstmals von Richard Pascale, Jerry Sternin und Monique Sternin (2010) in den 1990er-Jahren in ihrem Kampf gegen Unterernährung von Kindern in Vietnam entwickelt. Sie fanden heraus, dass, obwohl 64 % der Kinder unterernährt und die Ausgangsbedingungen für alle gleich waren, es doch einige Familien gab, die wohlgenährte Kinder hatten. Die Sternins erforschten die Ernährungspraktiken der »positiven Abweichler« und fanden heraus, dass diese Familien Nahrungsmittel einsetzten, die andere Familien als nicht passend für Kinder betrachteten, z. B. kleine Krabben oder die Blätter von Süßkartoffeln, den Kindern vor dem Essen die Hände wuschen und sie häufiger fütterten. Diese Vorgangsweisen wurden durch ein Programm der aktiven Vermittlung an andere Familien weitergegeben, und die Unterernährungsrate fiel um 85 %.

Mittlerweile wird das Prinzip von Positive Deviance nicht nur im Kampf gegen Unterernährung und Krankheit eingesetzt, sondern es wird auch von großen Konzernen zur Bewältigung von technischen und Managementherausforderungen verwendet (Pascale a. J. Sternin 2005). Zu der Frage, wo es Resonanzen mit Lösungsfokus gibt:

- Komplexe Probleme lassen sich durch einen einfachen Zugang lösen, ohne dass alle damit verbundenen und dahinter liegenden Schwierigkeiten beseitigt sind.
- Die Lösung entsteht im Kontext, hat daher von Anfang an eine gute Passung und lässt sich leicht übertragen.

- Das Know-how entsteht aus der Expertise der Betroffenen, kommt nicht von externen Expertinnen, und wird von Fall zu Fall immer wieder neu erforscht.
- Die Vermittlung des neuen Wissens erfolgt durch gemeinsames Tun.

2.2.4 Das Potenzial der Neurowissenschaften

Die Neurowissenschaften liefern teilweise erstaunlich plausible Erklärungsmodelle für das Funktionieren der lösungsfokussierten Praxis. Die Erkenntnisse der Hirnforschung erklären, warum es sinnvoll ist, dass sich lösungsfokussierte Gespräche detailliert um erwünschte Zustände und nicht um Probleme drehen. Unser Gehirn ändert sich ständig und ist bis ins hohe Alter veränderbar. Durch laufende einseitige Nutzung, z. B. durch Kreisen der Gedanken um Probleme, entstehen aber Gedächtnisspuren, die zu »Autobahnen« werden können:

> »Prinzipiell ist die Gefahr der Bahnung sehr einseitiger neuronaler Verschaltungsmuster umso größer, je häufiger ganz bestimmte Strategien der Angstbewältigung von einem Menschen im Lauf seiner Entwicklung immer wieder eingesetzt und subjektiv als besonders erfolgreich bewertet werden« (Hüther 2009).

Die Chance, dass ein Weg geändert wird, sinkt dadurch. Lösungsfokussierte Gespräche erzeugen eine Art Umleitung im Gehirn, die durch eine neue Erfahrung zu anderen Verschaltungen führt.

Ebenso hat die im Gespräch entstehende virtuelle Erfahrung des Lösungszustandes anscheinend Auswirkungen auf den ganzen Organismus. Wenn wir nämlich etwas Positives erleben, dann schüttet das »Glückszentrum« im Gehirn eine große Menge Dopamin aus, was unsere Lernprozesse beschleunigt (Spitzer 2002). Diese Erfahrung beeinflusst des Weiteren die Herzratenvariabilität (HRV), die dadurch »kohärent« wird, wie wir während einer internationalen SOL-Konferenz bei einem Livecoaching beobachten konnten (Blase a. McKergow 2006). Eine derartige HRV-Verbesserung bringt enorme positive Wirkungen für Nerven-, Immun- und Hormonsystem und dadurch auch einen verbesserten Umgang mit Stress, bessere Konzentration, bessere Entscheidungen und höhere Leistung.

2.2.5 Achtsamkeit und Anfängergeist, die »Seele« von Lösungsfokus – Buddhistische und taoistische Einflüsse

Elfriede J. Czerny

Buddhismus und Taoismus lehren uns wichtige Verhaltensweisen, mit deren Hilfe wir liebevoll mit uns, unseren Ressourcen und unseren Mitmenschen in Kontakt bleiben können. Sie betonen, wie sehr alles miteinander in Beziehung steht, und geben uns Hinweise, wie wir diese Verbindungen wahrnehmen und in eine positive, gewünschte Richtung verändern können. Lösungsfokus steht hierbei diesen Traditionen sehr nahe.

So war Steve de Shazer stark vom fernöstlichen Denken beeinflusst und sowohl dem Zenbuddhismus als auch dem Taoismus sehr verbunden (ISS'ES 1990). In seinem Buch *Muster familientherapeutischer Kurzzeit-Therapie* (2012a, S. 22) erwähnt er, dass er, inspiriert durch seine Frau Insoo Kim Berg, Bücher über buddhistisches und taoistisches Denken zu lesen begann, und betont den zentralen Einfluss dieses Denkens auf die Epistemologie und das Modell der Lösungsfokussierung.

Aber auch umgekehrt finden sich Beiträge, die den Wert von Lösungsfokus für Kulturen mit asiatischem Weltbild betonen (Lim et al. 2010; Yeung 1999). Vor allem die Kombination von Beziehungsorientierung und Anwendbarkeit kann für den chinesischen Kontext außerordentlich wertvoll sein. Lösungsfokus steht in seinen Grundhaltungen den fernöstlichen Traditionen also sehr nahe und scheint in »seiner Seele« mit ihnen verwandt zu sein. Dies zeigt sich unter anderem, wenn man die Lehre der Achtsamkeit oder des Anfängergeistes näher betrachtet.

Achtsamkeit und die Fokussierung von Aufmerksamkeit

Achtsamkeit stellt im Buddhismus ein wesentliches Element dar und findet als Methode im westlichen Denken zunehmend Eingang (Kabat-Zinn 2009; Begley a. Davidson 2012). Sie kann verstanden werden als ein nicht wertendes Gewahrsein dessen, was im gegenwärtigen Moment ist, bewirkt durch gerichtete Aufmerksamkeit (Kabat-Zinn 2003, p. 145).

Die Praxis der Achtsamkeit stellt viele hilfreiche Techniken zur Verfügung, mit deren Hilfe man die Fokussierung von Aufmerksamkeit trainieren und damit die eigene Haltung festigen und persönliche

Handlungsspielräume erweitern kann. Die Übung der Achtsamkeit besteht darin, urteilsfrei zu beobachten, anstatt den gewohnten Bewertungen zu folgen, sich nicht von wiederkehrenden Gedankeninhalten ablenken zu lassen, sondern im Hier und Jetzt wahrzunehmen, was in mir und um mich herum passiert. Durch die Entwicklung einer Achtsamkeitspraxis entsteht ein bewussteres »Sein«. Wächst unser Bewusst-Sein, können wir uns einfacher von unseren Problemen lösen. Durch das Erkennen der eigenen Ressourcen und das Entwickeln neuer Erfahrungen im Zusammenhang mit »Problem« und »Ziel« entsteht eine neue Wahrnehmung. Dadurch können neue Strategien für die bewusste Gestaltung der eigenen Zukunft entwickelt werden.

Im Lösungsfokus wird in der Gegenwart (analog zum Hier und Jetzt der Achtsamkeit) ein Erfahrungsraum geschaffen, in dem die Kundin in ihre erwünschte Zukunft eintaucht. Diese Zukunft wird möglichst konkret und realistisch ausformuliert, und wirkungsvolle Unterschiede, die für die Kundin von Bedeutung sind, werden ihr bewusst. Außer mit gezielten Fragestellungen unterstützt die Beraterin ihr Gegenüber vor allem dadurch, dass sie die Verantwortung für die Lösung stets bei der Kundin lässt, so wie auch die Zen-Meisterin stets die Verantwortung für die Erkenntnis bei ihren Schülerinnen lässt. Sie unterstützt sie dennoch durch ihr Gewahrsein und ihr Vertrauen in deren Ressourcen.

Anfängergeist und die Haltung des »Nichtwissens«

Der Anfängergeist ist frei von den Gewohnheiten der »Expertin«. Er ist demütig, offen für Neues und für Überraschungen. Er ist dankbar und offen im Herzen (Steindl-Rast 2011). Er ist bereit, anzunehmen, zu zweifeln und allen Möglichkeiten gegenüber offen zu sein. Wir nehmen also im Anfängergeist eine Haltung ein, als würden wir alles zum ersten Mal sehen oder hören – oder, anders bezeichnet, wir nehmen eine Haltung des »Nichtwissens« ein.

Im Taoismus geht man davon aus, dass alles fließt. Damit gilt es, die Überzeugung loszulassen, man wisse, wo es langgeht. Sich immer wieder von seinen eigenen Vor-Stellungen und Erwartungen zu lösen ist daher wichtig für die Pflege des Anfängergeistes. Auch Vergänglichkeit spielt hier eine große Rolle: Die Erkenntnisse von gestern müssen heute nicht mehr stimmen. So gehört zu einer Haltung des »Nichtwissens« auch, jeden Fall als einzigartig in seinem Wesen und Kontext zu behandeln.

Im Anfängergeist ist man neugierig, beobachtet sorgfältig, anstatt zu bewerten, und ist achtsam – gegenüber sich selbst und gegenüber dem anderen. Dadurch entsteht aufrichtiger Dialog. Aus lösungsfokussierter Sicht steigt man hier empathisch und achtungsvoll in das »Weltmodell« des Gegenübers ein, nicht um es zu verändern, sondern um wahrzunehmen, was in dieser speziellen Weltsicht in Bezug auf eine erwünschte Zukunft bereits gut gelingt. Geduldig und beharrlich achtet man auf Unterschiede, die für das Gegenüber bedeutsam sind und eine erwünschte Veränderung begünstigen.

Die »Seele« von Lösungsfokus

In liebevoller Achtsamkeit sich immer wieder die eigenen Überzeugungen bewusst zu machen, sie möglichst frei von Bewertung zu halten und sie, wie Wolken, auch wieder ziehen zu lassen, kann sich für die Entwicklung einer lösungsfokussierten Haltung als sehr nützlich erweisen. Laotse sagt: »Wenn du schnell sein möchtest, werde langsam!« Indem wir achtsamer werden, entschleunigen wir. Das Licht des Scheinwerfers unserer Aufmerksamkeit auf das Funktionierende zu richten bedeutet zudem meist, aus gewohnten negativen Denkschleifen auszusteigen. Dadurch werden wir und unser Gegenüber darin bestärkt, unsere Ressourcen deutlicher wahrzunehmen und so handlungsfähiger zu werden. Und wie Laotse, so betont auch der Lösungsfokus, »dass jede Reise mit dem ersten Schritt beginnt«.

Daher auch die Frage an Sie: Was ist Ihr nächster kleiner Schritt, damit Sie noch besser mit Ihren Ressourcen in Kontakt kommen?

2.2.6 Improvisation als Inspiration für die lösungsfokussierte Praktikerin

Paul Z. Jackson

Was willst du einmal werden, wenn du groß bist?

Als Profis hoffen wir auf einen Job, den wir mit Passion ausüben können. Ich hatte das Glück, gleich in zwei solcher Disziplinen beruflich tätig zu sein: Lösungsfokus und Angewandte Improvisation. Es sind zwei Fachgebiete mit jeweils eigenen Konzepten, Methoden, Fähigkeiten und Praktiken, jedes mit einer separaten Palette an Anwendungen und einem Satz von Fallbeispielen. Sie haben unterschiedliche Traditionen, Geschichten, signifikante Personen, geistige Hintergründe, Forschungsbibliotheken und Publikationen.

Dennoch verbinden sie sich in meiner Arbeit als Berater, Coach, Trainer und Moderator. Ich bin seit mehr als einem Jahrzehnt sehr eng mit beiden Fachgebieten verbunden und erkenne dabei tief greifende Ähnlichkeiten. Verkürzt sage ich Leuten manchmal, dass die beiden dasselbe sind. Das ist in meiner Praxis sehr plausibel, da ich mich beider bediene und dabei keine Widersprüche verspüre. De facto dienen sie mir beide mühelos und bereichern und inspirieren einander.

Da dieses Buch vom Lösungsfokus handelt, nehme ich an, dass die Leserinnen mehr mit Lösungsfokus als mit Angewandter Improvisation vertraut sind. Daher beschreibe ich zuerst die Angewandte Improvisation und ziehe dann Parallelen zum Lösungsfokus, in der Hoffnung, dass auch Sie die Verbindungen zwischen den beiden Disziplinen herstellen können. Ich stelle fest, dass die lösungsfokussierte Community auf den Geschmack improvisationsbasierter Aktivitäten gekommen ist und dass meine Impro-Kolleginnen im Gegenzug die lösungsfokussierten Grundsätze akzeptieren, vor allem weil auch sie die Grenzen des alten, problemorientierten Denkens erkennen.

Der Reiz des Neuen

Die Möglichkeiten von Improvisation wurden mir erstmals bewusst, als ich eine Comedyshow in London mit Jim Sweeney und Steve Steen sah. Sie waren so schnell, dynamisch und zeitgemäß, dass ich kaum glauben konnte, dass sie alles aus dem Stegreif machten. Die zweite Show, die genauso gut war wie die erste, überzeugte mich. Die beiden erlaubten mir, sie zu interviewen, und erklärten mir, dass ihre Techniken nicht »übernatürlich«, sondern erstaunlich simpel und für alle zugänglich seien, die sich die Mühe des Erlernens machen wollten. Sie konnten sie mir in ein paar Sätzen zusammenfassen, aber wenn ich mehr wissen wolle, dann gebe es das Buch von Keith Johnstone (1979). Ich las dieses wunderbare Buch, besuchte einige Workshops und gründete bald darauf meine eigene Impro-Gruppe in Cardiff, die erste von drei theaterbasierten Comedy-Impro-Teams, die ich trainierte und leitete, und deren Absolventinnen heute einige angesehene Darstellerinnen, Autorinnen und Produzentinnen bei britischen TV-Shows umfassen.

Improvisation kann beschrieben werden als eine Antwort auf eine Herausforderung, der Sie bislang noch nicht begegnet sind oder die Sie nicht erwartet haben – oder als ein neuer, im Hier und Jetzt entstehender Zugang zu einer bereits bekannten Herausforderung. Impro-Teams zeigen oft beeindruckende Sofortreaktionen auf schwierige Herausforderungen und die Fähigkeit, kreative und oft brillante Lösungen rasch und konsistent zu produzieren. Wenn Sie aber denken, dass Improvisation nur auf die Bühne gehört, dann weit gefehlt: Führungskräfte, Change-Agents, Moderatorinnen und Beraterinnen weltweit setzen Impro-Techniken ein und erzielen dadurch große Wirkung. Ich begann damit, Improvisationsfertigkeiten Nichtschauspielerinnen als Teil eines BBC-Trainingsprogramms zu lehren, wobei mich der Enthusiasmus der Teilnehmenden dazu brachte, die Anwendung von Improvisation auch in weiteren Nichttheatersettings, zum Beispiel in den Bereichen Persönlichkeitsentwicklung und Teams, zu erkunden.

Jasagen als Fertigkeit

Mit meinen Kolleginnen im Applied Improvisation Network (AIN), das ich 1999 mitbegründete, bahnte ich für viele verschiedene Anwendungen von Improvisation den Weg, darunter zum Beispiel:

- Steigerung von Präsentations- und Moderationsfertigkeiten
- Verbesserung von Teamarbeit
- Erhöhung von Kreativität und Innovationsfähigkeit.

Das AIN ist jetzt das größte »Kunst-im-Business«-Netzwerk der Welt, mit rund 3000 Mitgliedern und einer wachsenden Palette an Praktiken, Meetings und Konferenzen. In einer Impro-Trainingseinheit bauen die Teilnehmenden üblicherweise folgende Fähigkeiten auf:

Zuhören: Die erste Pflicht der Darstellerin ist es, sich bewusst zu machen, was in der improvisierten Szene vor sich geht, sodass sie sich präzise in diese Szene einfügen kann. Wenn sie nicht achtsam und aufmerksam ist, kann es sein, dass sie das Publikum durcheinanderbringt, indem sie in eine andere Realität taumelt.

Präsenz ist der Zustand des Im-Hier-und-Jetzt-Seins. Man vermeidet die Ablenkungen der Vergangenheit oder Zukunft und hält die Aufmerksamkeit fokussiert auf das, was vor der Nase passiert, anstatt das Bewusstsein irgendwohin driften zu lassen.

Reaktionsfreude ist die Fähigkeit, im Moment auf die Signale rund um uns und in uns reagieren zu können.

Kreativität ist die Fähigkeit, etwas Neues und Nützliches genau in dem Moment, in dem es gebraucht wird, zu produzieren beziehungsweise sich mit etwas Bestehendem in neuartiger Form zu verbinden.

Führungskräfte und Organisationsmitglieder brauchen diese Fähigkeiten, wenn sie über formelhafte Aufgaben hinausgehen wollen. Es ist zwar gut, eine Struktur oder einen Plan zu haben, allerdings muss man auch den Freiraum innerhalb dieser Struktur nutzen können. Das lernt man durch Impro. In jedem Projekt und in jeder Konversation können wir uns als hoch qualifizierte Impro-Darstellerinnen betrachten.

In der dramatischen Improvisation ist das *Jasagen* das grundlegende Medium, das die Szene in Schwung hält. Im Arbeitsalltag und in anderen nichtdramatischen Settings steht das »Ja« dafür, dass wir die Beiträge anderer als potenziell wertvoll für das Projekt akzeptieren. Obwohl es nicht Zustimmung bedeutet, so heißt es doch, dass wir mit Sorgfalt darauf achten, dass wir Ideen nicht von vornherein ablehnen, sondern ihnen Zeit zum Atmen geben. Dieses Konzept findet seinen Nachhall bei lösungsfokussierten Praktikerinnen, die mit dem Konzept der »radikalen Akzeptanz« vertraut sind: das ernst zu nehmen, was andere sagen, ohne unbedingt damit einverstanden zu sein.

Aus dem, was da ist, etwas machen

Eines der sechs Prinzipien, die wir im Buch *The solutions focus* (Jackson a. McKergow 2007) einführten, ist, »aus dem, was da ist, etwas zu machen«. Das beschreibt Lösungsfokus und Impro gleichermaßen: In keinem der beiden Felder beklagt man, was nicht da ist. Man fängt mit dem an, was angeboten wird und vielversprechend ist. In einer Impro-Szene haben Sie nur die Handlungen und Worte der Darstellerinnen. Es gibt absolut nichts anderes, sodass jede Szene emergent ist und jeder Schritt auf dem vorhergehenden aufbaut. Dasselbe kann man auch über ein lösungsfokussiertes Coachinggespräch sagen. Impro-Szenen und Coachinggespräche sind beides Prozesse, in denen die Teilnehmenden abwechselnd drankommen und dadurch die Szene oder das Gespräch konstruieren. Indem sie auf die Ideen und Vorschläge des Gegenübers reagieren, kann es sein, dass das Ganze größer wird als die Summe seiner Teile oder etwas entsteht, was beide alleine sich nicht hätten ausdenken können. Dies ist vor allem so, wenn die Spielerinnen ihre Aufmerksamkeit im Moment lassen und sich nicht von vorgefertigten Theorien oder der Suche nach versteckten Bedeutungen ablenken lassen.

Ein »Ja« signalisiert, dass wir zuhören und dass wir grundsätzlich interessiert und willens sind, mit dem Angebot, das wir empfangen haben, etwas anzufangen. Wir nehmen die Haltung ein, dass alles ein potenziell nützliches Geschenk ist. Wir sind gerüstet für die Möglichkeiten eines Angebotes und betrachten es, bevor wir es entweder mit einem »und« weiterentwickeln und die Szene damit aufbauen oder es ablehnen. Das Äquivalent im lösungsfokussierten Coaching ist, es der Kundin zu ermöglichen, ihrem Gedankengang zu folgen oder eine Idee aufzugeben, sobald ihr eine bessere bewusst wird. Es ist sowohl im Interesse der lösungsfokussierten Praktikerin wie auch der Improvisatorin, ihr Gegenüber *gut aussehen* zu lassen. Zuhören bedeutet validieren, auf der Bühne oder woanders. Manche gehen sogar so weit zu sagen, dass »Dein-Gegenüber-gut-aussehen-Lassen« den Job des Improvisators vollständig beschreibt und den Erfolg einer Szene garantiert. Weil Szenen und Konversationen emergent sind, sind sie im Detail unvorhersehbar: Schließlich haben die Spielenden, sobald sie dran sind, die Freiheit, zu sagen und zu tun, was sie wollen. Wir können die Zukunft nicht vorhersagen, aber wir können an ihrer Kreation teilhaben. Die Ko-Konstruktion einer guten Impro-Szene besteht aus :

1) abwechselndem Drankommen
2) kleinen Schritten
3) voller Ausnutzung eines jeden Schrittes, entweder noch vor dem nächsten Schritt oder durch spätere Eingliederung.

Das suggeriert eine starke Parallele zur Sparsamkeit und Gründlichkeit einer guten Coaching- oder Therapiesitzung. Szenen und Konversationen können beide auf dieselbe Art und Weise »Flow« zeigen, wenn die Spontanität der Spielenden unterstützt und Ideen entwickelt werden. Ebenso können beide sehr leicht gestoppt werden durch »Blocking«; dies ist ein Theaterbegriff, der für »an unpassender Stelle streiten oder diskutieren«, »den aktuellen Dialog nicht aufbauen«, oder »mit unpassenden Beiträgen sabotieren« steht (wie zum Beispiel »Aliens landen gerade« oder »Meine Theorie von Change ist ...«). Der Szenenaufbau ist eine dramatisierte Suche nach Lösungen, die Ko-Kreation einer theatralisch befriedigenden neuen

Gesamtheit im Möglichkeitenland. »Blocking« – die Thematisierung dessen, was uns behindert und was nicht funktioniert – ist eine unnötige Exkursion ins Problemland.

Die interaktionale Sicht

In einer Impro-Szene können wir nicht wissen, was als Nächstes kommt, im Gegensatz zu einer Show mit Drehbuch. In letzterem Fall müssen die Darstellerinnen hart arbeiten, um das Publikum zu überzeugen, dass sie den Text nicht kennen, sodass die Show bei jeder Aufführung frisch erscheint. Die Impro-Darstellerinnen leben in einer Welt des Nichtwissens. Das ist ihre spezielle Herausforderung. Eine gute Impro-Szene erzeugt die Illusion von Telepathie zwischen den Darstellerinnen. Man fragt sich: Wie können sie nur diese Szene so geschickt darstellen, ohne ein Drehbuch zu haben? Um Improvisation erfolgreich zu machen, *müssen sie es nicht wissen.*

So wie die Improvisatorin allem Anschein nach telepathisch arbeitet, so arbeitet die lösungsfokussierte Praktikerin allem Anschein nach empathisch. Die Magie und die Illusion werden durch die Interaktion geschaffen. Ein nützlicher Grundsatz sagt: »Die Aktion ist in der Interaktion.« Wenn jede Interaktion anders ist, dann verleiht ihr vielleicht ihre innere Spontanität ihren Wert. Wir haben es mit praktischen und zugleich paradoxen Räumen zu tun, in denen wir sowohl Struktur als auch Freiheit brauchen, Planung und sofortige Reaktion, ein klares Bewusstsein der Richtung wie auch die Agilität, mit dem zu arbeiten, was auftaucht.

Sich anpassen an das, was funktioniert

Die vielleicht herausforderndste und relevanteste Frage für Organisationen und Individuen ist, wie sie sich am besten anpassen können. Wenn Anpassung aus Reaktionsfreude und Kreativität besteht, dann lassen sich viele Antworten in der Impro-Praxis finden. Die besten Führungskräfte in Zeiten von Veränderung sind diejenigen, die im Tun lernen und sich auf neue Bedingungen einstellen können. In lösungsfokussierten Begriffen tun diese »improvisationalen« Führungskräfte das, was funktioniert, und wenn etwas nicht funktioniert, dann sind sie wendig genug, um rasch etwas anderes zu machen. Ob Sie nun Manager oder Coach sind, Sie gewinnen immens, wenn Sie ohne Schwierigkeiten im Fluss des Geschehens spontan reagieren können. Natürlich improvisieren wir alle einen Großteil unserer Zeit.

Wenn wir Improvisation als die Ausübung von Freiheit innerhalb einer Struktur verstehen und Ihre Leadership- oder Beratungsphilosophie als eine Struktur, dann treffen Sie innerhalb beider ständig Entscheidungen. Im Zuge der Entwicklung Ihrer Improvisationsfähigkeiten werden Sie zunehmend besser dabei, passende Reaktionen auszuwählen. Das Resultat ist, dass Sie näher an das herankommen, was Sie wollen, sogar in den schwierigsten Umständen. Eine Improvisatorin wird Expertin im Führen und im Folgen und darin zu wissen, was wann passt. Genauso wie die lösungsfokussierte Praktikerin sich in einem *Tanz des Gesprächs* mit Kolleginnen, Kundinnen und der Umwelt befindet.

An der Oberfläche bleiben

Im Lösungsfokus gehen wir von der Annahme aus, dass das, was die Kundin sagt, für die Kundin wahr ist. Wir nehmen das, was sie sagt, wörtlich, und gehen auch nicht davon aus, dass wir besser wissen als unsere Kundin, was für sie funktioniert. Eine lösungsfokussierte Praktikerin hat keine Theorie darüber, wie sich Menschen verändern oder dass es unabdingbar bestimmte Phasen der Trauer, Scheidung oder eines Unternehmens-Mergers geben muss. Wir hinterfragen auch nicht, wo sich Personen auf irgendeiner Skala einschätzen. Wir bestehen darauf herauszufinden, was sie wollen, und wir sind neugierig darauf, wie sie meinen, dass sie das bekommen können, was nützlich in ihrem Leben ist.

Improvisierende bleiben »an der Oberfläche« in dem Sinne, dass eine Szene nur aus ihren Handlungen und Worten besteht. Jede »Tiefe« entsteht in den Vorstellungen des Publikums, in seinen Vermutungen in Bezug auf die Intentionen, die Hintergrundgeschichten oder in Bezug auf die Welt, die es jenseits dessen, was es auf der Bühne sieht, erkennt. »Oberfläche« und »Tiefe« werden im Lösungsfokus auf dieselbe Art behandelt: Die Praktikerin reagiert auf das, was die Kundin sagt oder tut, nicht indem sie versteckte Bedeutungen und verschleierte Intentionen sucht oder indem sie die Aussagen der Kundin als Beweis für ihre eigenen Lieblingstheorien betrachtet. Zweifelsohne können lösungsfokussierte Praktikerinnen nicht ganz frei von Theorien sein, aber sie können sich, so gut es geht, an klientenzentrierten Theorien orientieren, wie zum Beispiel an »Jede Kundin kann am besten beurteilen, was sie will« und an »Jede Kundin hat Ressourcen, die sie zur Erreichung ihrer Ziele einsetzen kann«. Diese

Theorien finden ihren Ausdruck in Fragen wie z. B.: »*Woran werden Sie erkennen, dass Sie wissen, was Sie wollen?*« »*Was ist Ihrer Erfahrung nach nützlich im Umgang mit der aktuellen Herausforderung?*«

Ausgestattet mit der Fähigkeit, mit dem Minimum an Nötigem erfolgreich zu sein, sind Improvisierende und lösungsfokussierte Praktikerinnen vertraut mit der Struktur ihres Handwerks: einer wohlgeformte Szene und der Form des Coachinggesprächs oder der Beratung. Sie sind, jedes Mal von Neuem, bereit für was auch immer innerhalb dieses Rahmens auftaucht. Dieser Aspekt des Tuns im Hier und Jetzt harmoniert mit dem lösungsfokussierten Grundsatz »Jeder Fall ist anders«.

Diese Praktiken klingen leicht, sind jedoch schwer, kontinuierlich umzusetzen. Daraus ergibt sich auch der Wert von Improvisation als einem gefahrlosen Weg, das Zuhören, Akzeptieren und Sichanpassen zu üben. Praktikerinnen beschreiben ihn als Türöffner zu einem größeren Erfahrungsraum und als eine Alternative zum Ausblenden von allzu vielen uns zugänglichen Signalen.

Der Improvisationsraum im lösungsfokussierten Modell

Lassen Sie uns die Improvisation im klassischen lösungsfokussierten Modell positionieren. Das Modell stellt dar, dass wir eine erwünschte Zukunft ausarbeiten, um eine Richtung anzugeben. Wir unternehmen kleine Schritte, ausgehend von der aktuellen Situation, aufbauend auf unseren Erfahrungen, beginnend mit dem, was funktioniert (Abb. 1).

In diesem Model gibt es keinen Dreijahres- oder Fünfjahresplan. Stattdessen gibt es den Improvisationsraum zwischen der erwünschten Zukunft und der aktuellen Ausgangslage. Die Tatsache, dass wir diesen Raum hier positionieren, hilft dabei, den Mythos zu zerstreuen, dass Improvisation nur dafür gut ist, wenn etwas schiefläuft. In der Alltagssprache assoziiert man Improvisation mit Chaos, Desaster oder Problemen und versieht sie mit dem Hauch des Provisoriums und der Notlösung. In unserem Fall ist sie von Anfang an die proaktive Methode der Wahl für bestimmte Ziele und Umstände und weder reaktiv noch defensiv. Improvisation steht auch nicht für Chaos, sondern für eine unscharfe Grenzzone, in der wir irgendwo zwischen »Sicherheit« und »keine Ahnung« agieren.

Die oben beschriebenen Improvisationsfertigkeiten befähigen uns zum Navigieren zwischen dem, wo wir gerade sind, und dem, wo

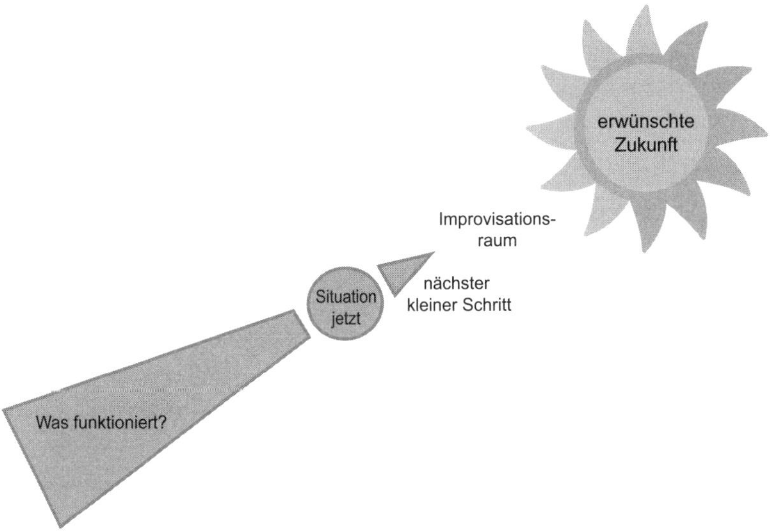

Abb.1: Improvisationsraum im lösungsfokussierten Modell

wir hinwollen. Wenn eine Impro-Erfahrung aufgearbeitet wird durch Reflexion und Dialog und wenn die Disziplin aufgebracht wird, die gewonnene Lernerfahrung auf die nächsten Schritte anzuwenden, dann steigen die Erfolgsaussichten. Das heißt sowohl, dass wir *andere* Dinge tun werden, als auch, dass wir die Dinge *anders* tun werden, mit all den interaktionalen Nebeneffekten, die damit einhergehen.

Komplexität, Emergenz und Wandel

Improvisation illustriert wunderbar Komplexität, Emergenz und Wandel – alles Themen, die uns interessieren. Nehmen wir Keith Johnstones (1979) Lieblingsworkshopaktivität: Es gibt dabei zwei Spielende, A und B. A fragt B: »*Was kommt jetzt?*«. B macht einen Vorschlag. Wenn A mit dem Vorschlag zufrieden ist, fragt sie noch einmal: »*Und was kommt jetzt?*«, und B setzt mit dem nächsten Satz die Geschichte fort. Und so geht es immer weiter. Wenn jedoch A mit dem Vorschlag nicht zufrieden ist und die Antwort ein sanftes »*Nein*« ist, dann antwortet B mit »*Und was kommt jetzt?*«. Dadurch spielt sie A den Ball des Geschichtenerzählens wieder zurück.

Dies ist ein Spiel von Interaktion und Emergenz. Jede Spielende lernt schnell, wann sie akzeptiert und wann sie Nein sagt. Sie gibt und nimmt dabei Führung und Verantwortung. Es ist ein purer Lösungsaufbau zwischen den beiden und illustriert das Prinzip »Lösungen statt Problemen«. Nichts in diesem Spiel gilt als problematisch, jeder Zug verfeinert die Geschichte und treibt sie voran. Derartige Spiele lehren uns die Haltung der bewussten Kooperation: Indem wir »Ja« sagen, nützen wir das, was da ist, und fügen durch unser »und« etwas Wertvolles hinzu. Das »Ja« und das »Ja ... und ...« aus der Improvisation unterhalten eine enge Beziehung zum »Bestätigen« im Lösungsfokus. Ein »Ja« kann als uneingeschränkte Bestätigung erfahren werden, vor allem, wenn ihm Schweigen und ein »und« (und keinesfalls ein »aber«) folgt.

Aufgrund ihrer unvorhersehbaren Natur kann Improvisation weder ein Erfolgsgarant noch eine Lösung an sich sein. Aber als ein Set von Fähigkeiten und Techniken, das uns eindringliche Erkenntnisse über die Natur von Organisationen liefert, ist ihr Angebot lediglich begrenzt durch unsere Vorstellungskraft.

Und was jetzt?

So, und warum sollen wir uns jetzt für Improvisation interessieren? Weil sie neue Schlaglichter darauf wirft, wie wir über Organisationen und Personen denken. Und weil Improvisationsfähigkeiten lösungsfokussierte Fähigkeiten sind.

2.2.7 Agile Methoden und Lösungsfokus im Dialog

Andrew Poulter und Susanne Burgstaller

Poulter Hallo, mein Schatz, hast du Zeit, mit mir zu skypen? Wir haben gerade unsere Sprint-Demo beendet. ☺

Burgstaller Ja klar! Was hat denn am besten funktioniert?

Poulter Nichts Weltbewegendes, nur kleine Fortschritte, aber die summieren sich eben, wie du weißt.

Burgstaller Was macht ihr eigentlich bei so einem »Sprint«? Hört sich irgendwie anstrengend an.

Poulter Anstrengend ist meist nur der Teil, wo wir mit der Kundin herausarbeiten, was sie will. Das weiß sie am Anfang nicht immer gleich ☺. Ein Sprint ist das, was die Kundin als nächstes Teilergebnis sehen will und was wir in der vereinbarten Zeit »zügig« schaffen können. Er dauert bei uns meist zwei Wochen.

BURGSTALLER Das klingt so wie unser »Prinzip der kleinen Schritte«, nur habt ihr einen viel cooleren Namen dafür und wahrscheinlich auch eine klarere Struktur.

POULTER Struktur und Disziplin sind das A und O! Der Sprint-Rahmen gibt uns Halt und gleichzeitig die Freiheit, flexibel zu arbeiten. Die Kundin ist gefordert, laufend wichtige Entscheidungen am Wege zu treffen und manchmal auch »Nein« zu sagen.

BURGSTALLER Das ist bei unseren Beratungsprojekten sehr ähnlich. Wir evaluieren immer wieder den Fortschritt und auch das Bild der erwünschten Zukunft. Denn das kann sich im Prozess verändern.

POULTER Ja genau, das bemerken wir auch immer wieder. Niemand kann am Anfang genau sagen, was am Ende herauskommen sollte, weil es so viele Faktoren gibt, die in der Zwischenzeit das Geschäft und das Firmenleben verändern können. Durch die agile Vorgangsweise sind wir dagegen besser abgesichert.

BURGSTALLER Hast du nicht bei unserem letzten Gespräch gesagt, dass ihr die Kundin als Mitglied des Teams betrachtet? Das hat mir gut gefallen.

POULTER Absolut, sie ist mehr als ein Mitglied: Sie ist unsere »Quelle« und wichtigste Ressource. Sie weiß, was geschaffen werden soll, und muss uns sagen, woran sie erkennen wird, dass etwas funktioniert.

BURGSTALLER Hey, kommt mir bekannt vor!

POULTER Aber am Anfang geht es nur darum, eine gemeinsame Sprache zu (er)finden. Das trägt enorm zur Effizienz bei, nicht nur in der Kommunikation, sondern auch beim Programmieren.

BURGSTALLER Ja, Kommunikation und Sprache sind bei uns auch zentral. Wir versuchen uns allerdings mehr an die Sprache der Kundin anzupassen als umgekehrt.

POULTER Das müssen wir natürlich meist auch. Wichtiger noch sind für uns die Prinzipien, welche die Zusammenarbeit bestimmen: etwa Face-to-Face-Interaktion im Team, das Streben nach Einfachheit und Klarheit in der Kommunikation und in der Lösung sowie Wertschätzung und Ehrlichkeit.

BURGSTALLER Wow, kommt mir bekannt vor. »Die Aktion liegt in der Interaktion!« Aber hast du auch »Einfachheit in der Lösung« gesagt?

POULTER Ja. Wir wollen die denkbar einfachste Lösung liefern, welche für die Kundin »gut genug« ist. Wir schreiben weniger Code, dafür ist der »sauberer«. In schlankem Code können sich weniger Fehler verstecken.

BURGSTALLER Also gilt auch bei euch: »Weniger ist mehr«?

POULTER Ja, und wir sagen auch: »Gut ist gut genug.« Nur ist es nicht immer leicht, die einfachste Lösung zu realisieren!

BURGSTALLER Oh ja. Und schätzen eure Kunden dieses Vorgehen?

POULTER Die Kunden haben jetzt das Gefühl, mehr Kontrolle über die Projekte zu haben, vor allem im Vergleich zu früher, wo die Programmierung nach Definition der Anforderungen quasi in einer Blackbox vor sich ging und erst nach langer Zeit erste Ergebnisse vorlagen. Außerdem gehen wir durch unsere Vorgangsweise sehr sorgfältig mit Kundenressourcen um, mit ihrer Zeit und ihrem Geld. Und wir geben der Kundin nie etwas, das sie nicht getestet hat.

BURGSTALLER Und die Vorteile für euch?

POULTER Egal, wie groß und ehrgeizig das Ziel ist, wenn du es runterbrechen kannst auf kleine, einfache Schritte, dann ist es machbar, oder? Und ehe du dich's versiehst, bist du schon den halben Weg gegangen und hast der Kundin bereits etwas Nützliches geliefert. Und die Erfolge geben Energie für den nächsten Sprint – Mut zum Anpacken von etwas, das am Anfang nicht denkbar gewesen wäre. Das Gerüst des »Scrum« hilft uns, Anforderungen und Erwartungen besser zu managen.

BURGSTALLER Scrum – das klingt wie im Rugby!

POULTER Da kommt der Ausdruck auch her! Engere Zusammenarbeit, darauf kommt es an. Bei uns kümmert sich der »Scrum Master« um die Priorisierung der Kundenanforderungen, die wir »User Stories« nennen, und löst Probleme, die hin und wieder auftreten. Die Programmierer können sich auf ihre Arbeitspakete konzentrieren und einander aushelfen. Alles andere ist ausgeblendet.

BURGSTALLER Sehr praktisch, einen Chef zu haben, der alle Probleme aus dem Weg räumt.

POULTER Der Scrum Master ist nicht der Chef. Das Team hat die Freiheit, seine Aufgaben so zu erledigen, wie es dies für richtig hält. Es gibt aber klare Teamregeln, und das Team muss auf sich achten, sich nicht verausgaben. Das wäre schlechte Planung.

BURGSTALLER Mir kommt vor, dass es bei Euch viel lustiger und bunter zugeht als in Deinem letzten Team, und dass Du weniger müde nach Hause kommst. Und jetzt hast Du sogar Zeit, um mit mir zu skypen!

POULTER Oh ja, der Spaßfaktor ist hoch, und die Lösung, die wir erarbeiten, kommt von uns allen, vom Team, und nicht von einem einzelnen Programmierer. Pair-Programming ist außerdem extrem nützlich!

BURGSTALLER Wie geht das?

POULTER Es ist verblüffend, wie zwei Personen gemeinsam vor einem Computer effizienter codieren als jeweils alleine. Vier Augen sehen mehr als zwei. So sichern wir einander ab, haben mehr Spaß, und du kannst nicht schummeln. Wenn einer mit seinem Wissen nicht weiterkommt, kann der andere helfen und die Schwächen im Code ausräumen. Wie läuft es, wenn ihr Beraterinnen im Team Fälle anpackt?

BURGSTALLER Ja, das bringt viel und macht Spaß. So kann man von vornherein einiges durch Fragen und Dialog ausschließen, und man spart sich ein paar Sackgassen! Kooperation und die laufende Reflexion der eigenen Arbeit sind uns sehr wichtig.

POULTER Und dazu musst du reden, reden, reden.

BURGSTALLER Genau. *»Nichts als ein Austausch von Worten«*, wie Steve de Shazer einmal über die lösungsfokussierte Kurztherapie sagte.

POULTER ☺! Reden wir daheim weiter, hm? Wenn du etwas über »Agilität« nachlesen willst, dann schau doch mal hier nach: http://www.scrum.org/scrum-guide [23.9.2014].

BURGSTALLER Danke! Ich glaube, wir haben viel gemeinsam und es lohnt sich, mir von euch etwas abzuschauen. Ich habe auch eine Quelle für dich: *Agiles Management* von Hans-Peter Korn (2014).

3 Lösungsfokussierte Organisationsberatung auf einer Landkarte der Beratung

Ich unternehme hier den Versuch, das Bild von lösungsfokussierter Organisationsberatung durch Vergleiche, Gegensätze und Abgrenzungen zu schärfen und so relevante Unterschiede herauszuarbeiten. Dies nicht, weil ich daran glaube, dass diese Gegensätze tatsächlich bestehen, sondern weil ich hoffe, dass sie uns nützliche Informationen über die jeweils andere Seite spenden. Ich hoffe, dass Sie sich die eingezogenen »Grenzen« zwischen den angeführten Polen nicht als Abtrennungen, sondern als Raum vorstellen können. Mein Anliegen dabei ist, einen Beitrag zum Diskurs über die Eigenheiten und Entwicklungsfelder lösungsfokussierter Anwendungen in Organisationen zu leisten.

3.1 Systemisch-konstruktivistische Grundlagen

Die lösungsfokussierte Organisationsberatung gehört zur Familie der systemischen Beratungsansätze, das heißt, beide Ansätze stammen aus der systemisch-konstruktivistischen »Ursuppe« und speisen sich daraus. Steve de Shazer betonte an mehreren Stellen seines Werkes, dass »die Kurztherapie [...] ihr Fundament in der Systemtheorie« (2012b, S. 36) hat und dass sie aus folgenden Gründen als systemische Therapie klassifiziert werden kann:

> »Erstens befassen sich nach der SFBT [solution focused brief therapy] arbeitende Therapeuten üblicherweise mit Systemen, weil nämlich neben Einzelpersonen ebenso Paare und Familien zur Behandlung kommen. [...] Zweitens werden in der SFBT Lösungen exploriert, die interaktionaler Art sind [...]. Drittens ist es in der SFBT so, dass dem Eintritt kleiner Veränderungen häufig größere Veränderungen folgen, und diese weiter reichenden Veränderungen sind meistens interaktionaler und systembezogener Natur« (de Shazer u. Dolan 2011).

An folgenden weiteren beispielhaft angeführten Gemeinsamkeiten können wir die Verwandtschaftsbeziehung erkennen:

- Soziale Systeme werden als netzwerkartige Gebilde mit vielen Rückkopplungen betrachtet.
- Dem Kontext kommt eine hohe Bedeutung zu.
- Es besteht die Annahme, dass soziale Systeme selbstorganisiert (autopoetisch) sind, ihre eigenen Strukturen bilden und nicht von außen direkt gesteuert, sondern nur indirekt beeinflusst werden können.
- Menschen konstruieren ihre eigene Wirklichkeit selbst.
- Jede Beobachtung eines menschlichen Beobachters ist eine subjektive Konstruktion und fehleranfällig.
- Die Landkarte ist nicht die Landschaft.
- Unterschiede spenden Informationen.
- Ein aktueller Zustand entsteht immer durch die aktive Mitwirkung aller Beteiligten und ist immer erklärungsbedürftig.

Dennoch fallen – vielleicht erst auf den zweiten Blick – markante Unterschiede zwischen systemischer und lösungsfokussierter Organisationsberatung auf. Die Entfaltung dieser Unterschiede in den verschiedenen Bereichen wird in den folgenden Abschnitten dargestellt:

- Theorieverständnis (»Theorie der Theorielosigkeit«): in Abschnitt 3.2.
- Organisationstheorie sowie »Interventionstheorie«: in Abschnitt 3.3.
- Beratungsprozess: in Abschnitt 4.5.
- »Rahmen« und Designs für Beratung: in den Abschnitten 4.5 und 4.6.
- Beratungspraxis: Überblick in Abschnitt 3.4, Praxisbeispiele in den Abschnitten von Kapitel 5.

Es kommt vor, dass von gemeinsamen Annahmen etwas unterschiedliche Konsequenzen für die Beratungspraxis abgeleitet werden. Nehmen wir dazu das Beispiel von »hohe Bedeutung von Kontext« her. In der lösungsfokussierten und systemischen Organisationsberatung werden von dieser gemeinsamen Prämisse folgende weiterführende Annahmen für die praktische Arbeit abgeleitet. Ich zitiere hier in kursiv und mit Dank die Kommentare, die mein geschätzter systemischer Kollege Herbert Schober-Ehmer und ich gemeinsam entwickelt haben als Beispiel für einen sich ergänzenden und vertiefenden Dialog der beiden Richtungen:

- Jeder Fall ist anders: Man hüte sich davor, Modelle oder Konzepte zu entwickeln, die aufgrund von unterschiedlichen Kontextvariablen nicht passen könnten. Über das Funktionieren einer Methode können nur innerhalb eines ganz spezifischen Settings Aussagen getroffen werden. – *Das sieht der systemische Organisationsberater auch so.*
- Nur die Kundin kennt ihren Kontext genau. Die Beraterin unterstützt dabei, den Blick auf das zu lenken, was im Kontext funktioniert. – *Aber sie kann nur sehen, was sie sieht, und nicht sehen, was sie nicht sieht, daher ist der Blick des systemischen Organisationsberaters eine wichtige Hilfe, den Blick zu erweitern und mögliche »Pfadabhängigkeiten« (die Kundin bestätigt sich ihre Annahmen gerne) in den Fokus zu bekommen. Die Beobachtungen und Beschreibungen des Beraters helfen der Kundin, neue Wege zu entdecken.*
- Die Kundin ist die Expertin für ihre Ziele und auch für ihre Wege zu diesen Zielen.
- Stelle als Beraterin keine Hypothesen auf, sondern arbeite mit den Zielen der Kundin. – *Der systemische Organisationsberater verwendet sein Verstehen von sozialen Systemen, um mit wertschätzendem Staunen »Beschreibungen« und Hypothesen anzufertigen, wie das Kundensystem seine Widersprüche und Paradoxien bisher gelöst hat und welchen Preis es damit auch »gezahlt« hat.*
- Du musst den Kontext sowie die Probleme und Lösung der Kundin nicht verstehen, um hilfreich zu sein. – *Als systemischer Organisationsberater bist du Partner der Kundin. Vertraue darauf, dass in der Kommunikation neue Perspektiven und Lösungen entstehen werden. Wisse aber immer, dass du nicht kontrollieren oder bestimmen kannst, wie dieses Kommunikationssystem (zwischen dir und der Kundin) das System der Kundin beeinflusst.*
- Die Wirkung von Interventionen lässt sich nicht planen. Wähle einen experimentellen Zugang. – *Genau.*
- Wenn etwas »nicht funktioniert«, hat die Beraterin etwas falsch gemacht, nicht die Kundin. – *Die Bewertung »Es funktioniert oder nicht« ist immer eine von Beobachterinnen und Resultat einer gelungenen oder nicht gelungenen »Zuschreibung«. Als systemischer Organisationsberater weißt du, dass es vor allem deine Fragen sind (durchaus reflexiv und selbstkritisch geleitet auch von deinen Hypothesen), die deiner Kundin helfen, neue Perspek-*

tiven und aus diesen ihre Lösungen zu kreieren. Genauer gesagt, entstehen sowohl Perspektiven wie auch Lösungen innerhalb des Kommunikationssystems, das du mit der Kundin kokreierst.
- Die Kundin kreiert ihre »Lösungen« in ihrem Kontext.

Mir ist mit diesem Einschub wichtig, darauf zu verweisen, dass wir als systemische – wie auch lösungsfokussierte – Organisationsberater wissen, dass Lösungen immer im Kundensystem entstehen und dass das Kommunikationssystem zwischen Beraterin und Kundin sozusagen ein temporäres Klärungssystem ist, das eine hochrelevante Umwelt für das Kundensystem darstellt. Das Kundensystem entscheidet, was es mit den entstandenen Ideen macht.

3.2 Eine Theorie der »Theorielosigkeit«

»Es ist ein kapitaler Fehler, eine Theorie aufzustellen, bevor alle Hinweise und Beweise vorliegen. Es verfälscht das Urteil.«
Arthur Conan Doyle (Sherlock Holmes in *A Study in Scarlet*)

Bei de Shazers Theoriekonstruktion geht es um eine Beschreibung der »Therapie-als-System«, die in disziplinierter Beobachtung der Praxis nach Hinweisen (de Shazer 2004a) sucht, was die Therapeutin tun kann, das zur Konstruktion von Lösungen nützlich ist:

> »Der Begriff Theorie ist nicht als eine ›Erklärung‹ zu verstehen, sondern eine Theorie ist vielmehr nur eine kohärente ›Beschreibung‹ bestimmter Sequenzen von Ereignissen innerhalb eines spezifischen Kontextes« (ebd., S. 80).

De Shazer betonte immer wieder, dass er nur innerhalb bestimmter Rahmenbedingungen Aussagen über das Funktionieren oder Nichtfunktionieren seiner »Theorie der Therapie« machen könne. Er definierte diese Rahmenbedingungen als das ganz spezifische Setting des BFTC (solution-focused brief therapy) in Milwaukee (2012b, S. 84) und weigerte sich strikt, Aussagen zu treffen, die über diesen Rahmen hinausgingen. So antwortete er auf Fragen wie »Funktioniert Lösungsfokus mit Alkoholikern?« mit einem lakonischen »Das weiß ich nicht« (McKergow 2006). Er beschrieb, wie seine vergeblichen Versuche, das Funktionieren von Milton Ericksons Arbeit zu erklären, ihn dazu brachten, aller Theorie abzuschwören:

»Ich begann, mich zu fragen, ob ich nicht die ganze Zeit das Thema verfehlt hatte. Vielleicht lag das Geheimnis oder Rätsel darin, dass nichts versteckt war und dass Vielfalt und Unterschiedlichkeit eben die ›Essenz‹ von Ericksons Zugang waren. [...] Das würde bedeuten, dass es keine Theorie, kein großartiges Muster gab, sondern stattdessen verteilte, ziemlich idiosynkratische Aktivitäten, die primär situationsabhängig waren. Angesichts dieser Situation entschied ich, dass meine einzige Zuflucht war, Wittgensteins Rat [...] zu befolgen und alle Theorie aufzugeben« (de Shazer 2012c, S. 31 f.).

Wittgensteins Rat besteht vor allem in der Aussage:

»Und wir dürfen keinerlei Theorie aufstellen. Es darf nichts Hypothetisches in unseren Betrachtungen sein. Alle Erklärung muss fort und nur Beschreibung an ihre Stelle treten« (Wittgenstein 1958, 109).

De Shazers Ansicht nach waren der diagnostische und der lösungsfokussierte Zugang zwei verschiedene Welten. Er hielt (vor allem psychiatrische) Diagnosen für gefährlich, weil sie stabilisierende Zuschreibungen erzeugen, die für die Menschen nicht hilfreich sind. Er erzählte dazu in einem Workshop in Wien im Jahre 2004 folgende Anekdote:

Ein Mann kam zu ihm in die Therapie und sagte: »Ich bin schizophren.« Steve de Shazer antwortete: »Lassen Sie sich dadurch beeinträchtigen?« Der Mann antwortete: »Nein, ich bin ganz normal.«

Auch bei der »Theorie« der lösungsfokussierten Organisationsberatung handelt es sich um eine Beschreibung der »Beratung-als-System«, die durch Beobachtung und Reflexion der Praxis untersucht, was die Beraterin tun kann, das zur Konstruktion von Lösungen in Organisationen nützlich ist. Es handelt sich also primär um eine »Interventionstheorie« oder, wie lösungsfokussierte Praktikerinnen eher sagen würden, um »Annahmen darüber, wie man die Beratungsarbeit tun soll«.

Theorien im Sinne von Erklärungen oder Ursachenvermutungen, die nicht auf Fakten oder Beobachtungen beruhen, werden, vor allem in Bezug auf das Kundensystem, strikt abgelehnt. Nach wie vor gibt es auch in Bezug auf die lösungsfokussierte Interventionstheorie keine »heiligen Kühe« und fixen Annahmen, die nicht in der Praxis überprüft und über Bord geworfen werden können, wenn sich herausstellen sollte, dass sie in einem spezifischen Setting nicht funktionieren oder etwas anderes besser ist. Das Interventionsmodell wird durch Beobachtung und Reflexion der Praxis laufend weiterentwickelt.

Theoriemodelle, die den Kontext der Kunden bzw. von Organisationen zu erklären versuchen, wie z. B. die soziologisch-systemische Organisationstheorie, werden von lösungsfokussierten Praktikerinnen mindestens mit großer Skepsis betrachtet, wenn nicht ganz abgelehnt. Dies steht in krassem Gegensatz zur systemischen Organisationsberatung, die sich explizit darauf bezieht. Ein weiterer Gegensatz besteht im Verständnis einiger zentraler Annahmen des systemischen Ansatzes, nämlich dass z. B. Personen als Umwelt des Systems »Organisation« zu denken sind. Diese Annahme stößt in der internationalen lösungsfokussierten Community auf großen Widerstand. Die Community hat allerdings auch einige der einflussreichsten Schriften über Organisationen, wie z. B. *Organisation und Entscheidung* von Niklas Luhmann (2011), noch nicht in englischer Übersetzung zur Verfügung; andere Organisationstheoretiker wie z. B. Karl E. Weick (1999) oder Gareth Morgan (1998) erscheinen derzeit anschlussfähiger. Die Frage, die sich bei der Auswahl kongruenter theoretischer Literatur immer wieder stellt, ist: Welche Metaphern oder Geschichten erhöhen unsere Handlungsfähigkeit in Organisationen, ohne uns den Blick zu verstellen? Die lösungsfokussierte Community ist gerade dabei, mit Bedacht und äußerst selektiv nützliche Metaphern und Modelle für die Arbeit in Organisationen auszuwählen und zu gestalten.

3.3 Unterschiede systemischer und lösungsfokussierter Annahmen über Organisationen

»Die lösungsfokussierte Organisationsberatung hat keine Organisationstheorie«, tönt es als Vorwurf aus dem deutschsprachigen Raum. Im pragmatisch orientierten angloamerikanischen Raum wird dieses angebliche Manko als Plus betrachtet. Sind wir hier im deutschsprachigen Raum über Gebühr theorieverliebt? Braucht die lösungsfokussierte Organisationsberatung tatsächlich eine Organisationstheorie? Und hat sie wirklich keine?

Wie sich in der Praxis immer wieder herausstellt, braucht man sehr wenig Organisationstheorie, um lösungsfokussiert gut zu beraten. Das ist für diejenigen (zumeist deutschsprachigen) lösungsfokussierten Praktikerinnen, die in beiden Welten zu Hause sind, auch immer wieder eine Überraschung. Es gibt im Lösungsfokus eine hoch ausdifferenzierte »Interventionstheorie«; organisationstheoretische Annahmen hingegen werden als eher hinderlich erachtet, weil sie potenziell in der Lage sind, unnötige Stabilisierungen oder Sichteinschränkungen einzuführen. Es gibt im Lösungsfokus nur einige wenige, bewusst reduziert gehaltene Annahmen über Organisationen.

Hier der Versuch eines kleinen Exzerptes aus dem Bereich der systemischen vs. lösungsfokussierten Annahmen über Organisationen (Tab. 1). Die auslösenden Gedanken dazu stammen aus den Diskussionen im systemtheoretischen Beraterkurs 2009 in Berlin, wofür ich Fritz B. Simon und meinen damaligen Kolleginnen danke.

Annahmen systemischer Organisationstheorie über Organisationen	**Lösungsfokussierte Annahmen über Organisationen**
• Organisationen bestehen aus Kommunikationen. • Die kleinste Einheit ist die Kommunikation. • Bestimmte Kommunikationen werden als Entscheidungen beobachtet. Ihnen wird ein besonderer (strukturbildender) Stellenwert zugeschrieben. • Entscheidungsprämissen (Strukturen, Prozesse, Personen, Kultur) • relevante Umwelten, dabei vor allem: Mitarbeitende als relevante Umwelt der Organisation • Grenze der Organisation • Austauschbarkeit der Akteure • Kontext • strukturelle Kopplung • Sach- und Personenorientierung • Paradoxien • Macht • Lernen • Führung • Identität • Form & Medium.	• Die Person und ihre Interaktionen können als die kleinste Einheit betrachtet werden. • Metaphern für Organisationen beeinflussen das Handeln der Akteure. • Eine nützliche Metapher kann sein: »Organisationen als Konversationen ihrer Mitglieder und die darauf aufbauenden Handlungen«. • Präferenz für bestimmte Form von Führung (»Leading from behind«, »Leader as Host«).
Kongruente Theoretikerinnen: Niklas Luhmann, Humberto Maturana und alle, die auf diesem Gedankengut aufbauen	Kongruente Theoretikerinnen: Gregory Bateson, Kenneth Gergen, Karl E. Weick

Tab. 1: Vergleich einiger Annahmen systemischer Organisationstheorie und lösungsfokussierter Annahmen über Organisationen

Man sieht schon an der Länge bzw. der Kürze der Liste, wer in diesem Bereich die ausdifferenziertere Theorie vertritt, und dies aus gutem Grund: Wir bemerken vor allem in der Change-Beratung, dass Organisationsmitglieder oft auf organisationale Strukturen, wie z. B. Entscheidungsprämissen, Programme, Erwartungen und Erwartungserwartungen, asymmetrische Beziehungen, Funktionszuschreibungen usw., fixiert sind. Diese Fixierungen können zu einem Korsett werden, das Veränderungsimpulse erstickt. Wenn es darum geht, positive Veränderungen wahrscheinlicher zu machen – und das ist zu einem hohen Prozentsatz der Auftrag an die Beratung –, dann ist es nicht nützlich, diese Fixierungen auch noch zu verstärken. Wir versuchen hingegen, bei den Mitspielenden ein neues Denken in Richtung Lösung zu mobilisieren, und vertrauen darauf, dass die Mitspielenden relevante Prämissen zum rechten Zeitpunkt in die Kommunikation einführen.

In Change-Situationen wollen wir das revolutionäre Potenzial, das zugleich ein evolutionäres Potenzial ist, von Individuen und Gruppen stärken – ein Zugang, den der Lösungsfokus mit der »klassischen Organisationsentwicklung« teilt (Wimmer 2004). Darum betonen lösungsfokussierte Praktikerinnen absichtlich die Funktionslogik der Gruppe, denn:

> »In Bezug auf die zur Entscheidung stehenden, die Zukunft bzw. nicht kalkulierbare hochkomplexe Umwelten betreffenden strategischen und operativen Fragen (Inhalts-/Sachdimension der Kommunikation) sind [...] das Wissen und die guten Ideen [...] verteilt. Sie können als Potenzial für die Organisation nur genutzt werden, wenn eine nichthierarchische, symmetrische Kommunikation möglich ist, d. h., wenn sich eine funktionelle, arbeitsfähige Gruppe [...] entwickelt. Doch dies kann nicht angeordnet werden, sondern bedarf der Zeit und bestimmter Prozessschritte« (Königswieser, Wimmer u. Simon 2013, S. 67).

Diese Prozessschritte erfahren große Aufmerksamkeit in lösungsfokussierten Beratungsdesigns. Was die »lösungsfokussierte« aber von der »klassischen« Organisationsentwicklung unterscheidet, ist ihre stringente Fokussierung auf Zukunft, Ziele und erwünschte zukünftige Zustände. Des Weiteren zeichnet sich die lösungsfokussierte Interventionspraxis durch eine radikale Haltung der Ressourcenorientierung, Fokussierung auf positive Differenzen und Vermeidung von Problemtrancen aus. Doch dazu später mehr.

Auf der Seite der »Interventionstheorie« scheint es bei der lösungsfokussierten Beratung die ausdifferenzierteren Annahmen zu geben (vgl. Tab. 2).

Annahmen über systemische Beratungsarbeit	**Annahmen über lösungsfokussierte Beratungsarbeit**
• Interventionsebenen • evolutionäres Vorgehen • Zugehörigkeit • Musterunterbrechung • Neutralität • Anwalt der Ambivalenz • paradoxe Interventionen • zirkuläre Fragen • Organisation der Selbstorganisation • Blick auf die Funktionalität. • Die Beraterin ist Beobachterin 2. Ordnung.	• Für Fortschritte ist eine Ursachenanalyse irrelevant, stattdessen Lösungsanalyse. • erwünschte Zukunft konkretisieren • die Gegenwart von der Zukunft aus verändern • Ausnahmen vom Problem suchen • kleine Schritte • Skalen • lösungsfokussierte Fragen • Emergenz • Fokus. • Jeder Fall ist anders. • Minimalismus und Ockhams Rasiermesser. • »Alles liegt an der Oberfläche.« • »Die Aktion ist in der Interaktion«. • So wenig wie möglich verändern. • Bestehende Systeme nicht »verstören« oder »irritieren«. • Wertschätzung • Lösungssprache • Haltung des Nichtwissens • Wertschätzung und Fokus auf Ressourcen. • Veränderung ist unumgänglich. • Utilisation. • Beschreiben statt erklären. • Die Beraterin geht mit dem System eine Kooperation auf Zeit ein.

Tab. 2: Vergleich einiger Annahmen über systemische und über lösungsfokussierte Beratungsarbeit

3.4 Im Vordergrund bzw. Hintergrund lösungsfokussierter Beratungspraxis

Da ich es für vermessen und undurchführbar halte, eine Kategorisierung der systemischen Beratungspraxis vorzunehmen, beschreibe ich im vorliegenden Überblicksvergleich jene Aspekte, die in der lösungsfokussierten Organisationsberatung im Vordergrund stehen, im Kontrast zu denen, die eher im Hintergrund sind bzw. explizit ausgeschlossen werden. Wichtige Aspekte werden in den Folgeabschnitten vertieft.

Philosophie, Annahmen und Paradigmen

Im Hintergrund oder NICHT Teil lösungsfokussierter Organisationsberatung	**WICHTIG bzw. im Vordergrund bei lösungsfokussierter Organisationsberatung**
Theoriegeleiteter Zugang, explizite Bezüge zu systemisch-soziologischen Modellen.	*Praxisgeleiteter, induktiver, experimenteller Zugang*, die Praxis wird mit der Praxis verglichen, die Bewertung der Nützlichkeit durch die Kundin ist entscheidend.
Der *Komplexität des Systems* muss man (durch entsprechende Komplexität im Beratungsdesign/-system/-vorgehen) gerecht werden.	*Leitprinzip Minimalismus:* laufende Frage: »*Was können wir alles weglassen, ohne dass das Ergebnis beeinträchtigt wird?*« Komplexitätsreduktion, wo immer möglich; ideal: einfache Heuristiken definieren, die Orientierung bei flexiblem Handeln ermöglichen.
Sicht auf Change: *episodischen Wandel* erzeugen. Change muss erzeugt bzw. »gemanagt« werden. Change erfordert Projekt- oder sogar Programmform.	Sicht auf Change: *kontinuierlichen Wandel* nutzen. Change passiert täglich; es gilt, positive Entwicklungen, die es schon gibt, aufzuspüren und zu verstärken. Emergenz im Kern des Veränderungsprozesses bedingt Eigenzeiten der Entwicklung.
Problemanalyse: »Wie kommt es zu Problemen/Hürden? Wie können wir Hürden überwinden?« Wo sind die Stolpersteine?	*Lösungsanalyse: »Wie kommt es zu Fortschritt? Wie können wir mehr von dem, was funktioniert, tun?«*
Paradoxe Interventionen und Musterunterbrechungen; Versuche, etwas Altes abzustellen.	*Suche nach Ausnahmen vom Problem* oder nach Anzeichen der erwünschten Zukunft in der Gegenwart. Verstärken der Lösungsmuster, Beginn von etwas Neuem.
Arbeit auf der Basis von Hypothesen: also nicht auf der Basis der Kundenziele selbst, sondern auf der Basis dessen, was die Beraterin von den Kundenzielen ableitet.	*Arbeit »an der Oberfläche«*, mit dem, was die Kundin als Ziele angibt; Ziele der Kundin werden zwar auf Realismus hinterfragt, aber als solche angenommen; Arbeit »im Rahmen« der Kundin.
Widerstand wird erwartet; wenn etwas nicht funktioniert, dann liegt es (eher) an der Organisation.	*Kooperation* wird erwartet; wenn etwas nicht funktioniert, dann liegt es eher an der Beraterin.

Im Hintergrund oder NICHT Teil lösungsfokussierter Organisationsberatung	**WICHTIG bzw. im Vordergrund bei lösungsfokussierter Organisationsberatung**
Abstraktionen können nützliche Einsichten gewähren.	*Abstraktionen vermeiden:* v. a. vage oder obskure Begriffe, »mentalistische« Sprache, Beschreibung von inneren Zuständen. Ersetzen durch äußere Kriterien, d. h. konkretes, beobachtbares Verhalten/Handeln.
Durchstrukturiertes Vorgehen.	*Experimentelle, »spielerische« Haltung.*

Tab. 3: Überblick: Philosophie, Annahmen und Paradigmen

Beratungsprozess

Im Hintergrund oder NICHT Teil lösungsfokussierter Organisationsberatung	**WICHTIG bzw. im Vordergrund bei lösungsfokussierter Organisationsberatung**
Diagnose und ihre Rückmeldung durch Beraterin. Formulierung von *Hypothesen:* Ursachenvermutungen: »Was könnte dahinterstecken?« Fokus auch auf Schwächen oder »Gaps« (Lücken).	Beginn der Beratung an jeder Stelle des lösungsfokussierten Beratungsprozesses möglich; oft Erarbeiten eines *Contractings* als umfassender Prozessphase gemeinsam mit den beteiligten Akteuren. Dabei Fokus auf »Was funktioniert?«, Stärken und Ressourcen. Laufendes *Re-Contracting* im Prozess mit der Frage: *Wann ist es »besser genug«?* (Siehe Abschn. 4.1.2)
Kritik und Konfrontation sind auch notwendig; die Organisation/Kundin muss auch mit ihren Schwächen und Gaps konfrontiert werden, damit sie lernen kann.	*Positives Feedback* für die Kundin; die Organisation/Kundin lernt am besten aus ihren Erfolgen und dem, was schon funktioniert. Schwächen, sofern sie nicht hinderlich sind, lässt man am besten beiseite. Vermeiden von Konfrontation.
Ziele werden durch »Steuergruppen« oder Hierarchie vorgegeben, manchmal auch ohne breite Beteiligung.	Das Erarbeiten eines *gemeinsamen Zielbildes* durch möglichst viele Akteure als wesentliches Gestaltungsmerkmal des Prozesses.
»*Großer Wurf*«: Große Veränderungen werden in Programmform über die ganze Organisation gezogen. »Stören« und Neuaufbau.	»*Ölfleckstrategie*«: Man beginnt an einer Ecke der Organisation, erzeugt dort Wirkung und arbeitet sich von dort aus in andere Bereiche der Organisation vor. Auch aus entlegenen Ecken der Organisation können wichtige Veränderungsimpulse für die Gesamtorganisation kommen. Das ermöglicht es, an vielen Stellen der Organisation und mit kleinen Veränderungen zu beginnen, die eine große Wirkung haben können.

Im Hintergrund oder NICHT Teil lösungsfokussierter Organisationsberatung	**WICHTIG bzw. im Vordergrund bei lösungsfokussierter Organisationsberatung**
Das Change-Vorhaben wird »*durchkomponiert*«: Projektpläne mit Etappenzielen, Meilensteinen usw. versehen.	*Prinzip der kleinen Schritte*: »Change Guerilla Style«: in kleinen Schritten, idealerweise bereits auf vorhandenen (kontinuierlich auftretenden) Veränderungen aufbauend.
Komplexe Change-Architektur, die vom Beraterinnen-»Staff« vorgeschlagen und durchgeführt wird; Ziel: so viel wie nötig. Beraterinnen sind präsent in der Organisation, primär Arbeit im Staff.	*Einfache und flexible Beratungsstrukturen als »Rahmen«:* Jede Intervention könnte potenziell die letzte sein. Frage nach: »Ist es ›besser genug‹?« Beraterinnen sind nur so stark wie unbedingt nötig in der Organisation präsent. Beratungstermine erfolgen eher sparsam, mit zunehmend längeren Abständen zwischen den Terminen, damit Kundinnen ausreichend Zeit für die Implementierung von Veränderungen haben und so viel wie möglich selbstständig gestalten. Bei größeren Vorhaben: Ausbildung von lösungsfokussierten Promotoren, die intern weiterarbeiten. Beraterinnen arbeiten sowohl alleine als auch im Staff.
Hierarchiegeleitetes Vorgehen mit klarer, straffer Führung: Führungskräfte und Steuergruppen wichtig, Umsetzung und Verantwortung werden von Kundin gefordert.	*Partizipativ-demokratisches Vorgehen mit vielen Handlungsoptionen* für die Mitspielenden: Der Kundin wird viel Wahl gelassen; Vertrauen, dass sie die für sie »richtigen« Themen und Wege aussucht. Mut, Dinge weg-/auszulassen: »Sie werden einen guten Grund haben, das nicht durchgeführt zu haben.«
Linearer Prozess: Steuerungs- und Planungselemente, der Weg zum Ziel wird durchgeplant.	*Iterativer Prozess:* Zielbild erstellen, kleine Schritte planen, Fortschritte überprüfen, Zielbild nachjustieren, kleine Schritte planen etc.
Suche und Anwendung von *Best Practices*, verschiedene Beratungsmodelle und Konzepte liefern unterschiedliche Brillen und Vorgehensweisen.	*Situativ und kasuistisch*: »Jeder Fall ist anders«: Es werden keine theoretischen oder konzeptiven Modelle in Bezug auf den »optimalen« Beratungsprozess angenommen. Der Beratungsprozess differenziert sich jedes Mal anders aus, je nachdem, was das Kundensystem will. Beraterin entscheidet von Fall zu Fall, was gerade passend ist.

Tab. 4: Überblick Beratungsprozess

Die Beraterin: Verhalten und Haltung

Im Hintergrund oder NICHT Teil lösungsfokussierter Organisationsberatung	**WICHTIG bzw. im Vordergrund bei lösungsfokussierter Organisationsberatung**
Die *Beraterin wird als Expertin* für den Beratungsprozess gesehen und hat die »Oberhoheit« darüber.	*Die Kundin wird als Expertin* für ihren speziellen Beratungsprozess – ihre Ziele und ihren Weg – gesehen. Die Beraterin unterstützt sie dabei, den für sie besten Weg zu finden.
Die Beraterin achtet auf Distanz und klare Abgrenzung zum Klientensystem. Ziel: sich nicht »vereinnahmen« lassen. Nur von außerhalb des Systems kann die Beraterin nützlich sein, als *Beobachterin 2. Ordnung*. Sie liefert durch ihre Beobachtungen wichtige Informationen für das System.	Die Beraterin geht mit dem Kundensystem eine *Kooperation auf Zeit* ein. Sie arbeitet innerhalb des Bezugsrahmens und mit den Zielen des Kundensystems, während sie auch ihre eigene, externe Perspektive beibehält. Eine enge Arbeitsbeziehung wird als nützlich betrachtet.
Die Beraterin ist *Expertin für den Prozess* und die systemtheoretischen Hintergründe und reklamiert Deutungs- und Interpretationskompetenz gegenüber der Kundin/Organisation. Die Beraterin kann und sollte Verschreibungen und Empfehlungen abgeben.	Die Beraterin geht mit der *Haltung des Nichtwissens*, d. h. ohne theoretische oder konzeptive Vorannahmen oder Erklärungsmuster, an die Situation heran. Nur die Kundin kann beurteilen, was in ihrem Kontext als Lösung funktioniert. Fachwissen in Form von Empfehlungen wird sorgfältig dosiert und in leicht zurückweisbarer Form eingebracht. Die Beraterin sollte nicht härter als die Kundin für die Veränderung arbeiten.
Suchfragen nach bestimmten Inhalten, die dem jeweiligen Beratermodell entsprechen. Zirkuläre Fragen. *Beratungssprache* hörbar, Begriffe der Systemtheorie oder eines anderen (Beratungs-)Modells klingen durch. Ausdifferenzierte Erklärungsmodelle und Verschreibungen.	*Kundenbegriffe und Alltagssprache* dominieren, vage und obskure Sprache wird vermieden. Offene und lösungsfokussierte Fragen.
Change (methodisch-technisches Vorgehen bei Veränderungen) und *Organisationstheorie* (soziologisch-systemische Erkenntnisse über Organisationen) oder andere Theorien werden der Kundin vermittelt.	*Lösungsfokussierung* wird der Kundin vermittelt (als bestimmte Form der Interaktion und Denkweise/Haltung), wenn explizit erwünscht.
Lernen aus systemischer Theorie.	*Lernen aus spezifischen Fällen.*

Tab. 5: Überblick: Die Beraterin – Verhalten und Haltung

3.5 Verändern ist ein Verb: Change und Organisationsentwicklung lösungsfokussiert betrachtet

»Veränderung passiert ständig; unsere Rolle ist es, nützliche Veränderung zu identifizieren und zu vergrößern.«
Gregory Bateson

Dieser wichtige Gedanke verweist auf die Tatsache, dass überall auf der Welt, in der Natur, Gesellschaft wie auch in Organisationen auf der alltäglichen Ebene unzählige Variationen von scheinbar stabilen Mustern produziert werden. Diese Variationen können, zusammengenommen, über längere Zeit hinweg massive Veränderungen bewirken. Daher schränken Systeme die Veränderungen durch Strukturbildung ein. In Organisationen geschieht das z. B. durch Organigramme, Flowcharts, Handbücher oder Guidelines. In Wahrheit ist also die Stabilität das Überraschende, nicht die Veränderung. Aber besonders in etablierten Organisationen geht dieser Gedanke verloren, und nur die Stabilität wird wahrgenommen. Aus lösungsfokussierter Sicht entwickeln sich Organisationen jedenfalls permanent, ob durch Organisationsentwicklungs- oder Change-Management-Projekte begleitet oder nicht.

Man kann also zwischen der Alltagsverwendung des Begriffs »Organisationsentwicklung« und dem Fachbegriff, der sich auf das beraterische Vorgehen bezieht, unterscheiden. Karsten Trebesch (2000, S. 51) untersuchte 50 verschiedene Definitionen dieses Begriffs, und kam zum Schluss, dass damit »ein sozialer (und kultureller) Wandlungsprozess, verbunden mit einer Veränderungsstrategie« gemeint ist. Historisch gesehen, lassen sich verschiedene Zugänge zu Organisationsentwicklung beschreiben (Heimerl 2012, S. 266): die Expertenberatung, die »klassische Organisationsentwicklung« oder Prozessberatung, die systemische Beratung, und die »expeditionale Organisationsentwicklung«. Letztere wird als eine Mischung verschiedenster Zugänge, von denen einer Lösungsfokus sein soll, beschrieben:

> »Der Approach der expeditionalen OE wendet sich vom traditionellen Ansatz des Planned Change ab und löst damit die OE aus ihrer sozialtechnischen Tradition. Damit werden – wie auch im Rahmen der systemischen Intervention – die hohe Komplexität und der Eigensinn sozialer Systeme und deren Veränderungsprozesse anerkannt. Die expeditionale OE verfügt darüber hinaus über die Besonderheit, dass sie sich nicht an bestimmte

> Interventionsmethoden bindet, sondern in einem pragmatischen Sinn die Instrumente unterschiedlicher Interventionsstrategien zulässt und entsprechend den situativen Gegebenheiten nützt« (Heimerl 2012, S. 298).

Lassen Sie mich den letzten Satz qualifizieren: Die lösungsfokussierte Organisationsentwicklung verfügt sehr wohl über ein eigenes Interventionsangebot, beschränkt sich jedoch nicht darauf, sondern ist offen gegenüber passenden Interventionsformen anderer Richtungen, solange sie die Lösungsfindung unterstützen. Welches sind nun ihre Merkmale?

3.5.1 Lösungsfokussierte Sichtweisen bezüglich Veränderung

> »In beiden Traditionen (der östlichen und der westlichen) bestand schon lange die Minderheitenmeinung, dass Veränderung ein kontinuierlicher Prozess ist – und kein Einzelgeschehen. Die Buddhisten sagen sogar, dass Stabilität eine Illusion ist, eine einfache Erinnerung daran, wie die Dinge zu einem spezifischen Moment in der Vergangenheit waren« (de Shazer 1989).

Laut Watzlawick, Weakland und Fisch (1975, S. 19) müssen »Bestand und Wandel [...] zusammen, als eine Gestalt, gesehen werden«. Ben Furman (2009, p. 125) stellt fest: »*Veränderung passiert nicht unter der Haut. Veränderung ist ein sozialer Prozess.*« Und Chris Iveson (2012) meint: »*Du kannst niemanden verändern. Du kannst nur dabei helfen, der idealen Version von sich selbst näher zu kommen.*« Und zuletzt noch ein Statement von Berg und de Shazer (1993, p. 19):

> »Unserer Ansicht nach geschieht Veränderung andauernd, Stabilität ist eine Illusion, und Veränderung kann gar nicht verhindert werden.«

Die Organisationstheorie arbeitet eher mit Metaphern der Stabilität und Kontrolle, was immer dann zur Herausforderung gerät, wenn es um organisationales Lernen, um Veränderung oder Innovation geht. Die Konzentration auf Strukturen, Prozesse, Funktionen, Entscheidungen und Erwartungen festigt ein eher stabilisierendes Bild von Organisationen. Traditionelles Change-Management betrachtet Veränderung mehr als einen Prozess mit einem Anfang und einem Ende im Sinne des »episodischen Wandels« denn als einen Prozess des »kontinuierlichen Wandels« (Weick a. Quinn 1999, p. 366) wie im Lösungsfokus. Welches sind die Unterschiede? (Vgl. Tab. 6)

Aspekt	Kontinuierlicher Wandel	Episodischer Wandel
Bild der Organisation	Organisationen sind emergent und selbstorganisierend, Wandel geschieht permanent, sich kontinuierlich entwickelnd und kumulativ.	Organisationen sind träge, Wandel geschieht selten, unstetig und beabsichtigt.
Was ist Change?	Ein Muster unzähliger Anpassungen von Arbeitsprozessen und sozialen Alltagspraktiken, das von organisationaler Instabilität und aufmerksamen Reaktionen auf alltägliche Notwendigkeiten getrieben wird. Zahlreiche kleine Anpassungen kumulieren und verstärken sich.	Eine Unterbrechung oder Abweichung vom Gleichgewicht, meist dramatisch und von außen getrieben, als Konsequenz einer fehlenden Anpassungsleistung der Organisation an ein sich wandelndes Umfeld.
Perspektive auf Change	Mikro, aus der Nähe, lokal, langfristiger Anpassungszyklus.	Makro, aus der Distanz, global, kurzfristiger Anpassungszyklus.
Interventionstheorie zu Change	Der Wandel ist eine Neuausrichtung dessen, was bereits in Gang ist. Er geschieht zyklisch, prozesshaft, ohne Endziel, auf der Suche nach Gleichwicht, stetig (nach Konfuzius).	Der notwendige Wandel wird mit Absicht und planvoll ausgelöst. Er geschieht linear fortschreitend, zielorientiert, veranlasst durch Ungleichgewicht, und erfordert Intervention von außen (nach Lewin 1947).
Interventionsablauf	Freeze. Rebalance. Unfreeze.	Unfreeze. Transition. Refreeze.
Rolle von Change-Agents	Sinngeber, der Wandel neu ausrichtet.	Primäre treibende Kraft, die Wandel erzeugt.
Wie wird Wandel erzeugt?	Erkennt und »reframt« aktuelle Muster, verändert Bedeutungen durch neue Sprache und reichen Dialog, öffnet Möglichkeiten für Improvisation, Übersetzung und Lernen.	Fokussiert auf Trägheit und sucht zentrale Hebelpunkte und Auslöser für Revolution, kommuniziert alternative Schemata, beeinflusst, baut Koordination und Commitment auf.

Tab. 6: Vergleich kontinuierlicher und episodischer Wandel

Die Metapher von Improvisation als neuer Form, über Organisationen nachzudenken, erscheint ebenfalls höchst kongruent mit lösungsfokussierten Annahmen über Organisationsentwicklung:

> »Da der Begriff ›Organisation‹ geordnete Arrangements für Kooperationen bezeichnet, ist es nicht überraschend, dass Mechanismen für die Umgestaltung dieser Ordnung im Interesse der Anpassung nicht so vollstän-

dig entwickelt wurden. [...] Diese Unterlassung kann korrigiert werden, wenn wir lernen, über den Prozess der Improvisation zu sprechen« (Weick 1998, p. 543).

Weick stellt verschiedene Grade von Improvisation in Form eines Kontinuums dar, das von inkrementeller bis zu transformativer Veränderung reicht. Jede dieser Phasen ergibt, wenn sie beobachtet wird, Chancen für Veränderung:

Interpretation	Ausschmückung	Variation	Improvisation

Interpretation findet statt, wenn Personen sich z. B. kleine Freiheiten im Umgang mit einem Prozess erlauben, indem sie ihm ihre persönliche Note im Umgang mit Kunden verleihen oder kleine Ausnahmen machen, sich aber im Wesentlichen an den Prozess so, wie er festgelegt wurde, halten.

Ausschmückung findet statt, wenn z. B. ganze Phasen eines Originalprozesses vorgezogen oder verzögert werden. Der Prozess wird umformuliert, ist aber noch als solcher erkennbar. So könnte ein Kundendienstmitarbeiter z. B. dem Kunden erlauben, das Reparaturanfrageformular erst nach der Schadenbehebung auszufüllen, damit der Schaden rascher und unbürokratischer behoben werden kann.

Variation findet statt, wenn Elemente eines Prozesses eingefügt werden, die im Originalprozess nicht vorkommen, zu ihm aber in erkennbarer Beziehung stehen. Ein einfaches Beispiel dafür könnte sein, wenn statt des Auftragsbestätigungsformulars eine einfache E-Mail oder sogar eine mündliche Zusage akzeptiert wird.

Improvisation findet statt, wenn der Prozess so umgeformt wird, dass wenig bis keine Ähnlichkeiten mit dem Originalprozess erkennbar sind. Es werden radikale Änderungen vorgenommen und alternative Elemente erfunden bzw. eingefügt. In diesem Falle könnte z. B. der Auftragnehmer zuerst (vielleicht aufgrund von Dringlichkeiten) die Leistung erbringen, bevor er als Nachtrag ein Angebot stellt und vom Auftraggeber eine Bestätigung oder Zahlung erhält.

Während sich ein hohes Maß an Improvisation wohl eher in Pionierorganisationen finden lässt, so treten Interpretation wie auch Ausschmückung sehr wohl selbst in bürokratischen Hochburgen, manchmal zum Leidwesen von Hierarchen und Politikerinnen, auf. Auch ist Improvisation nicht, wie oft angenommen, völlig frei oder gar chaotisch, sondern baut immer auf vorhandenen Strukturen und

Prozessen auf. Der bekannte Jazz-Musiker Charles Mingus wird zitiert mit der Aussage: »You can't improvise on nothing, man; you've gotta improvise on something.« (»Du kannst nicht über nichts improvisieren; du musst über etwas improvisieren«).

Es gibt also ausreichend Samen für »selbst gezogene« Entwicklungen. Mit welcher »Brille« lassen sich diese organisationseigenen Ansatzpunkte für Veränderung am besten erkennen, und welches sind die förderlichsten Entwicklungsbedingungen dafür?

3.5.2 Lösungsfokussierte Change-Grundsätze

Lösungsfokussiertes Change-Management ist ein Widerspruch in sich: Veränderung ist nicht steuerbar – aber »förderbar«. Die aufmerksame Beobachtung des kontinuierlichen Wandels auf seine Erfolgswirksamkeit hin mit der Frage »Was funktioniert?« ist die Grundlage dafür. Diejenigen Veränderungen, die sich im Alltag durch Interpretation bis Improvisation ergeben und Erfolg gezeigt haben, werden aufgegriffen, und die Mitspielenden werden aktiv zum Experimentieren und Beobachten eingeladen. Aufgrund der Tatsache, dass organisationale Veränderungen auf bereits Bestehendem und Erprobtem aufbauen, verringert sich die Hemmschwelle, und die Erfolgsaussichten erhöhen sich. Schließlich haben die Organisationsmitglieder selbst die für sie passenden Veränderungen »erfunden«.

Steigt der Grad an Unsicherheit, Dringlichkeit oder Druck im organisationalen Umfeld, so steigt damit meist auch der Bedarf an Improvisation. Agile Organisationen sind dafür gewappnet und haben ihre Mitarbeitenden mit einfachen, aber treffsicheren Regeln ausgestattet, die es ihnen erlauben, selbstverantwortlich im Sinne der Organisation Entscheidungen zu treffen.

Zudem geschieht lösungsfokussiertes »Change-Management« in verträglichen Etappen; es wird nicht gleich die ganze Organisation, der ganze Bereich oder Prozess umgekrempelt. Stattdessen geht man schrittweise von sorgfältig ausgewählten relevanten Kernbereichen aus, von denen man sich eine positive Wirkung für die Gesamtorganisation erwartet.

Ein weiterer Unterschied zeigt sich im Verständnis von Widerstand: Die »klassische Organisationsentwicklung« geht davon aus, dass keine Veränderung ohne Widerstand stattfindet. Doppler und Lauterburg (2008) meinen sogar, dass man sich beim Ausbleiben von Widerstand eher Sorgen machen müsse als bei seinem Auftreten, und befürworten die Nutzung des Faktors Angst, damit man Bewegung ins Change-Management bekommt. Die lösungsfokussierte Praktikerin geht stattdessen von Kooperation aus. Menschen leisten meist nur Widerstand gegen schlecht geplante und umgesetzte Veränderungen. Wenn sie jedoch selbst, auf eigenen Variationen aufbauend, die Organisationsroutinen im Sinne ihrer erwünschten Zukunft entwickeln können, so erweist sich die Erwartung, dass Veränderung immer schwierig sein muss, rasch als Mythos.

Was die lösungsfokussierte Praktikerin jedenfalls nicht macht, ist eine Liste der Probleme einer Organisation. Stattdessen erarbeitet sie mit ihren Kundinnen ein Bild der erwünschten Zukunft, in der Sprache der Strategie oft »Vision« genannt. Es ist nicht wesentlich, dass diese Vision als glorioses Statement an den Wänden der Sitzungsräume hängt. Viel wesentlicher ist, dass die dazu benutzten Suchfragen, wie z. B.: »Was funktioniert? Worauf hoffen wir? Welches werden Anzeichen von Fortschritt sein? Woran werden wir Erfolg erkennen? Was werden wir beobachten?«, wie auch die daraus entstehenden Antworten auf breiter Ebene in der Organisation gestreut werden (Jackson 2013).

Wesentlich ist auch die Betrachtungsweise bezüglich Organisationen: In der klassischen und systemischen Organisationsentwicklung wird meist auf die Strukturelemente der Organisation fokussiert. Die Organisation wird tendenziell als abstrakte, komplexe, schwer zu verändernde Entität mit einem Eigensinn betrachtet. Im Lösungsfokus weiß man natürlich, dass es strukturbildende Merkmale gibt, die einer Organisation ein Eigenleben verleihen, man entscheidet aber in bestimmten Situationen ganz bewusst, den Fokus auf die Ebene der Personen, ihrer Handlungen, Konversationen und Interaktionen zu lenken. Dadurch, dass man zeitweise *so tut, als ob* die Organisation einfach aus einer unendlichen Folge von Konversationen und Interaktionen besteht, deren jede einzelne in ihrer Interpretation, Variation oder Ausschmückung gestaltbar ist, erhöht man das Veränderungspotenzial enorm.

Von der Methodik her bedient sich die lösungsfokussierte Organisationsentwicklung des »hauseigenen« breiten Angebotes an Tools und Designs sowie manch kompatibler Instrumente wie z. B. Appreciative Inquiry, World Café oder Open Space.

Etwa seit der Jahrhundertwende wurden lösungsfokussierte Organisationsentwicklungsprojekte oft dadurch ausgelöst, dass die in einer Organisation Arbeitenden, z. B. Therapeutinnen, Psychologinnen, Sozialarbeiterinnen oder Lehrende, in der Anwendung von Lösungsfokus geschult wurden. Daraus ergab sich meist als Konsequenz, Lösungsfokus auch auf das Miteinander in der Organisation anzuwenden. Diese Strategie wurde mancherorts auch in kommerziell orientierten Organisationen mit Erfolg eingesetzt (Aoki 2009). Die meisten Kundinnen interessieren sich jedoch mehr für ihre Ziele als für unsere Methodik, und so setzen wir diese Methodik ohne große Deklarationen dazu ein, um sie sicher an ihre erwünschten Destinationen zu bringen.

3.5.3 Einige lösungsfokussierte »Lektionen« für Veränderungsprojekte

McKergow und Clark (2007) destillieren aus Praxisbeispielen 80 Lektionen für erfolgreichen organisationalen Wandel. Die wichtigsten dieser Lektionen sind hier herausgegriffen und durch eigene Erfahrungen ergänzt:

- Ermögliche Konversationen über positive Veränderungen. Sie erzeugen positive Veränderungen.
- Eine Geschichte zu schreiben (bzw. umzuschreiben) verändert die Vergangenheit, Gegenwart und Zukunft. Übe und verbessere deine Geschichten!
- Veränderung kann von überall ausgehen.
- Vertraue deiner Kundin, dass sie die wichtigen Themen auswählt. Arbeite niemals härter für die Veränderung als deine Kundin.
- Halte Ausschau nach positiven Auswirkungen. Bemerke Verbesserungen, und baue auf ihnen auf.
- Setze die Kunst ein, Dinge auch unvollendet zu lassen.
- Finde das Warum heraus für das, was erwünscht ist, nicht für das, was unerwünscht ist.
- Positive Unterschiede entstehen aus vielen Vergleichen.
- Geh langsam, um rasch voranzukommen. Züchte Veränderung wie einen Kristall.
- Bereite dich und andere darauf vor, auf allen Ebenen der Organisation offen und viel zu kommunizieren.
- Bleib flexibel im Vorgehen, und richte dich und andere immer wieder neu am erwünschten Ergebnis aus.

- Schenke auch der Veränderung von kleinen Dingen Beachtung.
- Arbeite mit den »grünen« Leuten, d. h. mit denjenigen, die für die Veränderung sind.
- Sei mutig, und bleib sachte, aber beharrlich dran.
- Lass dich nicht durch Angst vor Risiken blockieren.
- Nütze kleine, experimentelle Schritte. Setze sie als »trojanische Mäuse« ein.

4 Prinzipien und Werkzeuge für lösungsfokussierte Anwendungen in Organisationen

4.1 Lehrsätze und Annahmen

Es kann als das größte Verdienst des Milwaukee-Teams angesehen werden, dass es Lösungsfokus nicht nur systematisch erforschte und weiterentwickelte, sondern auch so dokumentierte und aufbereitete, dass der Ansatz vermittelbar wurde. Was bedeuten seine Lehrsätze und Annahmen für die praktische Anwendung in Organisationen?

4.1.1 Drei Lehrsätze

Die drei hier dargestellten und recht einfach, ja fast naiv klingenden Aussagen legen als »wesentliche Lehrsätze der lösungsfokussierten Kurztherapie« (de Shazer u. Dolan 2011, S. 23) einen wichtigen Teil des lösungsfokussierten Fundaments:

- »Was nicht kaputt ist, muss man auch nicht reparieren.«
  (»If it isn't broken, don't fix it.«)
- »Das, was funktioniert, sollte man häufiger tun.«
  (»If it works, do more of it.«)
- »Wenn etwas nicht funktioniert, sollte man etwas anderes probieren.«
  (»If it's not working, do something different.«)

»Was nicht kaputt ist, muss man auch nicht reparieren« kann auf den Auftrag der Praktikerin bezogen werden: Wenn seitens der Kundin kein Problem wahrgenommen wird, sollte die Praktikerin auch die Finger davonlassen. Keine wohlgemeinten, aber nicht angeforderten Interventionen – in der Absicht, »Entwicklung zu fördern«, oder »Bestehendes zu konsolidieren« oder »tiefer liegende Strukturen zutage zu bringen«. Damit ergibt sich auch die bei jedem Schritt zu stellende Frage: »Haben wir eine Kundin für Veränderung?« Es darf nicht so weit kommen, dass die Beraterin die stärkere Advokatin der Veränderung ist als die Kundin. Dieser Lehrsatz kann auch im Sinne der Gedanken, die das Werk von Gregory Bateson (1985) durchdringen, interpretiert werden, nämlich dass funktionierende Ökosysteme nicht zu irritieren oder zu stören, sondern möglichst intakt zu erhalten sind. In der lösungsfokussierten Praxis geht man sanft und achtsam mit allen Teilen der Organisation um und versucht, bei beeinträchtigter Funktionalität sanft, so wenig wie möglich und nur so viel wie nötig zu verändern. Einen Flächenbrand, der alles zerstört, zu entfachen ist relativ einfach. Die neuralgischen Ansatzpunkte für Veränderung zu finden, ohne dabei das, was funktioniert, anzugreifen, ist alles andere als einfach.

»Das, was funktioniert, sollte man häufiger tun« bedeutet Folgendes:

> »Wenn der Klient im Begriff ist, ein Problem zu lösen, dann sollte es die primäre Aufgabe des Therapeuten sein, den Klienten zur Fortsetzung dessen zu motivieren, was bereits funktioniert. Lösungsfokussiert arbeitende Therapeuten beurteilen nicht die Qualität der Lösungen eines Klienten, sondern fragen nur, ob eine Lösung effektiv ist. Daraus ergibt sich eine weitere Aufgabe des Therapeuten: dass er nämlich dem Klienten hilft, gewünschte Veränderungen zu festigen« (de Shazer u. Dolan 2011, S. 23).

Für die Praktikerin heißt das:

- dem Kundensystem zu helfen herauszufinden, wer in der Organisation genau was tut oder unterlässt, wenn die Dinge besser laufen; nur so kann die Organisation ihren Erfolg auch reproduzieren
- den Kundinnen bei der Beurteilung der potenziellen Lösung zu helfen
- das Kundensystem zur Fortsetzung und Festigung dessen, was funktioniert, zu motivieren.

Eine häufig vergebene Vorbereitungsaufgabe am BFTC (Brief Family Therapy Center) in Milwaukee, die bereits den sogenannten Pre-Session-Change eingeläutet hatte, war: »Beobachten Sie bis zu Ihrer ersten Sitzung, was in Ihrem Leben gerade gut läuft und was Sie weiterhin beibehalten wollen.« Viele Klientinnen sagten nach dieser Frage bereits ihre erste Therapiesitzung wieder ab bzw. kamen bereits mit einer langen Liste an funktionierenden Dingen in die erste Sitzung.

Dies ist auch eine gute Einstiegsaufgabe für eine Organisations- oder Teamentwicklung, die einerseits dafür sorgt, dass man »das Kind nicht mit dem Bade ausschüttet«, und andererseits die »Bewahrer« beruhigt. Für die lösungsfokussierte Beratungspraxis ist der Ausgangspunkt jeder Veränderung die Beschäftigung mit dem, was nach Meinung der involvierten Personen gut funktioniert. Diese funktionalen Elemente sind dann die einfachsten und natürlichsten Ansatzpunkte zur Verstärkung positiver Veränderungen. Natürlich wissen wir, dass die Menschen meist so gestrickt sind, dass ihnen eher diejenigen Dinge auffallen, die nicht funktionieren und die sie als problematisch wahrnehmen (erinnern wir uns an das zu Beginn der Einleitung erwähnte Negativitätsvorurteil). Hier ist die gelernte Lösungslogik absolut essenziell für das Gegensteuern: Das Wahrnehmen schwacher Signale aus dem Umfeld oder innerhalb der Organisation und die Identifikation von Variationen von Routinen, die eine höhere Effizienz erzielen, oder von Situationen, die Ausnahmen vom Problem darstellen, erfordern genaues Hinschauen, Achtsamkeit, echtes Verständnis für das Business und ein Gefühl für seine Potenziale. Nach diesen Erkenntnissen auch zu handeln und davon »mehr« zu tun erfordert Entscheidungskraft und Durchsetzungsfähigkeit.

»Wenn etwas nicht funktioniert, sollte man etwas anderes probieren« bezieht sich auf die Erkenntnis, dass »Mehr desselben« nicht unbedingt ein Mehr, sondern ein Weniger sein kann. Viele Menschen versuchen verzweifelt, immer wieder denselben Weg zu gehen, und fallen immer wieder in dasselbe Loch im Wege. Das zu erkennen, aus den sich wiederholenden Routinen auszusteigen, sich vom »Group Think« im Managementteam oder aus dem Käfig der Organisationskultur ein klein wenig zu entfernen und einmal andere Wege auszuprobieren, das ist ebenfalls alles andere als einfach. Die etwas anderen Fragen und Zugänge des Lösungsfokus können dabei sehr nützlich sein.

4.1.2 Weitere Annahmen

Kleine Schritte können zu großen Veränderungen führen

Da wir davon ausgehen, dass in komplexen Systemen alles miteinander verbunden ist, so können von kleinen Schritten große Wirkungen ausgehen. Bescheiden und minimalistisch versuchen wir, uns in kleinen Schritten der erwünschten Zukunft anzunähern. Die ausgewählten Handlungen sollten spezifisch und klar definiert sein und eher den Beginn von etwas Neuem als das Ende von etwas Altem sein. Warum empfehlen wir kleine und nicht große Schritte? Kleine Schritte bieten folgende Vorteile:

- Niedrige Hemmschwelle: Handlungen, die man leicht ausführen kann, erfordern keine große Überwindung.
- Ein Anfang ist gemacht: Handlungen, die in kurzer Zeitspanne ausgeführt werden, erlauben einen raschen Start und baldige Ergebnisse.
- Leicht rückführbar bzw. nachjustierbar: Mit kleinen Schritten ist nicht viel verloren, sollte es doch in die falsche Richtung gehen. Andererseits können die richtigen kleinen Schritte bereits *quick wins* bedeuten, die die Motivation fürs Weitertun stärken.
- Manchmal leichter zu definieren: Kleine Schritte erfordern keine großen Ideensprünge, sondern eher Variationen und Adaptionen von Routinen.

Der letzte Punkt stellt natürlich auch eine Gefahr dar, nämlich dann, wenn es um »große« Innovationen geht. Dann müssen die Schritte besonders sorgfältig von der erarbeiteten Vision und weniger vom bestehenden Alltag abgeleitet werden.

Manchmal ist es schwierig, die Schritte klein zu halten. Dann helfen folgende Fragen:

- Was können Sie persönlich in den nächsten 24 Stunden leicht unterbringen, um einen ersten Schritt in Richtung Ihres Ziels zu machen? Und was in den nächsten 48/72 Stunden?
- Welches wäre ein noch kleinerer Schritt?
- Wie könnten Sie 0,2 Punkte auf Ihrer Fortschrittsskala weiterkommen?«

»Besser genug«

Perfektion wird im Lösungsfokus nicht angestrebt. Die Beratung dauert nur so lange, bis die Kundin den Eindruck hat, dass es jetzt »besser genug« ist und sie wieder alleine weitermachen kann. Auch bei der Skalierung von Zielen wird immer wieder nachgefragt: »Was wäre für Sie ›besser genug‹?« Wenn die Kundin signalisiert, dass 7 für sie »besser genug« wäre, dann wird 7 angestrebt – und nicht mehr!

Die Zukunft ist sowohl etwas Geschaffenes als auch etwas Verhandelbares

Dieser Lehrsatz sagt aus, dass weder Personen noch Gruppen oder Organisationen als Gefangene ihrer Verhaltensweisen, Muster oder Routinen zu betrachten sind. Er

> »stützt sich auf den sozialen Konstruktionismus und verweist darauf, dass die Zukunft ein Ort der Hoffnung ist, an dem die Menschen ihr Schicksal selbst in die Hand nehmen« (de Shazer u. Dolan 2011, S. 25).

Wir können die Organisation als einen Ort *»geronnener Lösungen«* (Hochreiter 2004) betrachten sowie als einen Ort potenzieller neuer Lösungen. Mit dieser Einstellung an die Arbeit zu gehen erhöht die Wahrscheinlichkeit, dass sowohl Funktionierendes als auch Veränderbares bemerkt wird.

»Jeder Fall ist anders«

Natürlich sagt uns schon der Hausverstand, dass es immer wieder Abweichungen von einem Fall zum anderen gibt. Diese Überzeugung aber zu einer zentralen Aussage des Beratungsansatzes zu machen ergibt interessante Potenziale und Unterschiede. Steve de Shazer (2012c, S. 258) schreibt über die Beziehung von Kontext und Ereignis:

> »Die Situationen, in denen bestimmte Ereignisse auftreten, haben einen Einfluss darauf, wie die Beteiligten sich selbst und anderen gegenüber diese Ereignisse beschreiben. Ereignis und Kontext sind aber natürlich nicht getrennt und exakt auseinanderzuhalten. Der Kontext hat einen Einfluss auf das Ereignis, und das Ereignis hat einen Einfluss auf den Kontext. Allerdings trägt der Kontext, der ein Ereignis umgibt, zumindest teilweise dazu bei, dem Ereignis eine Bedeutung zu verleihen. Da der Kontext bzw. die Situation, in der ein Ereignis auftritt, durch den Gebrauch von Sprache beschrieben wird und da der Kontext dazu beiträgt, dass wir verstehen und beschreiben können, was passiert, unterliegt der Kontext denselben Ambiguitäten, die das Ereignis selbst beeinflussen.«

Daher vermeidet die lösungsfokussierte Praktikerin so weit wie möglich allgemeine Theorien und hütet sich davor, in einem bestimmten Kontext gewonnene Erfahrungen auf andere, möglicherweise unpassende Projekte oder Fälle zu übertragen. Die Übertragung funktioniert nämlich nur so lange, wie die Gemeinsamkeiten der Projekte größer als die Unterschiede sind. Wenn das jedoch nicht der Fall ist, geht die Sache schief, und die Praktikerin beschuldigt zum Schluss die Organisation dafür, dass sie sich nicht an die Theorien der Praktikerin hält. Außerdem entgeht ihr dadurch, dass sie glaubt, etwas zu wissen, möglicherweise etwas Wichtiges.

Was im Lösungsfokus zählt, sind die Besonderheiten, die Einzelheiten, die einen Unterschied machen, ob etwas passt (»fits« – de Shazer 2012b bzw., am Orig., 1985) oder nicht passt. Wiewohl Best-

Practice-Vergleiche oder Benchmarking für manchen Bedarf nützlich sein mögen, so geht man doch davon aus, dass selbst kleine Unterschiede zwischen den Organisationen dazu führen können, dass die beste Lösung für den einen die schlechteste für den anderen sein kann. Die Annahme »Jeder Fall ist anders« fordert Disziplin, Bescheidenheit und die Bereitschaft, mit der Haltung des Nichtwissens jedes Projekt neu zu erfinden. Dadurch wird es möglich, so wenig wie nötig zu verändern und so viel wie möglich gleichzulassen. Ein weiterer Vorteil ist, dass

> »die hohe Aufmerksamkeit, die erforderlich ist, wenn man jedes Mal neu anfangen muss, den Fokus scharf erhält und den Menschen, mit denen man arbeitet, zeigt, dass man sich für ihre Ansichten interessiert« (Jackson a. McKergow 2007, p. 104).

Die Kundin als Expertin

Im Lösungsfokus geht man davon aus, dass die Kundin selbst am besten weiß, was in ihren Kontext passt. Kontext umfasst ihre Gesamtsituation: ihren Markt, ihre Stakeholder, die Trends in ihrer Branche, ihre gesetzlichen Grundlagen, ihre Prozesse, Programme, Kultur und ebenso ihre Sicht auf all diese Faktoren. Es ist unmöglich für eine Außenstehende, ja oft sogar für die Kundin selbst, all diese Dinge zu erfassen, aber die Betroffenen haben zumindest noch die größere Chance. In der Prozessberatung gilt die Regel: Die Kundin ist die Expertin für den Inhalt, die Beraterin für den Prozess. Im Lösungsfokus wird die Kundin als Expertin für beides betrachtet: für ihre Lösung und dafür, wie sie, alleine oder gemeinsam mit der Beraterin, zu ihr gelangt.

Verändere etwas, nicht jemanden

Es ist leichter und verspricht mehr Erfolg, die Umstände der Situation zu verändern als das Denken von Menschen. Die frommen Wünsche an Mitarbeitende nach einer anderen Haltung, mehr Engagement oder Selbstverantwortung bleiben meist unerfüllt, wenn sich in ihrem Kontext nichts verändert oder wenn die Wünsche nicht zumindest konkretisiert und in erwünschte Handlungen übersetzt werden.

4.1.3 Ein interaktionaler Zugang

»Es gibt keine willentlich produzierte individuelle Handlung – alle Handlungen sind gemeinsam produziert.«

Harré a. Gillet (1994)

»The action is in the interaction.«

Jackson a. McKergow (2007)

Weder das Problem noch die Lösung ist in einer Person alleine oder innerhalb nur eines Elementes des Systems zu finden, sondern in den Zusammenhängen und im Umgang der Personen miteinander. Daraus ergeben sich für den Lösungsfokus folgende Annahmen (Dezin 1995) (Tab. 7).

Interaktionaler Zugang ...	... anstatt
Alles entsteht aus dem Kontext.	Allgemeine Theorien als Erklärung.
Persönliche Erfahrungsberichte als Rohmaterial.	»Objektive« Daten.
Personen bringen ihren einzigartigen Erfahrungsschatz ein.	Personen sind austauschbar.
Verhalten entsteht durch Reaktionen, Interaktionen und Sprache.	Verhalten wird im Inneren der Person erzeugt.
Sprache erzeugt Realität.	Sprache beschreibt Realität.
Wie-Fragen.	Warum-Fragen.
Alles ist emergent.	Alles folgt einer Struktur.

Tab. 7: Interaktionaler Zugang

Der Fokus liegt auf Erfahrungswissen und Know-how, also dem, was eine Person getan hat. Dies ist persönlich, dynamisch und kontextgebunden, während Wissen eher abstrakt und statisch ist. In »Clues 1.2« (ASFCT 2014), einer Art Charta für lösungsfokussiertes Arbeiten, steht zu diesem Thema:

> »Der Fokus lösungsfokussierter Arbeit liegt auf den Interaktionen zwischen Personen, wie sie beschrieben, beobachtet oder erfahren werden. Wir führen keine systemischen oder psychologischen erklärenden Konzepte ein wie innere Treiber, inneres Team, Motivationen, systemische Strukturen oder Hypothesen. Wann immer die Kundin Konzepte mit mentalistischen Begriffen einführt, dann verwenden wir ihre Sprache, um über beobachtbare Zeichen von Fortschritt zu sprechen« (Clues 2014).

Das bedeutet aber ganz und gar nicht, dass im Lösungsfokus, wie oft angenommen, nicht über Emotionen gesprochen werden darf. Im Gegenteil: Dadurch, dass in lösungsfokussierten Gesprächen sehr oft positive Emotionen evoziert werden, werden sie auch artikuliert. Auf Fragen wie z. B. »Was werden Sie an sich beobachten, wenn …?« oder »Was werden für Sie erste Anzeichen Ihrer erwünschten Zukunft/des Wunders … sein?« antworten Kundinnen sehr oft mit: »Ich werde zufriedener/zuversichtlich/glücklich sein.« Die Folgefragen sind dann:

- »Welchen Unterschied wird das für Sie machen?« Der Unterschied zeigt sich manchmal nur innerlich, aber sehr oft auch an der Körpersprache oder im Handeln.
- »Was wird eine andere Person an Ihnen bemerken?« Diese Frage zielt auf merkbare Anzeichen der Emotion – Gesichtsausdruck, Körpersprache und Handeln.
- »Welchen Unterschied wird Ihre Freude für diese Person machen? Wie wird sie darauf reagieren?« Durch die Reaktion auf die äußeren Anzeichen einer inneren Veränderung wird die Veränderung gefestigt. Es entsteht ein »Engelskreis« von positiven Wechselwirkungen, zuerst nur in der Vorstellung, danach sehr oft auch in der Realität.

4.2 Lösungsanalyse statt Problemanalyse

»Für die Lösung ist das Verstehen des Problems nicht notwendig.«
Steve de Shazer

Dies ist wahrscheinlich die zugleich radikalste und wirksamste Erkenntnis im Lösungsfokus. Anstatt sich mit Problemanalysen zu befassen, gehen lösungsfokussierte Praktikerinnen direkt auf die Lösung zu. Dazu müssen sie sich wenig bis gar nicht mit den Tatsachen des Problems befassen, denn: »Die Tatsachen gehören alle nur zur Aufgabe, nicht zur Lösung« (Wittgenstein 1961, 6.4321). Mit Tatsachen sind diejenigen Fakten und Geschichten gemeint, von denen uns Kundinnen berichten, wenn sie über ihre Probleme sprechen. Je detaillierter diese »Tatsachen« beschrieben und analysiert werden, desto mehr beginnen die Gesprächspartnerinnen, an das Problem zu glauben, und desto realer, größer und unbeweglicher erscheint der

Problemberg. Wenn Kundin und Beraterin hingegen über das Gegenteil von Tatsachen, nämlich über Hoffnungen, Fantasien, Pläne, Vorstellungen und Wünsche sprechen, dann beginnen sie, mehr und mehr an eine mögliche Lösung zu glauben, und machen sich daran, sie durch ihre Konversation zu konstruieren.

Dieser »Dreh« vom Problem zur Lösung ist das Herzstück der lösungsfokussierten Praxis. Die Problemanalyse stellt sogar eine gewisse Gefahr für die Lösung dar, und zwar aus folgendem Grund:

> »Wir alle wissen, dass die Art, wie wir ein Problem erklären, eine große Wirkung darauf hat, wie wir es zu lösen versuchen. Was wir oft in der lösungsfokussierten Arbeit versuchen, ist, uns von Erklärungen fernzuhalten, damit wir kreativer bei der Problemlösung werden« (Furman 2009, p. 122).

Unsere Versuche, die Entstehung des Problems zu erklären, können uns bei der Lösungsfindung sehr im Wege stehen, nicht nur, weil wir vielleicht von Annahmen über Dinge, von denen wir keine direkte Kenntnis haben können, ausgehen, z. B. darüber, was in den Köpfen anderer vorgeht, sondern auch deshalb, weil wir vielleicht nur auf einem »Pfad« bleiben und dadurch blinde Flecken erzeugen. Und gerade das soll ja Beratung ermöglichen: das Ausbrechen aus den üblichen organisationalen Routineschemata und dadurch die Reduktion der drohenden »Pfadabhängigkeit« (Schreyögg 2013).

Problemanalyse hat durchaus ihre Berechtigung, wenn es zum Beispiel um die Behebung von methodisch-technischen Fehlern oder Pannen geht. Das, was bei der Behebung eines Maschinenschadens gut und richtig ist, kann aber bei der Behebung von Teamproblemen kontraproduktiv werden, wenn es dabei zur Schuldigensuche kommt. In komplexen Systemen ist meist keine direkte oder logische Verbindung zwischen Problem und Lösung zu finden. Außerdem haben sich die meisten Kundinnen vor der Beratung ohnehin intensiv mit den Symptomen und potenziellen Ursachen des Problems auseinandergesetzt. Das zu wiederholen bringt wenig. Der Nutzen der Beratung liegt vielmehr darin, den Kundinnen so viel Beschäftigung wie möglich mit der »Lösung« d. h. mit ihrer erwünschten Zukunft, zu vermitteln. Dorthin bewegen sie sich nämlich normalerweise selten von alleine.

McKergow und Jackson (2007, p. 5) zeigen mit ihrer Visualisierung des »Drehs« – von der Problemachse auf die Lösungsachse – dass Problem- und Lösungswege voneinander getrennt sind und in eine jeweils ganz andere Zukunft führen (Abb. 2).

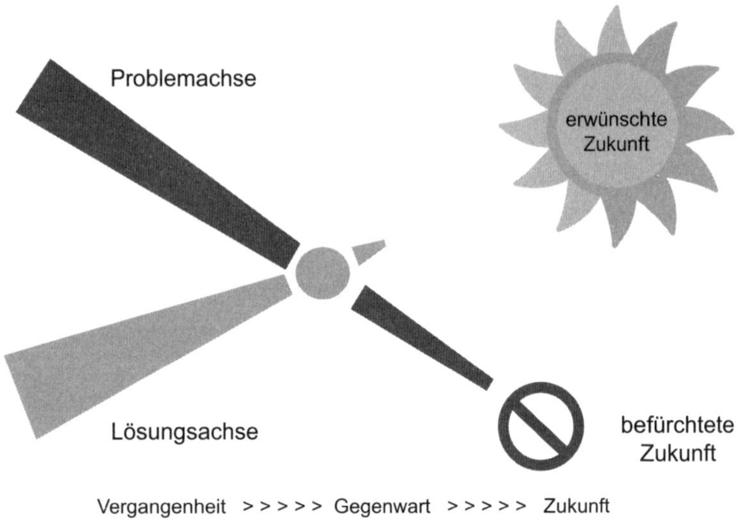

Abb. 2: Von der Problem- auf die Lösungsachse (nach McKergow a. Jackson 2007, p. 5)

Die Problemachse führt von der problematischen Vergangenheit in die befürchtete Zukunft und somit bergab. Eine detaillierte Untersuchung von Schwierigkeiten und Hindernissen ist meist frustrierend und demotivierend und erzeugt ein Gefühl von Schwere und Hoffnungslosigkeit bei allen Beteiligten. Die Problemanalyse macht uns zu Expertinnen für das Problem, was uns aber nicht weiterhilft.

Auf der Lösungsachse hingegen untersuchen wir das, was in der Organisation bereits passiert ist in Richtung der erwünschten Zukunft, aber oft ausgeblendet ist. Die Lösungsanalyse erzeugt ein Gefühl von Zuversicht und Aufbruchsstimmung, macht einen Veränderungsimpuls wahrscheinlicher und spendet nützliche Informationen für die Planung nächster Schritte.

In Abbildung 2 stellt der Kreis in der Mitte die Gegenwart dar, von der aus wir die Wahl haben, entweder in die problematische oder in die lösungsreiche Vergangenheit und Zukunft zu blicken. Wenn wir uns für Letzteres entscheiden und untersuchen, was im bestehenden Zustand erhaltenswert ist oder uns Hoffnung gibt, dann erhöht sich die Wahrscheinlichkeit, dass wir für uns eine bessere Zukunft konstruieren.

Eine Managerin einer großen Organisation kam mit dem Anliegen, ihre Führungskompetenz zu verbessern, ins Coaching. In ihrer Firma war es aufgrund von Korruptionsvorwürfen zur Kündigung von Managern und einer groß angelegten Reorganisation gekommen. Im Zuge dessen wurde sie von einer Fachexpertin zur Teamleiterin befördert, ein Wechsel, der ihr Probleme bereitete, weil sie viel Befriedigung aus ihrer Expertinnentätigkeit gezogen hatte. Ihr Team war sehr inhomogen und leistete massiven Widerstand gegen die Veränderungen. Sie kam mit ihrem Chef nicht zurecht, der ihr keine klaren Vorgaben machte. Außerdem musste die Organisation gerade einen Merger bewältigen, der mit Personalkürzungen verbunden war.

Eine derartige Schilderung bietet natürlich jede Menge Möglichkeiten, die verschiedenen Facetten des Problems zu analysieren:

Problemfokussierte Fragen zum obigen Fallbeispiel:
- Wie kam es zu den Korruptionsvorwürfen?
- Was geschah während der Reorganisation?
- Was tut Ihr Chef, das Ihnen Probleme bereitet?
- Wie gravierend sind die bevorstehenden Personalkürzungen für Ihr Team?
- Was macht Ihnen die meisten Schwierigkeiten als Teamleiterin?
- Was macht die Inhomogenität Ihrer Teams aus?
- Usw.

Uns mit der Geschichte des Problems zu befassen ist keineswegs der direkteste und kürzeste Weg, der Kundin zu helfen, ihr Anliegen zu erfüllen, nämlich ihre Führungskompetenz zu stärken. Wir sollten lieber die Geschichte der Lösung untersuchen, die verborgen in der Vergangenheit liegt:

Lösungsfokussierte Fragen zum obigen Fallbeispiel:
- Wie haben Sie es bisher geschafft, das Beste aus der Situation zu machen?
- Wo können Sie Ihre Befriedigung aus der Expertinnentätigkeit immer noch ziehen? (Die Kundin leitete nach wie vor eigene Projekte.)

- Was ist das Gute an Ihrer Position als Teamleiterin?
- Welche Vorteile hat es, wenn Ihnen Ihr Chef nicht alles vorgibt, sondern Ihnen Spielraum zur Entscheidung lässt?
- Welches von Ihren Teammitgliedern ist etwas konstruktiver als die anderen?
- Welche in der Projektleitung gesammelten Erfahrungen können für Sie als Führungskraft nützlich sein?

Sie sehen schon, dass es auf der Lösungsachse um ganz andere Themen und Fragen geht. Auch wenn es verlockend ist, unserem Negativitätsvorurteil zu folgen und auf der Problemachse einzusteigen, führt diese Art von Gespräch meist nirgendwohin. Wir haben die Wahl, worauf wir hören und wo wir einsteigen wollen. Problemgeschichten werden am besten »überhört« oder zumindest minimiert. Natürlich nicht so, dass sich die Menschen ignoriert oder abgetan fühlen. Insoo Kim Berg betonte immer wieder, wie wichtig es sei »lösungsfokussiert, aber nicht lösungsforciert« zu sein. Jede Person hat ihren individuellen Takt, wie und wann sie bereit ist, von der Problem- auf die Lösungsachse zu wechseln. Manche kommen schon von vornherein auf der Lösungsachse in die Beratung, andere wiederum fallen immer wieder auf die Problemachse zurück.

Die übliche problemfokussierte Vorgangsweise kann in etwa wie in Abbildung 3 dargestellt werden.

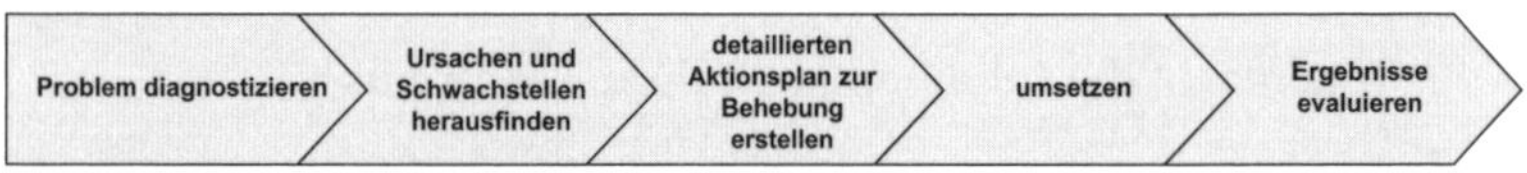

Abb. 3: Problemfokussierte Vorgangsweise

Im Vergleich dazu ist die lösungsfokussierte Vorgangsweise ein iterativer Prozess, der aus der erwünschten Zukunft heraus die Gegenwart beeinflusst (Abb. 4).

Es kommt mit hoher Wahrscheinlichkeit dann zu einer Lösung, wenn wir unsere Aufmerksamkeit auf folgende Dinge lenken:

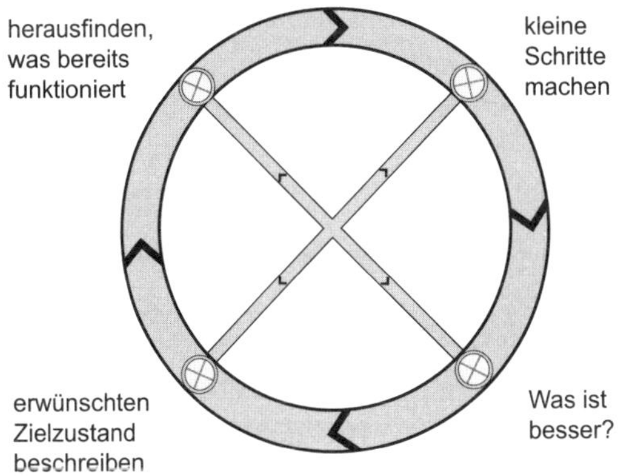

Abb. 4: Lösungsfokussierte Vorgangsweise

Was erwünscht ist vs. ~~Was unerwünscht ist~~

Es ist sinnvoller, mehr darüber nachzudenken, was man will, anstatt darüber, was man nicht will. Trotzdem wird es erstaunlich selten gemacht. Menschen können sich endlos über ihre Probleme und Leiden auslassen, ohne den Funken einer Idee zu haben, was für sie, realistisch gesehen, besser wäre. Zur Illustration erzählen wir oft folgende Geschichte: Wenn wir am Flughafen in ein Taxi steigen und nach Hause wollen, wird es nicht reichen, wenn wir dem Taxilenker schildern, wie schrecklich es an unserer vorherigen Reisedestination war. Auch die Botschaft »Nur weg von hier!« wird noch nicht dazu führen, dass wir nach Hause kommen. Wir landen damit möglicherweise in einem Nachbarland mit einer hohen Taxirechnung. Wir werden erst dann erfolgreich sein, wenn wir dem Taxifahrer unsere gewünschte Destination, idealerweise verbunden mit einer genauen Adresse, mitteilen. In der Praxis lenken wir also das Gespräch:

- × weg von den nichtprofitablen Geschäftspraktiken der Vergangenheit und Gegenwart
- ✓ hin zu zukünftig ertragreichen Geschäftsmodellen
- × weg von der Beschreibung der aktuellen Konflikte und Rivalitäten
- ✓ hin zur detailreichen Vorstellung einer besseren Zusammenarbeit.

Was funktioniert vs. ~~Warum was falsch läuft~~

Es gibt das Sprichwort: »Ausnahmen bestätigen die Regel.« So besteht ein Problem niemals zu 100 %. Es gibt immer Zeiten, in denen es etwas gemindert ist oder in denen ein wenig vom erwünschten Zustand bereits Realität ist. Darauf achten wir besonders:

- Wann haben Sie in letzter Zeit Anzeichen einer verbesserten Kooperation bemerkt?
- Wann war das letzte Mal die Stimmung im Team etwas freundlicher?
- Kam so ein Gewinn/Verkaufsergebnis in Ihrer Firmengeschichte schon einmal vor? Was war da konkret anders?

Stärken, Ressourcen und Möglichkeiten vs. ~~Schwächen, Lücken und Defizite~~

Wir wissen alle aus eigener Erfahrung, dass wir viel rascher erfolgreich sind, wenn wir unsere Stärken nutzen. Auf Schwächen, Hindernisse oder Stolpersteine zu fokussieren entmutigt und bringt lediglich Mittelmaß hervor.

Kleine Schritte vs. ~~Aktionspläne~~

Die üblichen Managementmethoden sehen vor, mit Zielen, Plänen und Meilensteinen in linear konzipierten Projekten zu arbeiten. Derartige Vorgangsweisen haben ihre Berechtigung. Sie sind nur leider nicht die Antwort auf die steigende Volatilität der Organisationsumwelt. Die Arbeit in kleinen Schritten und kurzen Zyklen, immer mit Blick auf das übergeordnete Ziel, hat den Vorteil, viel schnellere und effektivere Ergebnisse zu bringen, die Motivation zu steigern und dabei die nötige Flexibilität zu erhalten. Das Resultat sind »agile«, d. h. bewegliche und wendige Projektstrukturen, ein geringeres Risiko und mehr Treffsicherheit bei der Zielerreichung.

Der Beginn von etwas Neuem vs. ~~Die Beseitigung eines Problems~~

Wir wissen alle, wie schwer es ist, eine Gewohnheit fallen zu lassen und etwas nicht mehr zu tun. Gehirnphysiologisch ist es nicht möglich, gewisse Bahnen einfach zu »löschen«. Wir können nur den Zugriff auf sie reduzieren, indem wir stattdessen damit beginnen, andere Pfade zu bahnen. Das ist ein langsamer Prozess, aber der einzig realistisch gangbare Weg. Wir müssen beginnen, ein neues und anderes Verhalten an die Stelle des Problemverhaltens zu setzen.

Interesse an Fortschritt vs. ~~Interesse an Ursachen und Schuld~~
Mit »Wer hat das wieder verbockt?« lockt man niemanden hinter dem Ofen hervor. Nützlicher ist: »Wie machen wir es zukünftig besser? Was lernen wir daraus? Was haben wir richtig gemacht, sodass dieses Problem bisher nicht auftrat?«

Fokus auf kleine Unterschiede vs. ~~Fokus auf große Unterschiede~~:
Anstatt »Wann ist das Problem gelöst?« zu fragen, bringen wir die Veränderung eher in Gang, wenn wir sagen: »Wann ist es ein bisschen weniger schlimm?«

4.3 Sprache

»Problemsprache erzeugt Probleme. Lösungssprache erzeugt Lösungen.«
Steve de Shazer

Wie wir bereits gesehen haben, unterscheidet sich die Sprache, die man benutzt, um ein Problem zu beschreiben, von der Sprache, die man benötigt, um eine Lösung zu entwickeln. Dies beruht auf der (poststrukturalistischen) Annahme, dass Sprache Wirklichkeit schafft und nicht einfach abbildet: andere Konversationen, andere Realität.

Im Alltagsverständnis der westlichen Welt und der »Strukturalisten« bildet Sprache Realität ab, und man hoffte, die Bedeutung in den Strukturen der Sprache zu finden (Chomsky 1968; de Saussure 1922). Diese Ansicht bestimmte lange Zeit das Denken nicht nur in der Sprachwissenschaft, sondern auch in der Psychotherapie. Das BFTC bekannte sich klar zu einer »poststrukturalistischen« Sicht auf Sprache (Berg a. de Shazer 1993), und de Shazer setzte sich ausführlich mit den Poststrukturalisten Derrida, Lacan und Foucault auseinander (2012c). Aus der Sicht des BFTC geschieht Veränderung innerhalb und durch Sprache:

> »Worüber wir sprechen und wie wir darüber sprechen, macht einen Unterschied, und es sind diese Unterschiede, die dafür verwendet werden können, um für die Kundin einen Unterschied zu machen« (Berg a. de Shazer 1993, p. 7).

Bedeutung entsteht erst durch die Verwendung der Worte in bestimmten Kontexten, und dabei ist Missverstehen viel wahrscheinlicher als Verstehen. Keine Botschaft kann jemals mit Sicherheit vollständig transportiert oder aufgenommen werden, und es ist die Aufgabe der Praktikerin, mit dieser Dissonanz kreativ umzugehen:

> »Angesichts der Unsicherheit, was Bedeutungen innerhalb jedweder Konversation betrifft, so sind Missverständnisse wesentlich wahrscheinlicher als Verstehen. Unserer Ansicht nach ist es die Aufgabe der Therapeutin, diese Missverständnisse kreativ zu nutzen und gemeinsam mit der Kundin ein Missverständnis zu entwickeln, das so nützlich wie möglich ist« (Berg a. de Shazer 1993, p. 7).

De Shazer verglich Therapie mit einer »Konversation« (Berg a. de Shazer 1993, S. 5) und bezeichnete sie als »nichts anderes [...] als einen Austausch von Worten« (de Shazer 2012c, S. 18). Um aber den »Zauber der Worte« zu entfalten, müssen wir uns mit ihrer bestmöglichen Verwendung befassen, und damit sind wir wieder bei der Lösungssprache angelangt. Wenn wir fragen: »Was ist schiefgelaufen?«, dann gehen wir – und bald auch unser Gegenüber – von der Annahme aus, dass wohl etwas schiefgelaufen sein muss. Sogar wenn nichts schiefgelaufen ist, wird sich die Gesprächspartnerin wahrscheinlich kooperativ verhalten und sich bemühen, eine passende Antwort mit einer Liste von Fehlern zu geben. Daraus kann dann ein völlig anderer Dialog entstehen, als wenn wir fragen: »Was ist gut gelaufen?« Hier gehen beide Gesprächspartnerinnen von einer ganz anderen Annahme aus und gestalten in der Folge im Gespräch eine völlig andere Wirklichkeit als im ersten Dialog (vgl. Tab. 8).

»*5-Dollar-Worte statt 5000-Dollar-Worte*« (Jackson a. McKergow 2007, p. 92), sagte Insoo Kim Berg und meinte damit den Unterschied zwischen einfachen und verständlichen Begriffen der Alltagssprache und bombastischen, verallgemeinernden und nebulösen (Fach-)Ausdrücken:

- × Diese Organisation braucht einen Paradigmenwechsel.
- ✓ *Wir wollen anders auf unsere Kundenanforderungen reagieren.*
- × Die Steigerung unseres intellektuellen Kapitals ist durch individualisierte Investitionen in unsere besten Human-Ressourcen zu erzielen.
- ✓ *Wir profitieren, indem wir unsere besten Mitarbeitenden individuell fördern.*

Problemsprache	Lösungssprache
Was macht Ihnen Schwierigkeiten?	Was geht Ihnen am leichtesten von der Hand?
Können Sie diese schwierige Situation bewältigen?	Welche Fähigkeiten und Erfahrungen werden Ihnen helfen, diese schwierige Situation zu bewältigen?
Gibt es Probleme mit dem neuen Mitarbeiter?	Was schätzen Sie am neuen Mitarbeiter?
Hat irgendjemand einen Vorschlag?	Wie könnten wir das besser lösen? Was haben Sie sich dazu bereits überlegt?
Wie konnte das passieren?	Was haben wir bisher richtig gemacht, sodass ein derartiger Fehler bisher noch nie passiert ist?
Wo liegen unsere Stolpersteine?	Was wären die ersten Anzeichen, die uns sagen: Es geht in die richtige Richtung?
Welche negativen Auswirkungen wird Ihr ungesunder Lebensstil auf Ihre Krankheit haben?	Angenommen, Sie fangen an, ein gesundes Leben zu führen: Was wird dann anders sein?
Wie wird es Ihnen nach der Prüfung ergehen? Wie werden Sie sich fühlen?	Stellen Sie sich vor, Sie kommen von der Prüfung mit dem Gefühl zurück, dass Sie Ihr Bestes gegeben haben. Was bemerken Sie an sich?

Tab. 8: Vergleich Problem- und Lösungssprache

Die Sprache der Kundin verwenden: Die lösungsfokussierte Praktikerin verwendet so weit wie möglich genau dieselben Begriffe und Formulierungen wie ihre Gesprächspartnerin – vor allem die positiven Begriffe – und nicht ihre eigenen Übersetzungen davon. Kundinnen haben meist einen guten Grund dafür, bestimmte Begriffe zu verwenden. Sie assoziieren damit Dinge, die in ihrem Kontext eine Bedeutung haben, die Außenstehende nicht unbedingt erkennen oder verstehen. Kundinnen fühlen sich dadurch eher ernst genommen und verstanden (De Jong u. Berg 2008). Diese sprachliche Anpassung hat viele positive Auswirkungen auf die Beziehung zwischen Kundin und Beraterin, die ja als wichtiger therapeutischer Wirkfaktor bekannt ist. Visser (2011) belegt eine deutliche Korrelation zwischen lösungsfokussiertem »language matching« und der Zufriedenheit mit der Coachin.

Die lösungsfokussierte Praktikerin befolgt die »Grammatik«, d. h. die Bedingungen für die Verwendung eines Wortes, ihrer Kundin, ohne die jeweiligen Begriffe unbedingt verstehen zu müssen. Reframing ist eine bewusste Ausnahme von dieser Vorgangsweise

(Berg 1994). Ein Hinterfragen von Begriffen oder Formulierungen, gefolgt von einer Abänderung, geschieht aber üblicherweise nur in folgenden Situationen:

- Wenn Begriffe sich auf Vorgänge beziehen, die auf einer mentalen oder emotionalen Ebene stattfinden und für Außenstehende nicht wahrnehmbar sind. Dann hinterfragt die Beraterin: »Woran könnten andere diese Emotion/Geisteshaltung etc. erkennen?«
- Wenn die Beraterin eine Negativbeschreibung (Beschreibung eines »Weg-von«-Zustandes) durch eine Positivbeschreibung (Beschreibung eines »Hin-zu«-Zustandes) ersetzt: Angenommen, die Kundin beklagt sich darüber, dass ihre Mitarbeitenden »immer so herumjammern und nur Negativmeldungen von sich geben«, dann fragt die Beraterin: »Was hätten Sie denn gerne, dass ihre Mitarbeitenden statt dessen tun?« oder sagt vielleicht: »Sie möchten also, dass die Teammitglieder aktiver Verbesserungsvorschläge einbringen? Liege ich da richtig?«

Die »Lösungssprache« schlägt sich auch in organisationalen Anwendungen wie z. B. bei Beurteilungen oder in Mitarbeitendengesprächen nieder. Hier erkennen wir sie an folgenden Merkmalen (Burgstaller 2014):

- subjektiv formulierte, nicht bewertende Aussagen vs. ~~vage, verallgemeinernde Aussagen~~
- Fragen nach dem Erleben der Beurteilten stellen vs. ~~Beurteilten erklären, wie »sie sind«~~
- Erwartungen beschreiben, was besser wäre vs. ~~beschreiben, was nicht o.k. ist~~
- Zeitwörter vs. ~~Adjektive und Hauptwörter.~~

4.4 Beratungshaltung und Kultur

Die Atmosphäre am BFTC muss wohl sehr offen, familiär und motivierend gewesen sein, wenn man allen, die einmal dort waren, Glauben schenken mag. Manche beschreiben sie auch als »nicht bewertend und spielerisch«, trotz der intellektuellen Schärfe bei der Besprechung der sehr breit gefächerten Themen, sowie als

> »ein diszipliniertes und zugleich für alle Beobachtungen offenes Erkunden, das nicht an eine festgelegte Ideologie oder an irgendwelche Forschungsvorgaben gebunden und damit ›organisiert‹ ist« (L. C. Wynne, zit. nach de Shazer 2012b, S. 11).

Daraus hat sich die typische lösungsfokussierte Beratungskultur entwickelt. Sie ist

> »in hohem Maße wertschätzend und immer auf der Suche nach Kompetenzen und Ressourcen, die gewürdigt und anerkannt werden können« (Bentner u. Krenzin 2011, S. 91)

und zeichnet sich durch eine suchende und forschende Haltung, Offenheit gegenüber Neuem, Beobachtung der Praxis und stetigem Hinterfragen der eigenen Annahmen aus. Die SOLWorld Charta (2014) betont die Werte von Teilen und Kooperation:

> »Das verbindende Element ist ›das Teilen und der Aufbau von lösungsfokussierten Praktiken in Organisationen‹. Teilen ist für uns das entscheidende Wort. Die Urheber des lösungsfokussierten Ansatzes, Steve de Shazer und Insoo Kim Berg, haben ihre Arbeit nicht schützen lassen, sondern anderen zugänglich gemacht und geteilt. In der Tat basiert der lösungsfokussierte Ansatz auf Zusammenarbeit. Es ist uns wichtig, dass SOLWorld diesen großzügigen Geist und das Ethos der Zusammenarbeit beibehält.«

Treffender als durch Steve de Shazers Worte lässt sich die lösungsfokussierte Beratungshaltung nicht beschreiben (de Shazer u. Dolan 2011, S. 27):

> »Zu den wichtigsten Aspekten, die in der lösungsfokussierten Kurztherapie zum Tragen kommen, zählen die Grundstimmung und die grundsätzliche Einstellung des Therapeuten. Seine Haltung ist insgesamt positiv, respektvoll und optimistisch, und er geht generell von der Annahme aus, dass Menschen starke Resilienzen besitzen und diese für Veränderungen nutzen können. Von zentraler Bedeutung ist außerdem die Überzeugung, dass die meisten Menschen die Stärke, Klugheit und Erfahrung haben, um eine Veränderung zustande zu bringen. […] Alle diese Annahmen sind die Voraussetzung dafür, dass Therapiesitzungen der Tendenz nach eher kollegial als hierarchiebetont angelegt sind […] und eher auf der Kooperation als auf der Konfrontation beruhen.«

Lösungsfokussierte Praktikerinnen behandeln ihre Kundinnen und Mitarbeitenden auf Augenhöhe als geschätzte Kolleginnen und Partnerinnen, mit denen gemeinsam etwas geschaffen werden soll. Eine neutrale Grundhaltung – und hier ist vor allem die Neutralität gegenüber der Veränderung wichtig – hilft den Kundinnen, für sich selbst eigene Entscheidungen zu treffen.

»Mit einem Schritt Abstand führen« *(»Leading from one step behind«)* (de Shazer u. Dolan 2011, S. 26) bedeutet, dass die Beraterin oder Führungskraft das Gespräch führt, indem sie quasi einen Schritt »hinter« ihre Gesprächspartnerin tritt, wie um ihr auf ihrer Reise in die Zukunft nicht im Wege zu stehen und um ihr dabei den Rücken zu stärken. Letztere kann so selbst besser die Geschwindigkeit und Richtung bestimmen. Die Beraterin leitet behutsam aus dem Hintergrund. Anstatt dass sie ihr Gegenüber beschwatzt oder ermahnt, kommt nur manchmal ein kleines Signal, nämlich »ein sanftes Klopfen auf die Schulter« *(»a tap on the shoulder«)* (Berg a. Dolan 2001, p. 3), also eine sanfte Botschaft oder ein Hinweis, die bzw. der die Kundin bei passender Gelegenheit auf andere Möglichkeiten oder Wege aufmerksam macht.

Damit verbunden ist eine Haltung der Bescheidenheit. Der einzige Bereich, in dem die lösungsfokussierte Praktikerin es eventuell für legitim hält, sich als »Expertin« zu bezeichnen, ist der Bereich des Fragens. Dies bedeutet, dass wir den Mut aufbringen müssen, unseren Kundinnen gegenüber immer wieder radikale Einfachheit und Nichtwissen zu praktizieren, damit wir es wahrscheinlicher machen, dass sie zu ihren eigenen besten Lösungen finden. Sobald wir einen Wettbewerb um »Wer weiß mehr« oder »Wer ist die Klügste hier im Haus« zu veranstalten beginnen, haben wir ihnen schon den Weg zu ihrer besten Lösung verstellt.

4.4.1 Anfängergeist – Die Haltung des Nicht-Wissens

»In diesem Zusammenhang ist die aus dem Zen stammende Idee vom Geist des Anfängers hilfreich: Experten können sich schwer neue Dinge aneignen, weil ihr Geist bereits angefüllt ist mit Landkarten von der Welt und Annahmen über ihre Beschaffenheit. Etwas Neues lernen heißt einige lieb gewonnene und vertraute Denkweisen ablegen. Der Anfänger hingegen bringt weniger vorgefasste Ansichten in den Lernprozess ein und kann die neuen Informationen deutlicher erkennen. Wer die Praxis der SFBT (oder sonst etwas) lernen möchte, tut gut daran, sich mit einem möglichst vollkommenen Anfängergeist an seine Aufgabe zu machen. Wenn sich die neuen Pfade als nicht gangbar erweisen sollten, kann man immer noch zu den alten zurückkehren« (de Shazer u. Dolan 2011, S. 225).

Die Versuchung ist groß, mit Expertenannahmen an eine Frage heranzutreten. Damit beeindrucken wir vielleicht unser Umfeld, tun aber den betroffenen Personen nicht unbedingt etwas Gutes, selbst wenn diese Annahmen passen sollten. In der Haltung des Nichtwissens zu bleiben erfordert unglaubliche geistige Disziplin, die es immer wieder zu üben gilt. Mehr dazu finden Sie in den Abschnitten 2.2.5 sowie 5.2.

4.4.2 Wertschätzung und Ressourcenfokus

Die wohl bedeutsamste Leistung des Milwaukee-Teams ist es, Wertschätzung in Form von Fokus auf Ressourcen und bedingungslosem Zutrauen als zentrale Annahmen im lösungsfokussierten Ansatz verankert zu haben. Ressourcen sind all das, was im Kundinnensystem funktioniert und was Kundinnen bereits geleistet haben. Steve de Shazer und Insoo Kim Berg lebten diese haltung nicht nur in jedem ihrer Therapiegespräche, sondern sie taten etwas weitaus Bemerkenswerteres: Sie unterließen es

> »ganz bewusst, auf der Basis von Annahmen menschliches Verhalten willkürlich zu interpretieren bzw. auf der Basis von Interpretationen Annahmen zu formulieren« (de Shazer u. Dolan 2011).

Wir können beobachten, wie Menschen sich in einem Klima der Wertschätzung öffnen und kreativ werden und wie sie sich in einem Klima der Kritik verschließen und wie ihre Ideen »austrocknen«:

> »Der Grund, warum sich Menschen festgefahren fühlen, ist, weil sie ihre Kreativität verloren haben. Und ich glaube, dass es einen Schlüssel zur Tür dieses Teil des Gehirns gibt, um menschliche Kreativität zu ›entfesseln‹, und dass dieser Schlüssel Wertschätzung heißt. Wir alle werden kreativer, wenn wir uns respektiert fühlen in dem Sinne, dass die Menschen, mit denen wir sprechen, wahrhaftig unsere Gedanken, unsere Coping-Strategien und unsere Ideen, was wir in Bezug auf unser Problem machen wollen, wertschätzen« (Furman 2009, p. 125).

Wertschätzung wird im Lösungsfokus nicht nur durch »Komplimente« oder bestätigende Rückmeldungen (die am Besten in Fragen verpackt werden), sondern in der gesamten Art der Herangehensweise vermittelt. Die Art, wie wir über unsere Gegenüber denken, drückt sich in vielen »Mikroeinstellungen« aus, und daher ist die mentale Disziplin des wiederholten Sicherinnerns an das Einnehmen einer lösungsfokussierten Perspektive zentral.

Steve de Shazer und Insoo Kim Berg trugen beide als persönliche Vorbilder die eben beschriebene Kultur in die Welt hinaus. Zur Illustration eine Anekdote, die von Dominik Godat (mündliche Mitteilung) über Insoo Kim Berg überliefert wurde: Während einer Konferenz setzte sich er sich als junger Berater zu Insoo und anderen Teilnehmenden an den Mittagstisch. Als er erwähnte, dass dies seine erste Begegnung mit Lösungsfokus sei, sagte Insoo: »Ah gut, dann können wir alle von dir lernen!«

4.5 Perspektiven des lösungsfokussierten Beratungsprozesses

Eine wesentliche Eigenart der lösungsfokussierten Arbeitsweise ist, dass sich die Vorgehensweise jeweils situativ zwischen Kundin und Beraterin entwickelt. Der Lösungsfokus ist also ein sich permanent entwickelndes Modell ohne genaue und festgelegte Schrittabfolge. Daher empfinden Praktikerinnen ein gewisses Unbehagen bei allzu formelhaften Darstellungen dieser Arbeitsweise in Form von Prozessabläufen oder Akronymen. Dennoch entstehen sie immer wieder, da sie für die Vermittlung des lösungsfokussierten Ansatzes nützlich sind. Die Frage, die sich dabei stellt, ist: Gibt es einen typischen Verlauf, der lösungsfokussierte Beratungen charakterisiert? Meine Antworten darauf sind ein »Jein« und die in Abbildung 5 vorliegende Visualisierung des »lösungsfokussierten Rades«, das als Metapher das Grundmuster der lösungsfokussierten Vorgangsweise darstellen soll.

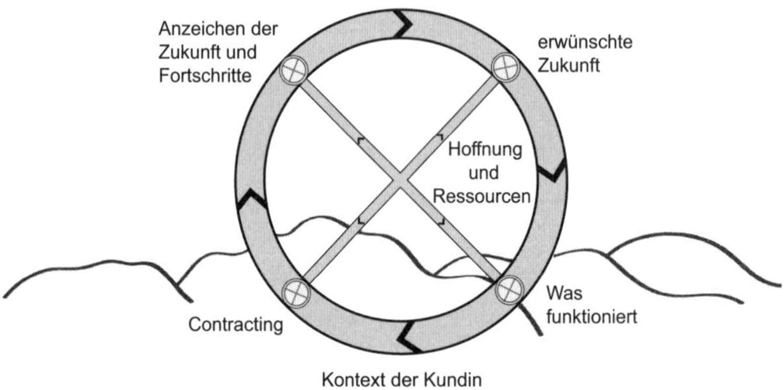

Abb. 5: Prozessmetapher »lösungsfokussiertes Rad«

Die End- bzw. Schnittpunkte der Speichen des Rades stehen für folgende Phasen oder Bausteine des Beratungsprozesses:

- *Contracting:* Was ist Ihre beste Hoffnung von der Beratung bzw. davon, wozu sie führen könnte? *Oder beim Re-Contracting:* Was ist anders/besser? Was ist Ihre beste Hoffnung für die nächste Etappe?
- *Erwünschte Zukunft:* Angenommen, Ihre beste Hoffnung für Ihre Zukunft ist realisiert: Woran erkennen Sie das?
- *Anzeichen der Zukunft und Fortschritte:* Was wären für Sie erste Anzeichen von Fortschritt in Richtung Ihrer erwünschten Zukunft?
- *Was funktioniert* oder: Was geschieht, das zur erwünschten Zukunft passt?
- *Hoffnung und Ressourcen:* Hoffnung und Zuversicht sowie der Fokus auf Ressourcen sind zentral für den gesamen Prozess.

Mit dem Rad bewegen wir uns im Kontext und in den Themen der Kundin. Alle Punkte sind potenziell miteinander verbunden, und man kann grundsätzlich von jedem Punkt aus beginnen. Die Dauer des Verweilens an den Endpunkten und die Frequenz des »Pendelns« auf den Speichen sind höchst unterschiedlich und von Kundenbedürfnissen, Kontextdeterminanten und Beratungsstil abhängig. Auch lassen sich die Phasen gar nicht komplett voneinander trennen. Es kommt zum Beispiel beim »Contracting« immer wieder vor, dass Kundinnen nicht so genau zwischen ihren besten Hoffnungen »für die« versus »von der« Beratung, d. h. für den Beratungsprozess versus für das erhoffte Ergebnis der Beratung unterscheiden. Auch die Unterscheidung zwischen dem Ergebnis der Beratung und den besten Hoffnungen für ihre Zukunft ist selten trennscharf. Das bekommt man oft in einem gemeinsamen Paket geliefert. Man macht also, vor allem bei komplexen Projekten, einen Abstecher in die »erwünschte Zukunft« oder hin zu »Was funktioniert« und kehrt dann wieder zum »Contracting« zurück. Es gibt also »Räder innerhalb des Rades«, so wie auch die systemische Schleife »Schleifen in der Schleife« eingebaut hat (Königswieser u. Hillebrand 2007, S. 47). Bei kleineren Projekten oder gar einem Einzelgespräch gibt es mehr als genug gute Beispiele dafür, dass nach einem »Minicontracting« sofort an anderen Punkten des »Rades« gearbeitet wird, oder auch für ein Berühren von nur ausgewählten Endpunkten. Bei größeren Beratungsprojekten kann man aber davon ausgehen, dass alle angeführten Punkte in irgendeiner Form einmal oder mehrfach berührt werden.

Abbildung 6 zeigt im Unterschied dazu die bekannte »systemische Schleife« (Königswieser u. Exner 2002, S. 24).

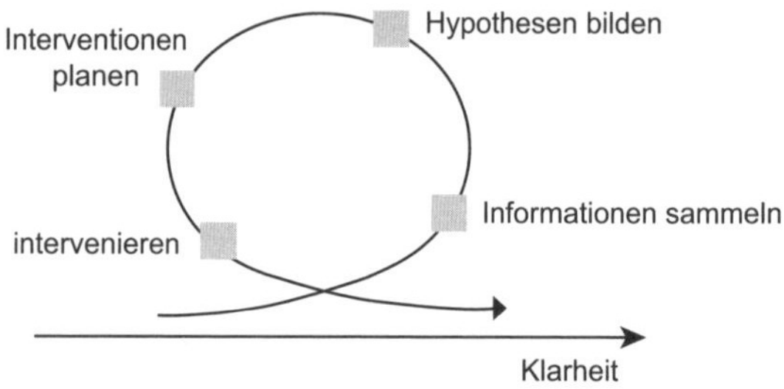

Abb. 6: Prozessmodell »systemische Schleife« (nach Königswieser u. Exner 2002, S. 24)

Die Schleife soll die systemische Haltung zum Ausdruck bringen:

> »Ich möchte verstehen, was läuft. Wir müssen zuerst Hypothesen bilden, reflektieren, nicht gleich agieren« (Königswieser u. Hillebrand 2007, S. 45).

Der lösungsfokussierte Ansatz geht davon aus, dass Verstehen nicht oder nur sehr eingeschränkt möglich ist, und setzt stärker auf Beschreibung und achtsames und experimentelles Handeln.

Im systemischen Sprachgebrauch sind Hypothesen

> »Beobachtungen 2. Ordnung, [...] Interpretationen der Handlungsmuster in einem sozialen System, die seine charakteristischen Funktions- und Sinnzusammenhänge in einem gegebenen Kontext erfassen wollen« (Krizanits 2013).

Solche Interpretationen

> »versuchen, den verborgenen Sinn von Problemen zu erfassen. Sie haben eine erklärende Kraft« (Königswieser u. Hillebrand 2007).

All das sind Intentionen, die man im Lösungsfokus nicht verfolgt.

Steve de Shazers bekannt sarkastische Empfehlung war, dass man doch

> »ein Aspirin nehmen, sich in eine Ecke hocken, und warten möge, bis der Anfall vorüber« sei (Matthias Varga von Kibéd im Vorwort zu de Shazer u. Dolan 2011, S. 14).

Als Erklärung für diese Einstellung kann folgendes Zitat dienen:

> »Traditionell waren Therapeuten der Überzeugung, sie müssten die klinische Situation durchdringen, dem äußeren Anschein auf den Grund gehen oder sehen, was dahintersteckt. Diese Überzeugung fußt auf der Annahme, das Wesentliche sei tief drinnen (in der Psyche oder im System?) verborgen. Es sind aber auch andere Annahmen möglich. Vielleicht ist gar nichts verborgen, und alles liegt offen zutage [...], und gefordert und hilfreich ist eine klare Sicht dessen, was vor sich geht. Etwas scheint nur deshalb verborgen zu sein, weil die Dinge, die vor unserer Nase liegen, so vertraut und einfach sind und weil der Versuch, etwas zu durchschauen, wenn es nichts zu durchschauen gibt, einem Vexierbild gleichkommt« (de Shazer 2004a, S. 88).

Traditionell ist Steve de Shazers Theorieskepsis als Auslöser für die Ablehnung von Hypothesenbildung zu betrachten. Darüber hinaus gibt es noch andere Gründe: Wenn wir eine Hypothese aufstellen, bilden wir uns oft ein, dass wir etwas wissen, und versuchen es dann zu beweisen oder zu widerlegen. Das kann dazu führen, dass wir wichtige Dinge übersehen, weil uns die Hypothese im Wege steht. »Klarheit«, das erklärte Ziel der Hypothesenbildung, ist aus Sicht der lösungsfokussierten Praktikerin erstens in komplexen Systemen nicht erreichbar und zweitens schon gar nicht nur durch Nachdenken im Beratersystem, sondern eher durch gemeinsames Nachdenken mit Kundinnen, verbunden mit experimentellem Handeln im Kundensystem. Die Beraterin verfasst demzufolge auch keine »Diagnoseschrift«, um dieses Material dann den Kundinnen, vielleicht in einem »Rückspiegelungsworkshop« (Krizanits 2013), vorzulegen. Der Fokus liegt vielmehr auf der unvoreingenommenen Suche nach allem, was im Kundensystem bereits an Nützlichem und für die erwünschte Zukunft Brauchbarem geschieht. Es wird dabei keine Ursachenforschung betrieben, sondern die Aufmerksamkeit wird stattdessen konsequent auf die »Geschichte der Lösung« gelenkt, was von Anfang an zur Lösungskonstruktion, dem primären Ziel jeder Intervention, beiträgt.

4.5.1 Contracting

Dadurch, dass in der lösungsfokussierten Beratung iterativ, mit kleinen und experimentellen Schritten und in Etappen gearbeitet wird, ist nicht nur ein »Erstcontracting«, sondern eine laufende Evaluierung des Vorhabens bzw. des Beratungsauftrags, also ein wiederholtes »Re-Contracting«, notwendig. Bei größeren Beratungsprojekten wird man also jedenfalls mit einem soliden »Contracting« starten und dann auch immer wieder in diese Phase zurückkehren, einerseits um Fortgang und Ziel zu überprüfen, andererseits um zu erfragen, ob die Situation vielleicht schon »besser genug« ist und die Beratung überhaupt noch fortgesetzt werden muss. In der Community lösungsfokussierter Praktikerinnen wird für diese Phase auch oft der Ausdruck »Plattform« verwendet, der mir als Metapher insofern nützlich erscheint, weil er die Breite der Anforderungen an diese Phase gut widerspiegelt.

Ein wichtiges Ziel im Contracting ist es also herauszufinden, wie die Praktikerin Wirkung erzeugen kann und wann der Beratungsprozess bzw. die nächste Etappe davon als abgeschlossen betrachtet werden kann.

Beim Erstcontracting klären wir primär das Vorhaben, den Kontext und die erwünschte Richtung ab. Sollte es sich um ein einmaliges Coachinggespräch handeln, werden Fragen wie z. B. folgende dazu ausreichen: »Was ist Ihre beste Hoffnung von diesem Gespräch heute?« »Woran werden Sie erkennen, dass unser Gespräch nützlich für Sie war?« »Was ist Ihre beste Hoffnung, wozu dieses Gespräch führen könnte?« Wenn es sich um ein größeres Beratungsprojekt handelt, wird man weitere Fragen stellen und auch einen größeren Personenkreis einbeziehen:

- Was ist Ihre beste Hoffnung von diesem Projekt/dieser ersten Etappe?
- Angenommen, wir haben gut miteinander gearbeitet, was ist dann für Sie/Ihre Organisation anders/besser?
- Wer wird diese Veränderung als Erstes bemerken? Und wer noch? Welchen Unterschied wird die Veränderung für diese Personen/Institutionen machen? Wie werden Sie darauf reagieren?
- Woran werden Sie merken, dass ich als Beraterin einen guten Job gemacht habe?
- Was werden Anzeichen dafür sein, dass es keine Beratung mehr braucht? Wie kann ich mich als Beraterin so rasch wie möglich überflüssig machen?

Wenn wir ein Re-Contracting machen, beginnen wir meist mit einer Evaluierung der aktuellen Situation mit Fragen wie z. B.: »Was ist besser? Was hat sich in die erwünschte Richtung entwickelt? Was ist anders seit XX? Ist die Situation besser genug?« Wie schon gesagt, ist es empfehlenswert, immer wieder zum Re-Contracting zurückzukehren, denn durch die laufend unternommenen kleinen Schritte ändern sich nämlich die Ausgangssituation und oft auch das Bild der erwünschten Zukunft. Was ursprünglich unmöglich schien, rückt nun in Reichweite, oder es können auch ganz neue Umstände eintreten.

Was soll in dieser Phase noch gelingen?

Vertrauen, Orientierung und Zuversicht
Kundin und Beraterin sollen die Sicherheit haben, dass sie beide gemeinsam auf der richtigen »Plattform« stehen, von welcher der Zug in die nächste Etappe losfährt. Sie brauchen Einigkeit darüber, in welche Richtung dieser Zug losfahren soll, welchen Zug sie nehmen wollen – den ICE oder den Bummelzug – und genug Vertrauen ineinander und in ihr Vorhaben, um überhaupt in einen Zug einzusteigen. Sollte dies noch nicht gegeben sein, lohnt es sich, noch etwas auf der »Plattform« zu verweilen.

Der »Dreh« von der Problem- auf die Lösungsachse
Was gelingen sollte, ist,

> »die Konversation so rasch und elegant wie möglich von der Problemachse auf die Lösungsachse zu bewegen« (Clarke 2006, p. 358).

Bei diesem Schwenk hat natürlich jedes System seine eigenen Dreh- und Angelpunkte sowie seine Eigenzeit, die es zu berücksichtigen gilt.

Es wird klar, ob es eine »Kundin für Veränderung« gibt
Auch die Beraterin muss die Gewissheit verspüren, dass ihre Auftraggeberin jemand ist,

> »die etwas verändern möchte UND die auch bereit ist, etwas dafür zu tun (wenn sie nur wüsste, was das ist)« (Clarke 2006, p. 358).

Motivation und Veränderungsbereitschaft erhöhen
Um das Contracting weiter abzusichern, kann die Beraterin auch gemeinsam mit der Kundin den Nutzen der Veränderung für alle Beteiligten erheben sowie auf Gründe für Hoffnung und Optimismus zu sprechen kommen.

4.5.2 Erwünschte Zukunft

In dieser Phase machen wir in unserer Vorstellung einen Sprung von der Gegenwart in unsere Zukunft und sehen uns dort gründlich um. Dabei helfen uns Tools wie z. B. die Wunder- oder Morgenfrage oder andere Instrumente (siehe Abschn. 4.8.3). Man kann nicht oft genug betonen, wie wichtig es dabei ist, so konkret und detailliert wie möglich den Alltag der Zukunft zu beschreiben. Für Steve de Shazer war die wichtigste Frage überhaupt: »What does the customer want?« (»Was will die Kundin?«) (persönliche Mitteilung von Ferdinand Wolf). Mit der Kundin ihre Wünsche in Bezug auf ihre Zukunft zu erforschen ist die wichtigste Aufgabe der Beratung. Fragen, die in die erwünschte Zukunft führen, sind zum Beispiel:

- Was ist Ihre beste Hoffnung für diese Situation?
- Woran werden Sie erkennen, dass Ihre beste Hoffnung realisiert ist? Was ist dann anders?
- Angenommen, Sie wachen morgen auf, und Ihre beste Hoffnung ist realisiert: Woran merken Sie das zuallererst? Und woran noch? Und woran noch?
- Stellen Sie sich vor, wir treffen uns in einem Jahr auf der Kärntner Straße, und Sie erzählen mir von Ihren Erfolgen. Was genau erzählen Sie mir dann, am ...?
- Angenommen, das nächste Jahr ist ein exzellentes Geschäftsjahr für Sie. Woran ist das erkennbar, welches sind die Indikatoren dafür? Was genau geschieht in diesem Jahr?

4.5.3 Anzeichen der Zukunft und Fortschritte

In dieser Phase wird detailliert erhoben, an welchen kleinen Anzeichen der Fortschritt hin zur erwünschten Zukunft erkennbar sein wird bzw. welche kleinen Schritte gesetzt werden müssen, damit die erwünschte Zukunft Realität wird. Meist wird dabei mit Skalenfragen gearbeitet (mehr dazu finden Sie in Abschn. 4.8.5). Hier gibt es im Übrigen unterschiedliche Sichtweisen: Manche Kolleginnen haben die Erfahrung gemacht, dass die ausführliche Beschreibung der erwünschten Zukunft und die Beschreibung der Anzeichen von Fortschritt vollkommen dafür ausreichten, in der Kundin genügend Motivation und Impetus für die Realisierung ihrer »Lösung« zu erzeugen. Dies führte auch dazu, dass in Coachings keine Aktionspläne erstellt oder Aufgaben verteilt werden (Iveson, George a. Ratner 2012, p. 87).

Wo es um »Mikroprozesse« der Interaktion geht, sind reine Beschreibungen des erwünschten Zustandes oder auch Beobachtungsexperimente sehr wirksam. Dort, wo Akteure ihre Handlungen koordinieren müssen, kommen wir nicht umhin, über konkrete Aufgaben, Projekte oder Umsetzungsmaßnahmen zu sprechen. Bei größeren Organisationsentwicklungsprojekten es ist natürlich auch notwendig, das Vorhaben in eine Reihe kleinerer Teilprojekte aufzusplitten. Diese werden ebenfalls mit dem »Radmodell« konzipiert und evaluiert. Dadurch entstehen *quick wins* für das Gesamtprojekt, die wiederum die Motivation für weitere Fortschritte steigern.

4.5.4 Was funktioniert bzw. was geschieht, das zur erwünschten Zukunft passt

In dieser Phase werden sowohl »Vorkommnisse, die die erwünschte Zukunft erkennen lassen«, »Ausnahmen vom Problem«, »frühere Lösungen« sowie »Vorboten der erwünschten Zukunft« gesucht und gesammelt (mehr dazu finden Sie in Abschn. 4.8.1 sowie 4.8.3). Durch den Rückgriff auf bereits Bestehendes bzw. Selbsterfundenes erhöht sich die Akzeptanz und die Umsetzungswahrscheinlichkeit, und der Blick wird auf vorhandene Fähigkeiten, Ressourcen und Kompetenzen gelenkt, die diese Mikroproben der erwünschten Zukunft ermöglicht haben. Diese Ressourcen sind wieder die Basis für den Fortschritt, und sie warten darauf, entdeckt und genutzt zu werden.

4.5.5 Hoffnung und Ressourcen

Dies ist vielleicht der zentrale Baustein des lösungsfokussierten Modells, der alle Phasen durchdringt und sich sowohl in der Haltung wie auch in den Methoden der Beraterin zeigt.

4.6 Lösungsfokussierte »Rahmen« für Beratung

Der Begriff »Architektur«, wie er in der systemischen Organisationsberatung für die Erstellung einer Grobstruktur der Interaktionen im Zuge einer Beratung üblich ist, wird im Lösungsfokus nicht verwendet, und auch die Vorgangsweise der Projektkonzeption und -durchführung ist anders. Es gibt eine ausführliche Contracting-Phase, und nur der Anfang des Beratungsprojektes wird sorgfältig geplant. Danach geht man in der im vorigen Abschnitt beschriebenen Weise vor, nämlich – immer wieder evaluierend und auf den Ergebnissen aufbauend – die nächste Etappe planend. Die Konzeption wird nicht als Expertinnenleistung der Beraterin, sondern als Kokreation des Beratungssystems betrachtet, und es wird stets nach Wegen gesucht, möglichst alles, was im Kundensystem gut entschieden oder getan werden kann, auch dort zu belassen. Das Prinzip von Minimalismus und Sparsamkeit besagt, dass Projektstrukturen und Interventionen so einfach wie möglich (aber nicht einfacher) gehalten werden.

Wenn wir die Metapher »Architektur« doch auf die lösungsfokussierte Gestaltung von Beratung anwenden, können wir sagen, dass lösungsfokussierte Architektinnen am liebsten gemeinsam mit den Menschen Dörfer oder gemischt genutzte Wohn-, Büro- und Geschäftsanlagen, reichlich ausgestattet mit Gärten, Spielplätzen, Dorfplätzen oder anderen sozialen Treffpunkten, errichten. Zuerst bauen sie eine »Keimzelle«, und von dort aus wird erweitert. Lösungsfokussierte Architektur fokussiert mehr auf den zu schaffenden Raum und weniger auf die zu schaffenden Strukturen. Zu Baubeginn gibt es wohl ein Gelände, oft auch einen Flächenwidmungsplan[4], aber meist noch keine ausgeklügelten und wohlberechneten Konstruktionspläne, sie entstehen erst Schritt für Schritt in Zusammenarbeit zwischen Bauherrin und Architektin. Größer oder aufwendiger als nötig wird im Lösungsfokus keinesfalls gebaut.

Wenn wir die Metapher des »Rahmens« für die Gestaltung lösungsfokussierter Beratung verwenden und darunter »Schaffung und Gestaltung eines Raumes« zum Denken oder Handeln verstehen, dann trifft dies gut den Kern dessen, was im Lösungsfokus wichtig erscheint. Meier und Szabó (2008, S. 11) schreiben z. B. über Coaching: »Coaching heißt, einen Denkrahmen zu gestalten, in dem es Kunden möglich wird, neue Lösungen zu finden.«

Die Aufgabe der Beraterin liegt darin, den Rahmen so zu gestalten, dass sich die Ausdruckskraft des Bildes darin vollkommen entfalten kann. Der Raum innerhalb des Rahmens wird frei gelassen für die künstlerische Arbeit der Kundin, für das, was sie als zu ihren Zielen passendes Bild entwickeln möchte. Manchmal wünscht sie sich dabei Feedback für ihre Skizzen und Entwürfe, das die Beraterin in Form lösungsfokussierter Fragen oder wertschätzender Rückmeldungen gibt. Dabei bemüht sie sich, die Schönheiten des Bildes hervorzuheben und den ihm eigenen Stil, seine Eigenheiten und Besonderheiten wahrzunehmen und zu betonen. Die Rahmengestaltung muss sich nach den erwünschten Dimensionen und Inhalten des Bildes richten, wie auch das Bild nach gewissen Gegebenheiten des Rahmens.

4 Dies ist der österreichische Ausdruck; die deutsche Entsprechung ist der »Flächennutzungsplan«, die schweizerische Entsprechung der »Zonenplan«.

Sowohl Bild wie auch Rahmen entwickeln sich gemeinsam, in einer Art flüssigem Austausch, einer Ko-Kreation zwischen Malerin und Rahmenmacherin.

Schließlich lässt sich auch behaupten, dass Bild und Rahmen verschiedene Seiten desselben Dinges sind. Anders als bei der eher statischen physischen Rahmenherstellung ist das Rahmenmachen in der Beratung ein dynamischer Prozess. Täglich können sich sowohl Bild wie auch Rahmen verändern, und dabei können das Tempo und der Grad der Veränderung sehr variieren, und die Impulse können von beiden Seiten ausgehen. Es kann Phasen geben, in denen sich das Bild kaum verändert und der Rahmen recht konservativ gehalten werden muss. Und dann kann es wieder sehr dynamische Malphasen geben, in denen man mit dem Rahmenmachen kaum nachkommt und auch selbst viel mehr Impulse setzen kann, als es in eher statischen Phasen möglich ist.

Die Kunst des Rahmenmachens ist nicht zu unterschätzen: Soll er harmonieren oder einen Kontrast darstellen? Soll er minimalistisch oder barock sein? Braucht es überhaupt einen Rahmen? Der Rahmen soll schlicht und passend sein und das Bild hervorheben. Im Idealfall ist der Rahmen fast unsichtbar oder bleibt zumindest unbemerkt, dafür kommt aber das Bild umso besser zur Geltung. Manchmal »macht« erst der Rahmen das Bild, und manchmal brauchen Bilder auch elaboriertere Rahmen, die sich in intensiverer Projektunterstützung niederschlagen. Womit wir wieder bei der praktischen Seite wären: Die Metapher des »Rahmens«, so wie ich sie hier verwendet habe, bezieht sich primär auf die Konzeption von Beratung. Das »Rahmenmachen« drückt sich aber natürlich in ganz konkreten Handlungen und Interaktionen aus (also in Gesprächen, Moderationen, Workshopleitungen, der Organisation von Großveranstaltungen usw.) und wird auch durch ganz pragmatische Faktoren wie die verfügbare Zeit, das Budget, die Mitspielenden und die Art der Formierung des Beratungssystems beeinflusst.

4.7 Lösungsfokussierte Designs

Lösungsfokussierte Workshops und Teambuildings sind, teilweise bis auf die Mikroebene, gut dokumentiert und werden immer wieder verfeinert. Es gibt eine Reihe von Fallbeispielen und Toolsammlungen, die als nützliche Inspirationsquellen für die Designerstellung dienen können (McKergow a. Clarke 2004; Röhrig 2008), sowie einige halb standardisierte und sogar als »Marken« etablierte Designs, wie z. B. Reteaming (Furman u. Ahola 2010; Geisbauer 2004) oder den Solution-Circle (Meier 2004). Lösungsfokussierte Designs sind meist genau durchüberlegt, was nicht heißt, dass sie auch genau so durchgeführt werden. Es gibt immer einen »Improvisationsspielraum«, der es erlaubt, auf die aktuelle Lage, Stimmung und Entwicklung in der Gruppe einzugehen. Was einem auffällt, wenn ein lösungsfokussierter Workshop gut in Gang ist, ist die freudig-animierte Stimmung.

Insoo Kim Berg sagte immer: »Nimm zuerst die Person in ihren Ressourcen wahr.« Daher begannen ihre Workshops auch stets mit einer Übung, bei der die Anwesenden einander persönlich begegnen konnten. Sie lud sie z. B. ein, einander von einem Highlight ihres Tages oder ihrer Woche zu erzählen oder davon, worauf sie besonders stolz sind. Diese Aufgabe lenkt die Aufmerksamkeit von Anfang an auf das, was funktioniert. Das Vertrauen, das in diesen Anfangsgesprächen in den kleinen Gruppen entsteht, überträgt sich rasch auf die größere Gruppe, und es baut sich eine sehr persönliche, ja fast intime Beziehungsebene auf.

Woran erkennen wir lösungsfokussierte Designs? Nach Röhrig (2008) sind dies die Merkmale:

- Schneller Aufbau einer guten Arbeitsbeziehung zwischen Moderatorin und Teilnehmenden, aber auch in der gesamten Gruppe.
- Maximale Beteiligung: *viel* Kommunikation, meist in kleineren Gruppen, in denen alle zu Wort kommen.
- Einfache, effektive Moderation: sorgfältig überlegte Formulierungen für Ansagen oder Fragen, keine Fragebatterien oder zu viele unterschiedliche Dinge auf einmal.
- Zurückhaltende Moderation: Die Gruppen sollen so weit wie möglich in Ruhe arbeiten können.
- Umgang mit unterschiedlichen Meinungen oder »Widerstand«: Dies wird als Bereicherung und Quelle neuer Ideen behandelt. Die Moderatorin geht davon aus, dass es dafür gute Gründe gibt, und versucht, die Ziele der entsprechenden Personen herauszufinden.

- Erleben des Wunders ermöglichen: durch Gespräche, künstlerische Darstellungen (z. B. Impro-Spiele, Pantomime, Sketche, Standbilder, Comics, gemeinsames Malen oder Gestalten o. a.) oder verschiedene Formen der Visualisierung.
- Die Gruppe fokussiert auf das, was gelingt, und wertet ihre Übungen selbst aus.
- Laufender Bezug zum und Transfer in den Alltag, nicht nur am Ende.

Wenn es um Trainings geht, dann sind lösungsfokussierte Seminare »lernerzentriert konzipiert (Burgstaller 2006; Hankovszky et al. 2012):

- Der Nutzen des Trainings für die Lernenden wird entweder in der Vorbereitungsphase, spätestens jedoch in der Startphase des Trainings geklärt: »Worauf ist mein Lernen gerichtet? Was ist das Ziel, das ich damit erreichen möchte?«
- Aufbau auf bereits vorhandener Kompetenz: »Was hat bisher schon gut funktioniert in meinem Verhalten in Bezug auf dieses Thema? Was kann ich weiter ausbauen?«
- Eine Atmosphäre von Empowerment, Anerkennung und Herausforderung.
- Keine Situationen, die intentional Fehler produzieren, damit daraus gelernt werde.
- Eine breite Auswahl an Lernmethoden für alle Lernstile, aber vor allem viel Learning by Doing.
- Die Trainerin als Ko-Lernende und Coachin.
- Die Lernenden als Expertinnen: volle Verantwortung für Lernprozess *und* Inhalt.

Was in lösungsfokussierten Designs nicht verwendet wird:

- Übungen, die die Teilnehmenden bloßstellen, ihnen Fehler oder Inkompetenz nachweisen oder die absichtlich Konflikte produzieren
- Übungen oder Tools, die darstellen sollen, wie es im Team »wirklich« ist, v. a. in Bezug auf unproduktive Verhaltensmuster oder als stabil dargestellte Teamrollen
- Übungen, die auf Tools aufbauen, die stabile Persönlichkeitsmerkmale postulieren.

4.8 Die Familie der lösungsfokussierten Tools

Im Lösungsfokus gibt es einige grundlegende Kommunikationswerkzeuge, die man in den verschiedensten Beratungssituationen auf der Ebene des Individuums, des Teams oder der Organisation anwenden kann. Ich stelle Ihnen hier die Großfamilie der lösungsfokussierten Tools vor. Sie treffen in diesem Kapitel:

- Ausnahmen und frühere Lösungen, die Großeltern; mit ihnen hat, historisch gesehen, die Suche nach Lösungen begonnen.
- Fragen und erwünschte Zukunft, Mutter und Vater der Toolfamilie; sie bilden das Rückgrat jeder lösungsfokussierten Intervention.
- Die Wunderfrage, den Star der Familie, und die Morgenfrage, ihre weniger bekannte jüngere Schwester.
- Skalen, die hart arbeitenden und universell einsetzbaren Brüder.
- Aufgaben, »Komplimente«, Listen und die Pause, die beliebten Onkel und Tanten.

Lassen Sie mich Ihnen nun der Reihe nach diese Familienmitglieder vorstellen.

4.8.1 Ausnahmen und frühere Lösungen, die Großeltern

Sehr oft werden diese beiden Dinge – Ausnahmen und frühere Lösungen – in einen Topf geworfen. Es besteht jedoch ein kleiner, signifikanter Unterschied:

> »Eine frühere Lösung bezieht sich auf etwas, das jemand aus eigener Kraft probiert und das auch funktioniert hat; aber aus irgendeinem Grund ist diese erfolgreiche Lösung nicht fortgeführt und vermutlich vergessen worden. Eine Ausnahme bezieht sich auf etwas, was anstelle des Problems geschieht – und meistens nicht einmal absichtlich herbeigeführt oder vielleicht auch gar nicht verstanden wird« (de Shazer u. Dolan 2011, S. 27 f.).

Sie können deshalb als die »Großeltern« der Toolfamilie bezeichnet werden, weil mit ihnen die Suche nach Lösungen begann (de Shazer 2012b): In der Frühphase des BFTC hörte man die Problembeschreibungen, suchte nach Ausnahmen vom Problem oder nach früheren Lösungen und vergrößerte diese, bis sie umfangreicher und bedeutsamer als das Problem wurden.

Die Suche nach früheren Lösungen ist vor allem in Organisationen wichtig und kann sehr fruchtbar sein. Durch die Vielzahl der Akteure und ihren potenziellen Wechsel kann einiges in Vergessenheit geraten, ausgeblendet oder abgewertet werden, weil es vielleicht in der Amtsperiode des Vorgängers geschah. Wenn das Alte grundsätzlich abgelehnt wird, kann man als Beraterin nicht viel tun. Wenn es allerdings den Akteuren ernsthaft darum geht, rascher an effektive Lösungen heranzukommen, dann können sie bei früheren Lösungen fündig werden. Auch Individuen vergessen manchmal ihre eigenen Errungenschaften und Erfolge. Einige dazu passende Fragen sind:

- Was hat denn bisher schon in einer derartigen oder ähnlichen Situation funktioniert?
- Was wurde bereits in dieser Frage unternommen? Mit welchen Ergebnissen? Wer hat genau was wann gemacht?
- Wie haben Sie eine ähnliche Herausforderung in der Vergangenheit gemeistert?

Die Suche nach *Ausnahmen*, also nach Beispielen aus der Vergangenheit, in der das Problem hätte auftreten können, es aber nicht tat oder eventuell in geringerem Ausmaß, ist oft schwieriger, aber auch nützlich. Bei stark eskalierten Konflikten oder nach einer langen Zeit des Leidens am Problem zum Beispiel sind fast alle positiven Wahrnehmungen effektiv ausgeblendet. Die Akteure tun sich schwer mit der Vorstellung einer Lösung und der Wahrnehmung von positiven Aspekten einer Situation oder Interaktion. In höher eskalierten Konflikten gerinnt die Wahrnehmung immer mehr zu einer »Schwarz-Weiß-Sicht«. (Glasl 1997). Hier kann man mit der Frage »Wann ist es ein klein wenig besser?« die Grautöne wieder ins Bewusstsein rufen. Die Suche nach Ausnahmen gelingt mit einer Gruppe oft leichter, denn irgendjemand erinnert sich dann doch an ein paar weniger gravierende Problemphasen:

Bei einem Teamcoaching klagten die Teammitglieder über den schlechten Service ihres IT-Lieferanten, an den sie mit internen Verträgen fix gebunden waren. Die Lage schien höchst verfahren, geradezu aussichtslos. Mit folgenden Fragen nach »kleinen Lichtblicken« kamen langsam doch ein paar Ausnahmen zutage, die das Team als Ansatzpunkte verwertete:

»Wann konnten Sie das letzte Mal beobachten, dass ein bestimmter Problemaspekt etwas weniger stark auftrat? Bei welchem Projekt? Wer war daran beteiligt? Wer hat mit wem wie gesprochen? Und was noch? Und was noch?«

Um »kausale Kurzschlüsse« bei der nun folgenden Planung der Wiederholung und Verstärkung der Ausnahmen zu vermeiden, betonen wir den Vermutungscharakter der möglichen Zusammenhänge mit »hypothetischer« Sprache:

»Was könnte dazu geführt haben? Welche Vermutungen haben Sie? Was (oder wer) könnte hilfreich sein? Angenommen, Sie probieren Folgendes ...«

Ausnahmen kennzeichnen sich oft dadurch, dass sie von den Beteiligten nicht erklärt werden können: Irgendwie, wer weiß, wie es dazu kommt, macht das Problem kurz Urlaub. In diesem Fall kann es sich als nützlich erweisen, diese »Urlaubsphasen« einfach einmal zu beobachten:

Ein interkulturelles Team, in dem es große Spannungen gab, plante einen Teamworkshop mit dem Ziel »Verbesserung der Zusammenarbeit«. Leider sagten kurz vor dem Workshop zwei Teammitglieder ab. Es stellte sich heraus, dass es genau mit diesen beiden Herren besonders große Spannungen gab. Das Team erzählte, dass die beiden sehr unkollegial seien, morgens nicht einmal grüßten, sich nie am Teamgeschehen beteiligten, ja sich sogar über die Teamkolleginnen nach außen negativ äußerten. Nach langer, mühevoller Suche gelang es, einige kleinste Ausnahmen im Verhalten der beiden Personen zu finden. Ich empfahl den Abteilungsmitgliedern, allerdings ohne viel Hoffnung meinerseits, auf diese winzigen Botschaften zu achten.

Beim nächsten Teamworkshop ein Jahr später kamen die beiden Herren mit, und die gesamte Gruppe berichtete von einer deutlichen Verbesserung der Kooperation. Niemand der Beteiligten konnte erklären, wie es dazu gekommen war, aber alle waren froh darüber.

Was für das Team »geheimnisvoll« wirkte, ist an sich einleuchtend: Wenn in einem sozialen System die Mehrheit der Akteure ihren Fokus auf etwas Bestimmtes lenkt, so macht dies einen Unterschied, und sie bekommen mehr von dem, worauf sie sich konzentrieren. Und mehr »Urlaubstage« des Problems können manchmal mehr Lösung bedeuten!

4.8.2 Das Fragen, die Mutter der Toolfamilie

»Wenn sich eine Frage überhaupt stellen lässt, so kann sie auch beantwortet werden.«
Wittgenstein (1961, 6.5)

Natürlich ist das Fragen in allen Beratungsrichtungen ein grundlegendes Werkzeug, aber im Lösungsfokus spielt es *die* Hauptrolle. Fragen prägen die gesamte Form der Intervention, während Erklärungen oder Interpretationen hintan gestellt werden:

> »Lösungsfokussierte Praktikerinnen geben kaum jemals Direktiven oder Deutungen ab und vermeiden es auch, ihre Kundinnen mit Herausforderungen oder Konfrontationen zu bedrängen« (de Shazer u. Dolan 2011, S. 28).

Was macht das lösungsfokussierte Fragen anders?

Der Fokus lösungsfokussierter Fragen ist primär zukunfts- und lösungsgerichtet

Wenn wir im Lösungsfokus über die Vergangenheit sprechen, dann über bisherige Lösungen, Ausnahmen vom Problem oder »Vorboten« der erwünschten Zukunft, aber nicht, um eine Problemanalyse durchzuführen oder nach Ursachen zu forschen. Die Mehrheit lösungsfokussierter Fragen bezieht sich auf das, was aktuell wahrgenommen wird und was sich die Gesprächspartnerinnen in der Zukunft wünschen.

Die Funktionsweise lösungsfokussierter Fragen wirkt im Detail

Beim Erlernen lösungsfokussierter Fragen merkt man immer wieder, wie groß der Unterschied ist, den das eine oder andere Wort in einer Frage machen kann. Es werden daher lösungsfokussierte Fragen auch immer wieder detailliert auf ihre Wirksamkeit untersucht und in feiner Ausformulierung gelehrt.

Wir erkennen die erfahrene Praktikerin daran, mit welcher Feinfühligkeit sie mit der lösungsfokussierten Sprache umgeht. Was bei der Anfängerin formelhaft wirken kann, wird bei der »Meisterin« zu einem kunstvollen und einzigartigen Eingehen auf die besondere Situation des Gegenübers, schlicht bestechend durch selbstverständliche Einfachheit. Dennoch kann man auch bei sehr erfahrenen Praktikerinnen immer wieder beobachten, wie sie mit der Formulierung von Fragen ringen.

Es gibt bestimmte Fragen, die lösungsfokussierte Praktikerinnen nicht stellen, wie z. B. die Fragen:

- ... nach dem Guten im Schlechten.
- ... wie man alles nur noch schlimmer machen kann.
- ... wie man eine Lösung wieder zunichtemachen kann.
- *Warum?*

Wir wollen es den Kundinnen ermöglichen, möglichst viel Zeit in der »virtuellen Realität« ihrer erwünschten Zukunft zu verbringen und mit diesem Bewusstsein, sozusagen im »Lösungsmodus«, in ihren Alltag zurückzukehren.

Warum kein »Warum«?

Die Frage »Warum?« wurde von Steve de Shazer abgelehnt. Die Begründung dafür ist, dass sie nach Ursachen forscht, was direkt ins Problem führen kann, und zum Hypothetisieren einlädt. »Warum?« ist zudem eine Frage, die sich Kundinnen meist schon vor der Beratung erfolglos gestellt haben. Steve de Shazer empfahl stattdessen »How come?« zu fragen, was man auf Deutsch mit »Wie kommt es, dass ...?« übersetzen könnte. Hier geht es um die Erforschung von Kontextdetails, die eventuell Hinweise auf Ausnahmen liefern.

Eine Kundin klagte bei einem Coaching: »Ich habe bei Präsentationen immer wieder den Eindruck, dass mir keiner zuhört.«

Mit »Warum?« gelangen wir tiefer ins Problem:

COACH *»Warum?«*
KUNDIN *»Ja, vielleicht weil ich eine gewisse Unsicherheit verspüre, und das merken dann die anderen auch.«*
COACH *»Wann fällt Ihnen diese Unsicherheit besonders auf?«*
KUNDIN *»Immer wenn ...«*
Fazit: Die Kundin verlässt das Gespräch mit zumindest einem Problem mehr.

Mit Fragen nach Kontextdetails gelangen wir zu möglichen Ausnahmen:

COACH *»Welche Beobachtungen machen Sie, die Sie zu diesem Eindruck führen?«*

KUNDIN *»Na ja, die Leute blättern in ihren Unterlagen, anstatt mich anzusehen.«*

COACH *»Machen das alle gleich, oder gibt es da Unterschiede?«*

KUNDIN *»Eigentlich hört Frau Meier mir relativ aufmerksam zu. Kürzlich hat sie mich sogar etwas gefragt und sich Notizen gemacht.«*

Fazit: Die Kundin verlässt das Gespräch mit zumindest einer Ausnahme, die Lösungsansätze bieten kann.

Es gibt bestimmte Fragen, die typisch für den Lösungsfokus sind. Der Wunder- und Morgenfrage sowie den Skalierungsfragen sind die nächsten Abschnitte gewidmet. Wichtig sind noch Bewältigungsfragen, die Beste-Hoffnung-Frage und die Frage »Was noch?«.

Bewältigungsfragen

Wir stellen Bewältigungsfragen dann, wenn Kundinnen berichten, dass ihre Situation hoffnungslos sei oder dass sie sich seit dem letzten Treffen nicht gebessert habe. In erster Linie geht es darum, dies erst einmal anzuerkennen und dann mit der Kundin ihre Bewältigungsstrategien zu entdecken:

- »Wie haben Sie es geschafft, mit dieser schwierigen Lage fertigzuwerden?«
- »Wie ist es Ihnen denn gelungen, dass die Situation nicht schlimmer wurde?«
- »Was haben Sie dazu getan, dass Sie auf der Skala nicht auf –1 fielen?«
- »Wie schaffen Sie es, dennoch jeden Tag ins Büro zu gehen?«

Das Ziel dieser Fragen ist, der Kundin Mut zu machen, ihre Fähigkeiten und Ressourcen im Umgang mit der Situation aufzudecken und sie zu bestätigen und zu stärken. Manchmal lassen sich dadurch sogar kleine, versteckte Wege zu einer Lösung ans Tageslicht bringen. Sehr oft antworten Kundinnen auf diese Fragen mit »Ich weiß nicht« und einer Problemschilderung. Dann gilt es, hartnäckig zu sein und die Frage in unterschiedlichen Formulierungen zu wiederholen. Ich erinnere mich mit Amüsement an die Hartnäckigkeit von Insoo Kim Berg, die mit dem größten Charme der Welt nicht lockerließ. Einmal, nachdem sie geduldig zugehört, aber nach wiederholtem Fragen noch immer keine Antwort auf ihre Frage »Wie schaffen Sie das?« erhalten hatte, lehnte sie sich vor und sagte: »Yes, but HOW?«

Die Beste-Hoffnung-Frage

Erfunden von Chris Iveson am BRIEF-Institut, hat die Beste-Hoffnung-Frage mittlerweile ihren Siegeszug um die Welt angetreten (Iveson 2012, p. 25). Sie dient am häufigsten als einfacher und effektiver Einstieg in die Contracting-Phase, kann aber auch für die erwünschte Zukunft angewendet werden. Typischerweise fragt man:

- »Was ist Ihre beste Hoffnung für unser Gespräch?«
- »Wenn Ihre besten Hoffnungen in Bezug auf das Ergebnis der Beratung erfüllt sind: Woran würden Sie das erkennen?«
- »Angenommen, Ihre besten Hoffnungen für Ihr Projekt gehen in Erfüllung: Was wären Anzeichen dafür?«

Was noch?

Dies ist eine unscheinbare, aber unglaublich wichtige Frage, die nach mehrfachem Stellen Kundinnen die interessantesten Antworten entlockt. Durch ein paarmal »Was noch?« wird intensiver nachgedacht, als wenn man sich mit den ersten ein bis zwei Antworten zufriedengibt. Und wenn es genug ist, dann sagen es uns die Kundinnen sowieso.

Umgang mit den Antworten

»Wir wissen erst, welche Frage wir gestellt haben,
wenn wir die Antwort hören.«
Steve de Shazer (2012c, S. 277)

Im Lösungsfokus sind die Fragen zentral, aber die Antworten sind noch zentraler. Dabei ist es nicht wichtig, dass die Beraterin die Antwort versteht oder dass sie für sie Sinn ergibt. Wichtig ist vielmehr, dass die Kundin ihre Wünsche und Vorstellungen formt und sich ihre Antworten artikulieren hört. Das bedeutet für die Praktikerin, dass sie:

- ... genau hinhört und erst nach Ende der Antwort beginnt, die nächste Frage zu überlegen. Das verlangsamt den Prozess in nützlicher Weise.
- ... mit der Antwort weiterarbeitet und nicht mit einem vorüberlegten Fragenset oder ihren eigenen Hypothesen.
- ... die Frage entweder wiederholt oder anders stellt, wenn sie das Gefühl hat, dass die Kundin sich die für sie wichtige Antwort noch nicht sagen gehört hat.

Es erfordert hohe Konzentration, stets einen Überblick darüber zu behalten, auf welche Fragen die Kundin bereits geantwortet hat und auf welche nicht. Man darf sich nicht in eine Problemtrance locken lassen, was nur allzu leicht geschehen kann.

Wie geht die lösungsfokussierte Praktikerin mit typischen Antworten am besten um?

»Ich weiß nicht« oder Schweigen als Antwort wird am besten als »Lassen Sie mir etwas Zeit zum Nachdenken« interpretiert. Das bedeutet in erster Linie, selbst mit der Stille gut umzugehen. Es hilft, entspannt zu sitzen und der Versuchung zu widerstehen, selbst ein Kommunikationssignal zu geben.

Wenn die Kundin als Antwort beschreibt, was sie nicht tut, denkt oder fühlt, dann akzeptiert man das und fragt, was sie *»stattdessen«* tue. Wenn sie also z. B. sagt: »Ich merke, dass ein Wunder geschehen ist, wenn bei uns in der Firma nicht mehr so viel hinter dem Rücken anderer geredet wird«, erkennt ein bestätigendes Nicken den Beitrag an. Die Folgefrage ist: »Wie würden Sie stattdessen in Ihrer Firma miteinander reden?« Als Antworten könnte man dann erhalten: »Wir sagen einander direkt, was uns nicht passt.« Oder: »Diejenigen, die von etwas betroffen sind, werden als Erste informiert.« Oder: »Wir sprechen die Dinge in der Abteilungsbesprechung an.« Usw. Diese Details sind wichtig, da das Gegenteil von »nicht hinter dem Rücken reden« überall etwas anderes bedeuten kann.

Antworten, die auf *Denken und Fühlen* fokussieren, vertieft man am besten mit Folgefragen wie z. B.: »Und wenn Sie sich wohler fühlen, was werden Sie dann tun, das Sie jetzt nicht tun?« Oder mit Fragen danach, was anderen Personen dann auffällt: »Wenn Sie sich wohler fühlen: Was werden Ihre Teamkolleginnen als Erstes an Ihnen bemerken?«

Unrealistische Antworten deuten zumeist darauf hin, dass wir bei der Aufbereitung der Ziele nicht genau genug waren oder bei der Rahmung und Formulierung der Wunderfrage irgendetwas falsch gemacht haben. Es gibt immer wieder Situationen, in denen Gesprächspartnerinnen das Wunder außerhalb ihres Einflussbereiches stattfinden lassen. Darauf deuten Antworten wie z. B.: »Der Vorstand hat endlich eine klare Strategie beschlossen.« Oder »Mein Chef mischt sich nicht mehr ständig in meine Arbeit ein.« Hier helfen Folgefragen wie z. B.:

- Angenommen, der Vorstand hat tatsächlich eine Strategie beschlossen: Was werden Sie dann tun, das Sie jetzt noch nicht tun?
- Angenommen, Ihr Chef mischt sich tatsächlich weniger in Ihre Arbeit ein: Was wird er an Ihnen bemerken, das ihm sagt, dass er sich nicht mehr einzumischen braucht?

Am liebsten sind uns natürlich konkrete, verhaltensbezogene und detailreiche Antworten, die uns direkt in die erwünschte Zukunft führen.

4.8.3 Die erwünschte Zukunft, der Vater der Familie

In den verschiedenen Varianten von Lösungsfokus wird alternativ von der »bevorzugten Zukunft« (»preferred future«), vom »Futur Perfekt« (»future perfect«) (Jackson a. McKergow 2007) oder von »Zielen« (De Jong u. Berg 2008; Isebaert 2005; Furman u. Ahola 2007) gesprochen. Was ist der Unterschied?

> »Der essenzielle Unterschied zwischen einer bevorzugten Zukunft und einem Ziel oder einem Set von Zielen ist, dass das Erstere mehrere Facetten beinhaltet und eher eine Lebensform als das Erreichen eines spezifischen Zieles beschreibt« (Iveson, George a. Ratner 2012, p. 41).

Das Denken über Ziele hat sich im Lauf der Entwicklung von Lösungsfokus stark gewandelt. Ursprünglich sollten Ziele dazu dienen, erkennen zu können, wann die Therapie zu Ende ist. 1988 (dt. 2004a) schreibt Steve de Shazer über Ziele:

> »Obwohl Kurztherapie zielgerichtet ist, sollte man sich das Ziel am besten als eines von vielen Elementen der Klasse von Wegen denken, die den Therapeuten und Klienten wissen lassen, dass das Problem gelöst ist, nicht aber als ein spezielles Element dieser Klasse.

> Spezifische Zielsetzungen beeinflussen ganz eindeutig das Resultat [...], und insbesondere Ziele, die der Klient als erreichbar und schwierig ansieht, werden eher erreicht [...] als vage oder leicht erreichbare Ziele. Vor allem wenn die Beschwerde vage ist bzw. keine Ausnahmen beschrieben wurden, wird es durch das Bestimmen von Zielen einfacher, die Tür zur Lösung aufzustoßen.« (de Shazer 1988)

De Jong und Berg (2003, S. 159) schreiben ausführlich von der »Kunst, wohlformulierte Ziele zu erarbeiten« (2003, S. 159), und zwar aus dem Bezugsrahmen der Kundin heraus. Wohlformulierte Ziele kann man an folgenden Kriterien erkennen:

- Sie sind wichtig für die Kundin.
- Sie enthalten konkrete, verhaltensbezogene und interaktionale Begriffe, zu denen man mit Beziehungsfragen hinführt, wie z. B.: »Wenn Sie sich sicherer fühlen, was werden Ihre Mitarbeitenden dann an Ihnen bemerken?« »Wenn Sie diese Entscheidung für sich getroffen haben, was wird dann zwischen Ihnen und Ihrer Vorgesetzten anders sein?«
- Sie berücksichtigen situative Aspekte: Manchmal hilft es, ein Ziel auf eine bestimmte Situation einzuschränken und es dadurch erreichbarer zu machen, z. B. das Ziel »Kundinnen nie widersprechen« einengen auf »nie sehr aufgebrachten Kundinnen in Reklamationssituationen widersprechen«.
- Sie beschreiben die Anwesenheit von erwünschtem, positivem Verhalten und nicht die Abwesenheit von Problemen.
- Sie stellen einen ersten kleinen Schritt und kein Endergebnis dar: »Was wäre ein erstes Anzeichen für Sie, dass Sie Ihr Ziel erreicht haben?«
- Der Fokus liegt auf dem eigenen Beitrag, auf dem, was die Kundin selbst tun kann, und nicht darauf, was sie sich von anderen wünscht.
- Sie enthalten realistische Begriffe und stellen etwas dar, das mit den Fähigkeiten und im Kontext der Kundin erreichbar ist, und sind keine utopischen Fantasievorstellungen (De Jong u. Berg 2003, S. 127–137).

Chris Iveson (1994) prägte den breiteren Begriff »erwünschte Zukunft« als Alternative zu dem engeren Begriff »Ziele«. Der Begriff der erwünschten Zukunft ist umfassender, unkonkreter und weniger klar definierbar als Ziele. Er lässt mehr Spielraum zu, als der Begriff »Ziele« es tut, und enthält oft triviale Details und multiple Perspektiven, die peripher erscheinen mögen, aber dem Bild Tiefe und Realismus verleihen. Die eingehende und detailreiche Beschreibung von Handlungen kann als *»eine virtuelle Generalprobe dessen, was Klienten in ihrem realen Leben tun möchten«* (de Shazer a. Dolan 2011, p. 84), betrachtet werden, und sie »hervorzuzaubern«

erfordert große Geschicklichkeit seitens der lösungsfokussierten Praktikerin.

Am BRIEF-Institut in London wird die hohe Kunst der Detailfokussierung gelehrt, die es ermöglicht, den mundanen Alltag in mikroskopischem Detail zu beschreiben. Die Methode dazu kann mit einer Filmtechnik verglichen werden, bei der die Kameraführung immer wieder zwischen breitem Panorama und Zoom in die Details einer Szene und der daran beteiligten Personen wechselt. Die Kunst besteht darin, zu wissen, wann man verbreitert und wann man vertieft, und natürlich, wie man das am besten macht. Wirksamkeit ist dann garantiert!

> »Einer der Schlüssel zum Erfolg auch im Umgang mit hartnäckigen Problemen ist die Fähigkeit des Coachs, beharrlich scheinbar belanglose Details herauszukitzeln, manchmal mit einer Unnachgiebigkeit, die allen sozialen Konventionen trotzt. Klientinnen zu helfen, sich jenseits der offensichtlichen Antworten zu begeben, von den ›Überschriften‹ ins ›Kleingedruckte‹ ihrer Zukunftsgeschichte, steht im Herzen von lösungsfokussiertem Coaching« (Iveson, George a. Ratner 2012a, p. 49).

Wie machen die Meister das? Dies lässt sich am besten anhand eines Beispiels illustrieren: Chris Iveson, einer der BRIEF-Gründer, führt ein etwa 30-minütiges Coachinggespräch mit Louise, einer Studentin, die sich auf ein Interview vorbereiten möchte, bei dem es um einen Studienplatz geht. Dieses Gespräch nimmt das von BRIEF häufig verwendete Format »Mein bestes Selbst« an, und unser Transkript startet etwa eine Minute nach Beginn des Gesprächs (Iveson 2014):

IVESON Stellen wir uns vor, dass es der Tag des Interviews ist und …
KUNDIN Morgen!
IVESON Morgen! Also stellen wir uns vor, dass es einer von diesen Tagen ist, wo du dein bestes Selbst bist und absolut bereit für alles, was der Tag für dich bereithält! Was ist das Erste, das du bemerken würdest, wenn du am Morgen aufwachst?
KUNDIN Ich hätte nicht dieses komische Gefühl in der Magengrube.
IVESON Was hättest du stattdessen?
KUNDIN Ein positives Gefühl, vielleicht.
IVESON Wann wäre das?
KUNDIN Etwa um acht.

IVESON Was für einen Unterschied würde es machen, wenn du morgen etwa um acht mit einem positiven Gefühl aufwachen würdest?

KUNDIN Ich wäre in einer besseren Gemütsverfassung und hätte das Gefühl, dass ich es schaffen könnte – dass ich den Tag gut bewältigen könnte.

IVESON Wie würdest du dann anders aufstehen?

KUNDIN Ich würde gleich aus dem Bett hüpfen, was ich im Moment nicht mache.

IVESON Wer würde das bemerken?

KUNDIN Nur der Hund – alle anderen wären schon weg.

IVESON Wie heißt der Hund?

KUNDIN Ted.

IVESON Woran würde Ted merken, dass du mit dem Gefühl aufgewacht bist, dass du den Tag gut bewältigen wirst?

KUNDIN Ich würde mehr mit ihm reden und in einem positiven Tonfall.

IVESON Hätte er das gerne?

KUNDIN Ja und nein. Er hätte schon gerne, dass ich mit ihm rede, aber was ihm nicht gefallen würde, ist, dass er vom Bett runter müsste!

IVESON Welchen Unterschied würden diese Gefühle für deine Art des Aufstehens machen?

KUNDIN Ich würde anders herumgehen – irgendwie wacher oder so.

IVESON Würde das Ted gefallen?

KUNDIN Ich glaube, schon. Er erkennt die Stimmungen von anderen.

IVESON Wie würde er reagieren?

KUNDIN Oh, er würde mit dem Schwanz wedeln, bellen, aufgeregt sein.

IVESON Und wenn du sehen würdest, dass Ted mit dem Schwanz wedelt, bellt, aufgeregt wird, wäre das dann ein Zeichen dafür, dass du dein bestes Selbst bist?

KUNDIN (lacht) Ja!

IVESON Und dann? Isst du dann Frühstück, oder was ist deine übliche Routine?

KUNDIN Ich würde mir einen Tee machen und mir im Internet die Geschichten des Tages anschauen, über die ich beim Interview gefragt werden könnte.

IVESON Und während du darauf wartest, dass dein Computer hochfährt, was würdest du an dir bemerken, das dir sagen würde, dass du dein bestes Selbst bist?
KUNDIN Vielleicht würde ich mich zuerst einmal etwas entspannen und mein Buch lesen.
IVESON Was liest du gerade?
KUNDIN *Emma* von Jane Austen.
IVESON Wenn du also dann dein Buch lesen würdest, deinen Tee trinkst, dich entspannt fühlst, woran würdest du merken, dass du bereit für den Tag bist?
KUNDIN Ich wäre entspannt und nicht panisch, bereit, den Tag sich entfalten zu lassen – und ich würde mich auf das Buch konzentrieren.
IVESON Und wann müsstest du weggehen?
KUNDIN ... um circa 11 Uhr.
IVESON O. k. ...
[Die Kundin schildert, dass sie ein Taxi rufen würde.]
IVESON Also, das Taxi kommt. Welche Art von junger Frau würde der Taxifahrer sehen?
KUNDIN Eine Frau, die schick angezogen ist!
IVESON Und die was trägt?
KUNDIN Wahrscheinlich eine weiße Bluse mit einem schwarzen Top drunter und beige Hosen – ziemlich konservativ!
IVESON Und wie würdest du dich dann fühlen?
KUNDIN Wahrscheinlich ein bisschen traurig, weil ich für ein paar Wochen weg sein werde.
IVESON Und was wird dir an der Art, wie du dich traurig fühlst, auffallen, das dir sagt, dass du dein bestes Selbst bist?

Weitere markante detailfokussierende Fragen von Chris sind:

- Wenn du also dann im Zug sitzt und diese »positive Nervosität« empfindest und nicht nur zuversichtlich aussiehst, sondern dich auch so fühlst: An welche Begebenheiten würdest du dich erinnern, die dir sagen würden, dass es gute Gründe für deine Zuversicht gibt? (Danach fragt er neunmal: Was noch?)
- Und wenn du aus der Station herauskommst und zum College gehst – was wird dir sagen, dass du immer noch dein bestes Selbst bist?

- Und wenn sie dann herauskommen, um dich zu holen, was würdest du bemerken an der Art, wie du ins Interview reingehst?
- Und welche Art von junger Frau würde das Prüfungskomitee reinkommen sehen?
- Und was werden sie noch an dir bemerken, sogar noch bevor du etwas sagst, das ihnen den Eindruck vermittelt, dass hier eine zukünftige Anwältin steht?

Louise erhielt ihren Studienplatz.

Chris Iveson analysiert also minutiös die Stunden und Minuten vor und während des Interviews, immer mit der Fragerichtung: »Woran wird Louise erkennen, dass sie ›ihr bestes Selbst‹ ist?« Sie beschreibt ihre Gefühle und Handlungen, das, was andere an ihr beobachten und wie diese anderen auf sie reagieren, sie wird nach Zeiten, ihrer Kleidung, ihrer Lektüre, ihren Gesprächsthemen usw. gefragt. Chris schreibt über diese Art von Konversation:

> »Sie ist ein gutes Beispiel dafür, wie die Kundin das Gespräch mit nicht mehr verlässt, als womit sie kam: Sie musste nichts beschreiben, was nicht bereits innerhalb ihrer Erfahrung war; keine ›Wunder‹, kein Sichvorstellen, dass man etwas machen kann, was man nie zuvor getan hat, sondern ganz einfach eine Beschreibung davon, was sie üblicherweise an einem dieser Tage, an denen sie ›ihr bestes Selbst‹ ist, tut. Nur ein genauerer Blick enthüllt die Außerordentlichkeit der Fragen und der Antworten, die es nie zuvor gab. Louise ist wohl nie zuvor gefragt worden, was ein Taxifahrer an ihr bemerken wird, und daher ist ihre Antwort wahrscheinlich eine, die sie sich vorher noch nie hat sagen hören. Wahrscheinlich sind zumindest die Hälfte ihrer 65 Antworten neu für sie, und viele der anderen haben wahrscheinlich eine neue Bedeutung. Obwohl fast aller Inhalt von Louise kommt, so hat der Coach doch durch die Art, wie er Louises Antworten nachverfolgt hat, sehr stark die Richtung der Sitzung bestimmt« (Iveson 2014).

4.8.4 Die Wunderfrage, der Star der Familie, und die Morgenfrage, ihre jüngere Schwester

Wie schon erwähnt, ist die Wunderfrage wohl eines der bekanntesten Tools im Lösungsfokus. Manche Praktikerinnen meinen sogar, dass sie bereits dann lösungsfokussiert arbeiten, wenn sie lediglich ab und zu nach einem Wunder fragen. Die beiden Schwestern sind, richtig eingesetzt, mächtige Tools, die Kundinnen zu der im Lösungsfokus angestrebten emotionalen Erfahrung der erwünschten Zukunft verhelfen und den Anstoß zu einer Fortschrittsgeschichte geben. Eigentlich handelt es sich dabei um ganze Interventionssets, wie wir sehen werden.

Die Wunderfrage

Es gibt in der Literatur über Lösungsfokus viele verschiedene Beschreibungen, wie man die Wunderfrage »richtig« stellt. Die Beschreibung hier hält sich an de Shazers und Dolans letzte Fassung des lösungsfokussierten Zugangs (2011). Hier ist ein Überblick über das gesamte Interventionsset »Wunderfrage«, das natürlich nicht stets in vollem Umfang, sondern oft verkürzt eingesetzt wird:

1) Framing der Wunderfrage
2) Sich vergegenwärtigen, wie ein normaler Tag zu Ende geht
3) Das Wunder geschieht
4) Das Wunder wird bemerkt
5) Die »eigentliche« Frage: Was bemerken Sie selbst?
6) Was wird von anderen bemerkt?
7) Wie reagieren die anderen darauf? Was löst diese Reaktion bei Ihnen aus?
8) »Wunderskala«
9) Anzeichen des Wunders

1) Framing der Wunderfrage

»Ich möchte Ihnen jetzt eine etwas merkwürdige Frage stellen, die ziemlich viel Vorstellungskraft braucht. Ist das okay für Sie? *[Kleine Pause, bis man ein Signal bekommen hat, dass das Gegenüber bereit ist, zuzuhören.]* Gut. Also, die Frage ist Folgende …«

2) Sich vergegenwärtigen, wie ein normaler Tag zu Ende geht

»Nach unserem Gespräch (diesem Workshop) hier werden Sie abends nach Hause fahren. [Kurze Pause.] Am Abend tun Sie all das, was Sie normalerweise abends tun, also Sie essen, Sie unterhalten sich mit Ihrem Partner oder Ihren Familienmitgliedern, vielleicht sehen Sie noch etwas fern oder lesen etwas usw. [Pause. Hier kann man Details einbauen, die man vom Gegenüber aus seinem Alltagsleben erfahren hat.] Schließlich wird es Zeit sein, schlafen zu gehen. Sie schlafen gut ein. [Pause]«

Hier empfehlen de Shazer und Dolan, vom Gegenüber ein kleines Signal der Zustimmung abzuwarten. Bis dahin wurde noch keine Frage gestellt, sondern das Gegenüber wurden lediglich gebeten, sich in ihr normales Alltagsleben zu versetzen. Dies deshalb, weil sich auch die Lösung in ihrem normalen Alltagsleben manifestieren wird.

3) Das Wunder geschieht

»Mitten in der Nacht, wenn es ganz still ist im Haus (oder in der Wohnung), geschieht ein Wunder, und die Probleme (oder Fragen), über die wir hier sprechen (oder: derentwegen Sie heute hier sind), sind gelöst.« [Pause.]

Einen Fehler gilt es hier zu vermeiden, damit die Wunderfrage wirkt:

> »Zu den häufigsten Fehlern beim Stellen der Wunderfrage gehört es, dass der Teil des Satzes ›die Probleme, derentwegen Sie heute hier sind‹ ausgelassen wird, was regelmäßig dazu führt, dass der Klient als Antwort vage, unrealistische Ziele nennt« (de Shazer u. Dolan 2011, S. 78).

4) Das Wunder wird bemerkt

»Doch dies geschieht, während Sie schlafen, und deshalb können Sie gar nicht wissen, dass in der Nacht ein Wunder geschehen ist, dass Ihre Probleme gelöst sind. [Pause. Manche Personen lächeln an dieser Stelle leicht.] Jedoch, wenn Sie dann morgens aufstehen und ins Büro kommen, fällt Ihnen auf, dass wohl ein Wunder geschehen sein muss. Die Probleme, über die wir hier sprechen, sind weg. Einfach so.« [Etwas längere Pause, damit das Gegenüber sich diese Situation gut vorstellen kann.]

5) Die »eigentliche« Frage: Was bemerken Sie selbst?

»Welches sind die ersten Anzeichen, an denen Sie erkennen, dass wohl ein Wunder geschehen sein muss?«

Und/oder:

»Woran erkennen Sie als Erstes, dass die Probleme, deretwegen Sie hier sind, gelöst sind?«

Von jetzt an sind wir mit Antworten konfrontiert, und das Gespräch kann sich dementsprechend in verschiedene Richtungen entwickeln. Hier folgen einige Möglichkeiten.

6) Was wird von anderen bemerkt?

»Was bemerken Ihre Teamkolleginnen als Erstes an Ihnen (Ihrem Team), das ihnen signalisiert, dass wohl ein Wunder geschehen sein muss, ohne dass Sie ein Wort darüber verlieren? – Was sonst noch? – Und was noch? – Was noch?

Wem wird noch etwas auffallen, am Tag/in der Woche nach dem Wunder?«

Der Satzteil »ohne dass Sie ein Wort darüber verlieren« ist bedeutsam, weil er das Gegenüber dazu anhält, verhaltensbezogene Beschreibungen zu geben.

7) Wie reagieren die anderen darauf?
Was löst diese Reaktion bei Ihnen aus?

»Wie werden diese Personen darauf reagieren? Was wird sie am meisten überraschen? Was wird für sie am nützlichsten sein? Womit werden sie die meiste Freude haben? Welchen Unterschied wird diese Reaktion für Sie (Ihr Team) machen? Wie werden Sie darauf reagieren?«

Hier sind wir bereits in der Interaktionsschleife, dort, wo die Veränderungen in Gang gehalten werden. Wenn man genügend Details über das »Wunder« erhoben hat, kann man mit einer Fortschrittsskala, die sich auf das Wunder bezieht, fortsetzen.

8) »Wunderskala«

»Auf einer Skala von 0 bis 10, auf der 10 für Ihr Wunder steht und 0 für das Gegenteil davon, wo stehen Sie heute?«

9) Anzeichen des Wunders

»Wann war das letzte Mal, als Sie ein klein wenig vom Wunder bemerkt haben? Was wäre das erste Anzeichen für Sie, dass etwas vom Wunder in Ihrem Alltag erkennbar ist?«

Manche meiner Kolleginnen sind der Meinung, dass die Wunderfrage nicht in den Organisationskontext passt. Ich selbst bevorzuge zwar mittlerweile die Morgenfrage, habe aber auch mit der Wunderfrage viele gute Erfahrungen gemacht, wenn bestimmte Anwendungsregeln befolgt werden. Damit die Wunderfrage im Workshop funktioniert, braucht es:

- *Gutes »Contracting« vorab*: Die Ziele des Workshops/der erwünschten Veränderung müssen vorab besprochen sein, sonst schießt die Wunderfrage wie eine Rakete in ein utopisches Weltall.
- *Alltags-Framing:* Die Frage sollte in normalem und natürlichem Tonfall, so bodenständig wie möglich, gestellt werden. Anklänge an »säuselnde Meditationsanleitungen« sind zu vermeiden.
- *Konzentration:* Man sorgt dafür, dass sich die Gruppe in Ruhe hinsetzen, zuhören und sich die Dinge vorstellen kann. Idealerweise stellt man die Frage nicht dann, wenn die Gruppe gerade ein Leistungstief hat.
- *Achtsamen Umgang mit den Formulierungen:* Man stellt die Frage in sorgfältiger Weise, womöglich angepasst an die in der Organisation üblichen Ausdrücke.

Die Morgenfrage

Die Morgenfrage ist ganz schlicht die Wunderfrage ohne das »übersinnliche« Element. Man stellt sie in etwa so:

»Wenn Sie morgen aufwachen und feststellen würden, dass Sie und Ihre Mitarbeitenden genau diejenige Beziehung haben, die Sie sich erhoffen, was könnte das erste Zeichen davon sein?« Oder: »Angenommen Ihre beste Hoffnung ist morgen realisiert, woran werden Sie das als Erstes merken?«

BRIEF beschreibt ihre Entwicklung:

> »Sobald das Element der Hoffnung bereits in der ersten Frage eingeführt war, zeigte es sich, dass ›Wunder‹ weniger notwendig waren, und wir verwendeten nach der ›Beste-Hoffnung-Frage‹ […] das, was wir die ›Morgen-Frage‹ nannten« (Iveson 2012).

Die Morgenfrage ist weniger dramatisch, weniger interventionistisch und hinterlässt flachere Fußspuren im Leben der Kundinnen. Dennoch kann sie genauso effektiv die erwünschte Zukunft evozieren wie die Wunderfrage.

4.8.5 Skalen, die hart arbeitenden Brüder

Skalen sind zwar nicht ganz so bekannt wie die Wunderfrage, werden aber vermutlich sogar häufiger eingesetzt als ihre berühmte Schwester. Sie eignen sich für so gut wie jedes Thema und können eine Struktur für eine oder gar mehrere Interventionen bieten. De Shazer und Dolan (2011, S. 84) schreiben über ihre Nützlichkeit:

> »Lange Zeit schienen uns Beschreibungen konkreter Verhaltensweisen hilfreicher zu sein als irgendwelche vagen Beschreibungen. Inzwischen sind wir uns dieser Ansicht nicht mehr so sicher. Mit zunehmender Erfahrung [...] wird es leichter, mithilfe von Skalierungen auch vage und undeutliche Beschreibungen erfolgreich zu nutzen.«

Insoo Kim Berg verwendete, vor allem bei der Arbeit mit Kindern, eine hölzerne Skala, und andere Kollegen haben sogar ein eigenes Skalierungsbrett entwickelt. Meist reicht aber ein Stück Papier, ein Flipchart oder eine am Boden gezogene oder gedachte Linie, auf die man zeichnen oder sich oder einen Symbolgegenstand platzieren kann. Man kann das Skalengerüst so darstellen (Iveson, George a. Ratner 2012, p. 80) wie in Abbildung 7.

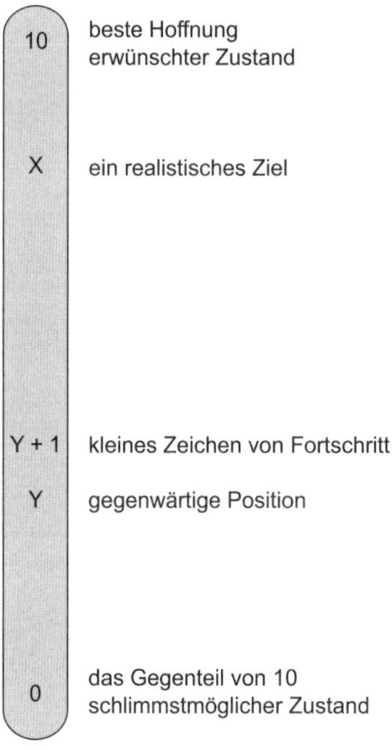

Abb. 7: Skala (nach Iveson, George a. Ratner 2012, p. 80)

Bemerkungen zur Abbildung:

10 = beste Hoffnung oder der erwünschte Zustand:
»Woran werden Sie erkennen, dass Sie 10 erreicht haben? Was wird anders sein? Was noch?«

X = ein realistisches Ziel:
»Da niemand perfekt ist, wo müssten Sie sein, damit Sie zufrieden sind? Wann ist die Situation für Sie »besser genug«? Woran werden Sie erkennen, dass Sie diesen Punkt erreicht haben?«

Y + 1 = kleines Zeichen von Fortschritt:
»Wenn Sie sich nur um einen (halben) Punkt auf der Skala hinauf bewegen würden: Was wäre dann anders? Was noch?«

Y = gegenwärtige Position:
»Was haben Sie schon getan, um diesen Punkt zu erreichen? Wie haben Sie das geschafft? Was sagt das über Sie aus? Wer würde damit übereinstimmen? Was haben Sie noch getan?«

0 = das Gegenteil von 10 oder der schlimmstmögliche Zustand.

Welches sind die häufigsten Einsatzmöglichkeiten von Skalen?

Fortschrittsskala

Bei dieser Skalierung geht es darum herauszufinden, wo sich die Befragten in Bezug auf ihr Ziel wahrnehmen und wie sie Fortschritte in Richtung des Ziels machen können: »Auf einer Skala von 0 bis 10, wobei 10 für Ihr Wunder steht und 0 für das Gegenteil davon (oder für: Gar nichts vom Wunder ist vorhanden), wo stehen Sie heute?«

Dabei kann man die Befragten bitten, sich einen Wert zu denken (wenn die Skalierung z. B. in einem Team verdeckt sein soll), ihn für sich zu benennen oder ihn auf einer Skala einzutragen. In einem Team gibt es immer Unterschiede in den Einschätzungen, woraus sich nützliche Informationen ergeben. Wichtig: Es ist nicht Ziel der Übung, einen Einigungsprozess zu starten, damit alle auf den gleichen Wert kommen!

Fokus auf Geleistetes lenken: Wie kommen Sie zu Y?

Wenn sich die Person oder das Team für einen Wert entschieden hat, kann die nächste Frage eine der folgenden sein:

- »Woran merken Sie, dass Sie bei 4 sind und nicht bei 0? Woran noch? Und woran noch?«
- »Welches sind die Dinge, die Sie richtig machen, sodass Sie ›4‹ sagen können?«
- »Wie schaffen Sie es, auf 4 zu sein, angesichts aller Schwierigkeiten?«
- »Was haben Sie schon alles erreicht, sodass Sie bereits bei 4 sind?«

Die Antworten auf diese Fragen sind für die Einschätzung des Status quo sehr wichtig und sollten nicht übergangen werden. Die Kundinnen gewinnen durch sie sehr viele Informationen über ihre eigenen Ressourcen, aber auch darüber, was konkret zur Zielerreichung schon alles geschehen ist. Im vorliegenden Praxisbeispiel wurde ein Coaching lediglich mit einer Fortschritts-Multiskalierung durchgeführt:

Ein Coaching mit Multi-Skalierung

Eine Projektleiterin fühlte sich so überfordert, dass sie ihren Job am liebsten hingeworfen hätte. Zuvor wollte sie aber noch ein Coaching machen. Sie sagte: »Ich habe so viel zu tun, ich schaffe meine Ziele nie und nimmer.«

Das Erste, was wir machten, war, ihr auf einer großen Wandtafel einen Überblick über ihre wichtigsten Teilprojekte zu verschaffen. Sie zeichnete dazu sechs Skalen auf. Sie skalierte sie, und bei allen gab sie einen Wert unter 5 an. Danach taten wir die ganze Coachingstunde nichts anders als:

- Aufzulisten, was sie schon alles geschafft hatte, um nicht auf 0 zu sein: Sie schrieb alle Teilergebnisse, Dokumente, Meetings etc. auf der Wandtafel neben der Skala auf.
- Zu besprechen, welcher Skalenwert »gut genug« wäre, damit er als Zielerreichung gelten könne. Hier stellte sich heraus, dass oft auch eine 7 oder 8 für ihre Stakeholder okay wäre.

Sobald all das sichtbar wurde, wuchs ihre Zuversicht zunehmend. Es war nicht mehr notwendig zu besprechen, welche Schritte sie setzen musste, um auf ihre Zielwerte zu kommen. Das war ihr vollkommen klar, und sie verließ voll Tatendrang das Coaching.

Skalierung der Außensicht

»Angenommen, ich würde Ihre Kundinnen fragen, wo sie Ihr Team auf der Skala einstufen würden. Was würden sie sagen?«

Besonders interessant ist es, wenn von Außenstehenden höhere Einschätzungen angegeben werden als aus dem Selbstbild heraus. Man kann dann z. B. fragen: »Was sehen die anderen an Ihrem Team, das Sie nicht sehen?«

Skalierung der Zuversicht

- »Auf einer Skala von 0 bis 10, wobei 0 für ›Das schaffen wir nie‹ und 10 für ›Das schaffen wir zu 100 %‹ steht: Wo sind Sie jetzt?«
- »Was verleiht Ihnen alles Zuversicht? Was ist schon alles geschehen/vorhanden, sodass Sie auf 5 auf der Zuversichtsskala sind?«

Fortbewegung auf der Skala

Lösungsfokussierte Praktikerinnen unterscheiden sich im Zugang zur Fortbewegung auf der Skala hin zum Ziel ein wenig. Manche, vor allem die Leute vom BRIEF-Institut, fragen nach Anzeichen von Fortschritt, z. B. so:

- »Welches wird für Sie das erste kleine Anzeichen dafür sein, dass Sie sich auf der Skala nach oben bewegt haben?«
- »Woran werden Sie merken, dass Sie einen Schritt weitergekommen sind?«
- »Woran werden Sie erkennen, dass Sie auf 6 sind?«

Andere wiederum fragen nach Schritten, die zu unternehmen sind, wie z. B. Bill O'Connell (2012):

- »Was müssen Sie tun, um auf Y zu gelangen?«
- »Welche kleinen Schritte können Sie heute noch/in den nächsten 72 Stunden setzen, um sich in Richtung Ihres Zieles auf den Weg zu machen?«
- »Welches wäre die leichteste und kleinste Aufgabe, die Sie gleich morgen in Ihrem geschäftigen Arbeitstag unterbringen könnten?«

In dieser kleinen Abweichung zeigt sich dennoch ein Unterschied in der Konzeption von Lösungsfokus: O'Connell benutzt eher den strategischen Problemlösungszugang, während die Leute von BRIEF den konstruktivistischeren Zugang wählen, indem sie den Menschen vertrauen, dass sie, wenn ihnen einmal klar ist, wohin sie wollen, die Dinge schon selbst in die Hand nehmen werden.

4.8.6 Aufgaben, »Komplimente«, Listen und die Pause – die beliebten Onkel und Tanten

Aufgaben

Aufgaben wurden in der frühen Kurztherapie als wichtiger denn das Gespräch selbst betrachtet. Die Therapeutin versuchte, während des Gespräches herauszufinden, welche Aufgabe für die Klientin am nützlichsten wäre, um sanfte Anstöße zu geben, frühere Lösungen oder Ausnahmen zu vergrößern. Im Lauf der Jahre entdeckte das Milwaukee-Team jedoch, dass, wenn die Klientinnen ihre Aufgaben nicht erfüllten, sie dennoch Fortschritte machten. Die Aufgaben verwandelten sich immer stärker in Experimente oder Beobachtungsaufgaben. Steve de Shazer vergab selbst in seiner letzten Therapiesitzung vor seinem Tode noch ein So-tun-als-ob-Experiment als Aufgabe.

Heute hat man erkannt, dass Aufgaben nicht wirklich notwendig sind, wenn das Bild der erwünschten Zukunft detailreich genug war. Vor allem im Einzelsetting vergeben lösungsfokussierte Coachs kaum mehr Aufgaben, und sollte das doch geschehen, so wird die Anregung dazu als Geschichte oder Angebot eingestreut. In der Arbeit mit Teams bzw. Organisationen werden Aufgaben allerdings meist erwartet. Ein Workshop endet selten ohne Ergebnis-, oder Aufgabenliste. Die Organisationsmitglieder erstellen sie aber natürlich selbst, und nicht die Beraterin.

»Komplimente«

»Ich kann zwei Monate lang von einem guten Kompliment leben.«
Mark Twain

Der Begriff »Kompliment« bedeutet in der lösungsfokussierten Praxis so viel wie »wertschätzende Beobachtung«. Berg und De Jong beschreiben drei verschiedene Arten von »Komplimenten« (2003):

- Direkte »Komplimente« sind positive Rückmeldungen an den Adressaten, wie z. B.: »Danke, tolle Grafik in deinem Bericht!«
- Indirekte »Komplimente« entstehen dadurch, dass man das Gegenüber dazu bringt, aus der Perspektive anderer (der Vorgesetzten, Kunden, Mitarbeiter) über sich zu sprechen, wie z. B.: »Was würde Ihr Team über Ihre Leistung sagen?« Oder »Mit welchem Ihrer Beiträge ist Ihr Chef derzeit am meisten zufrieden?«
- Selbst-»Komplimente« entstehen durch Fragen, wie z. B.: »Wie haben Sie das bloß in dieser kurzen Zeit geschafft?«

Direkte »Komplimente«, wie sie in der Frühphase von Lösungsfokus strategisch vergeben wurden zu dem Zweck, Ausnahmen und Ressourcen aus der Sicht der Therapeutin zu verstärken und der Klientin die Aufgaben schmackhaft zu machen, werden kaum mehr eingesetzt. Sie werden heute eher als bestätigende Rückmeldungen bezüglich Ressourcen und Fähigkeiten in das Gespräch eingebettet. Gute lösungsfokussierte Gespräche sind durchdrungen von Wertschätzung, die sich manchmal auch nur in Mimik oder Gestik der Beraterin oder in kleinen, eingestreuten Sätzen zeigen kann. Auch sie können direkt (»Das war aber ein Stück harter Arbeit, das Sie da geleistet haben!«) oder indirekt (»Wie können Sie sicherstellen, dass all ihre harte Arbeit nicht umsonst war?«) die Leistungen und Fähigkeiten der Kundin anerkennen.

Am besten wirkt Anerkennung, wenn sie auf konkreten Fakten beruht, den Scheinwerfer auf nützliche Qualitäten richtet und dadurch für die Kundin neue Informationen enthüllt. Die stärksten Lerneffekte treten auf, wenn Wertschätzung überraschend kommt, spezifisch ist und etwas Neues enthält. Sie wirkt dann als eine Art »Dopamin-Dusche« für den Körper (Spitzer 2002), die das Lernen ungemein beschleunigt. Der Ausdruck von Anerkennung muss als aufrichtig wahrgenommen werden, und man wird Anerkennung sicher niemandem aufdrängen.

Listen

Die größte Gefahr bei der Suche nach Anzeichen von Fortschritt, Ausnahmen oder Details der erwünschten Zukunft besteht darin, zu früh aufzugeben. Ein elegantes und höchst komfortables Mittel dagegen ist die Liste. Die Beraterin braucht nur zu fragen und dann mitzuzählen:

- »Nennen Sie mir bitte 30 Dinge, die Sie seit unserem letzten Treffen an Ihrem Team bemerkt haben, die Ihnen zeigen, dass sich die Zusammenarbeit verbessert hat.«
- »Nennen Sie bitte 20 Anzeichen, die Ihnen in der letzten Zeit aufgefallen sind, die Ihnen sagen, dass Ihre erhoffte Zukunft schon ein klein wenig eingetreten ist.«
- »Welche 35 Dinge an Ihnen fallen Ihnen auf, die Ihnen sagen, dass Sie eine gute Managerin sind?«

Die Pause

Ein Kollege erzählte mir einmal, dass er sich ursprünglich deshalb vom Lösungsfokus angezogen gefühlt hatte, weil es dabei eine Pause gebe. Was hat es nun mit der Pause auf sich, und gibt es sie tatsächlich noch?

Die Pause entstand aus der Tradition der Familientherapie, bei der sich die beratende Therapeutin zehn Minuten vor Ende des Gesprächs zurückzog, um sich mit dem Team hinter dem Einwegspiegel zu beraten. Heutzutage wird diese Vorgangsweise der Beratung mit einem Reflecting Team eher nur in Ausbildungssettings verwendet. Ob einzelne Coachs sich zu Nachdenkpausen zurückziehen oder nicht, ist dem eigenen Stil überlassen und wird auch von der Situation abhängen. Pausen können sehr nützlich sein, damit man nach einem intensiven Gespräch eine Zeit hat, in der man nicht entweder konzentriert zuhören oder reagieren muss. In dieser Zeit, es reichen oft zwei bis drei Minuten, kann man das Gespräch Revue passieren lassen und kurz zusammenfassen, welche Ressourcen und nützlichen Fähigkeiten man an der Gesprächspartnerin wahrgenommen hat, die die Zuversicht erhöhen, dass sie ihre Lösung erreichen wird.

5 Anwendungsfelder für Lösungsfokus in Organisationen

5.1 Lösungsfokus in der Einzelberatung

Die häufigste und dem ursprünglichen Modell am nächsten stehende Anwendung von Lösungsfokus ist das Coaching. Was lösungsfokussiertes Coaching ausmacht, lässt sich am besten anhand von Coachinggesprächen zeigen. Sie lesen in den folgenden Abschnitten kommentierte Auszüge aus Coachinggesprächen mit drei der erfahrensten und inspirierendsten Coachs der lösungsfokussierten Szene: Steve de Shazer, Chris Iveson und Peter Szabó.

Der sehr puristische und an der Übertragung von Lösungsfokus in Organisationskontexte wenig interessierte Steve de Shazer führte in Wien an der PEF Privatuniversität für Management in den Jahren 2003 und 2004 zwei Coachingseminare mit mehreren Live-Coachings durch. Sie finden hier mit freundlicher Genehmigung der PEF Consulting GmbH bislang unveröffentlichte Auszüge aus dem Transkript eines Coachinggesprächs vom März 2004 sowie einige Kommentare aus der dem Gespräch folgenden Reflexionseinheit. Die Kommentare dieses Coachinggesprächs stammen von Harvey Ratner vom BRIEF-Institut in London, einem engen Kollegen und Freund von Steve de Shazer.

5.1.1 Ein Coachinggespräch mit Steve de Shazer, mit Kommentaren von Harvey Ratner

Das folgende Gespräch ist aus mehreren Gründen ein bemerkenswertes Beispiel von de Shazers späterer Arbeit. Erstens ist es ein Coachinggespräch, und er sah sich selten als jemand, der etwas anderes als Therapie anbietet. So demonstriert er hier, dass in der Praxis von Lösungsfokus Coaching und Therapie ganz gleich aussehen, eine These, die wir auch in unserem Buch Brief coaching (Iveson, George a. Ratner 2012) vorgebracht haben. Zweitens ist es eine seltene Probe seiner späteren Arbeit, und, wie ich in meinen Kommentaren zeigen werde, es gibt hier mehrere Punkte anzuführen, die sich von seiner früheren publizierten Arbeit unterscheiden.

DE SHAZER So, zuerst einmal danke für Ihr Kommen heute.

KUNDE Es ist mir ein Vergnügen.

DE SHAZER Ich hoffe, es wird irgendwie für Sie nützlich sein. Da gibt es keine Garantien. Ich kann garantieren, dass ich mein Bestes tun werde, und ich nehme an, dass Sie das auch tun werden, und wir werden dann schon sehen, was passiert.

KUNDE O. k.

DE SHAZER Sagen Sie mir, was machen Sie so? Womit verbringen Sie Ihre Zeit? Was machen Sie so den ganzen Tag?

So anzufangen, indem man den Kunden auf diese Art und Weise kennenlernt, war eine gängige Praxis in de Shazers Arbeit. Es handelt sich um eine generelle Untersuchung, die weder problem- noch lösungsfokussiert ist. Sie liefert ihm Informationen über das Leben des Kunden, die den Kontext für spätere Fragen bieten, über das, was im Leben des Kundens am Tag nach dem Wunder anders sein wird. Das »Wunder« wird dann im Alltagsleben des Kunden lokalisiert sein.

KUNDE Gerade jetzt?

DE SHAZER Ja.

KUNDE Jetzt gerade habe ich irgendwie frei, weil ich noch angestellt, aber von meinem Job frei gestellt bin. Ich werde noch bezahlt, aber ich brauche nicht ins Büro zu gehen, weil die das nicht wollen. [...]

DE SHAZER O. k. Also, was machen Sie dann so den ganzen Tag?

KUNDE Na ja, es ist super. Ich kann all die Dinge tun, die ich schon lange nicht tun konnte. Jetzt gerade baue ich meine Wohnung um. Ich habe genug Zeit. Es ist ziemlich – es ist gut.

DE SHAZER Was ist es – gerade jetzt –, was Ihnen am meisten Spaß macht?

Freigestellt zu sein könnte auch keine so gute Sache sein. Daher fokussiert de Shazer absichtlich darauf, was konstruktiv im Leben des Kunden sein könnte, unterstützt durch das Signal des Kunden »es ist super«.

KUNDE Was mir am meisten Spaß macht? Ein schönes Heim zu bauen. [...]

DE SHAZER Das macht sicher einen Unterschied, diese Art von Freiheit zu haben.

KUNDE Das ist definitiv ein Unterschied. Ich war fast fünf Jahre lang bei derselben Firma. Ich war in der …branche, einer ziemlich dynamischen Branche, ziemlich wohlhabend, also ist es ein großer Unterschied, mehr Zeit für mich selbst zu haben.

DE SHAZER Und was machten Sie in Ihrem Job? In Ihrem vorherigen Job?

KUNDE Das Letzte, was ich tat, war, dass ich eine kleine Abteilung hatte, die sich auf zukünftige Dienstleistungen konzentrierte. […] Wir hatten ein kleines – nicht so kleines – Büro im Zentrum von […], wo wir all die Dinge, an denen wir arbeiteten, herzeigten. Es war irgendwie Innovation. Also kamen eine Menge Leute dorthin, brachten ihr Know-how und ihre Visionen von der Zukunft. Für Verkaufszwecke und natürlich auch für PR und Marketing.

DE SHAZER O. k, gut, und das machte Ihnen Spaß?

KUNDE Ich genoss das sehr. Es war eine komplett neue Abteilung, und daher war alles, was wir erreichten, auf unsere Arbeit zurückzuführen. Es war alles wegen meiner Arbeit, meiner Art, mit den Dingen umzugehen. Ich mag die Zukunftsthemen, mit denen ich zu tun hatte, sehr. Und es war irgendwie auch sehr innovativ.

DE SHAZER Ja. Und aus irgendeinem Grund entschieden Sie sich, heute hierherzukommen. Und – die Frage ist: Wie würde Ihr bester Freund wissen, ohne dass Sie ihm irgendetwas sagen, dass Ihr Kommen heute irgendwie nützlich für Sie war?

Es ist sehr interessant, de Shazer hier diese Art von Frage stellen zu sehen. In seinen Büchern zeigte er, wie er gezielt nach dem Ausgangsproblem fragt mit: »Was bringt Sie hierher?« Am BRIEF-Institut bemerkten wir von 2000 an, dass er, wenn er hier bei uns Klienten sah, zu fragen begann: »Wie werden Sie zu einem bestimmten Zeitpunkt wissen, dass Ihr Kommen nützlich war?« *Wir hatten den Eindruck, dass diese Frage Ähnlichkeiten mit jener Frage, die wir einige Jahre zuvor in die lösungsfokussierte Welt eingeführt hatten, aufwies, nämlich:* »Welches sind Ihre besten Hoffnungen von Ihrem heutigen Kommen?«

Es ist auch interessant, dass er zu fragen beginnt, woran der beste Freund des Kunden und nicht der Kunde selbst es merken wird. In einem Gespräch, das ich mit Steve in den frühen 2000ern hatte, erzählte ich ihm über meine Schwierigkeiten, Teenagern eine andere Antwort als »Ich weiß nicht« auf die Beste-Hoffnung-Frage zu entlocken. Er fragte mich, was stattdessen funktioniere. Ich sagte ihm, das sei: »Was würden deine besten Freunde an dir zu sehen hoffen?« Daraufhin meinte er: »Dann fang damit an!«

KUNDE Ich habe ein Lächeln auf meinem Gesicht.

DE SHAZER Das wäre ungewöhnlich für ihn, Ihren besten Freund, dass er Sie lächeln sieht?

KUNDE Nein, das ist nicht ungewöhnlich, aber ... Es kommt drauf an, wo ich gerade bei meinen »Auf und Abs« bin. Weil, einerseits war ich froh, draußen zu sein, aber andererseits die Art, wie es sich am Ende entwickelt hat, war nicht so angenehm. Das heißt, ich denke natürlich über die Zukunft nach, was ich machen soll. Ich habe eine Menge »Auf und Abs«. Ich fühle mich sehr glücklich und sage mir »Ah, atme mal durch«, und natürlich überlege ich mir auch, ob es das Richtige war.

DE SHAZER Wie würde Ihr bester Freund es dann bemerken, dieses Lächeln?

KUNDE Wenn ich traurig bin, steht mir das ins Gesicht geschrieben. Wenn ich glücklich bin, auch. Wenn ich glücklich und entspannt und zuversichtlich bin oder wenn ich über etwas nachgrüble.

DE SHAZER Wie steht's mit Ihnen? Wie würden Sie es bemerken?

KUNDE Hmh ... [Pause.]

DE SHAZER Vielleicht werden Sie es nicht ... heute wissen, aber irgendwann ...

KUNDE Ich wäre entspannt, und ich würde die Zeit, die ich jetzt habe, genießen, ohne dass ich Probleme schaffe in Bezug auf die Zukunft. Ich würde nicht darüber nachdenken – ich hätte die Vergangenheit losgelassen und was da alles passiert ist und würde mich darauf fokussieren, was kommt, anstatt darüber nachzudenken: War es richtig, waren sie unfair?

DE SHAZER Sie sind entspannt, Sie freuen sich auf die Zukunft ... Was für einen Unterschied würde das für Sie machen, für das, was Sie tun?

KUNDE Ich habe mehr Energie. Wenn mir etwas fehlt, dann kann ich es nicht genießen, Leute zu treffen, wenn da eine Wolke am Himmel ist.

DE SHAZER Wenn Sie entspannt, glücklich, konstruktiv sind, was haben Sie getan ... könnten Sie dann tun?

KUNDE Ich bin fokussierter. Ich wasche dann gerne ab.

DE SHAZER Gut, angenommen, nachdem Sie heute hier waren, machen Sie, was immer Sie den Rest des Tages tun. Sie haben Ihre Hausarbeiten erledigt, zu Abend gegessen, vielleicht schauen Sie fern, dann gehen Sie ins Bett, und während Sie schlafen, geschieht ein Wunder, und Ihre Probleme sind weg, ganz einfach so. Sie können aber nicht wissen, dass das passiert ist. Sobald Sie aufwachen: Wie werden Sie beginnen zu bemerken, dass das passiert ist?

KUNDE Das ist eine gute Frage! Ich muss Sport machen. Die Arbeit würde mich nicht beeinflussen. Ich würde laufen gehen. Ich würde die Dinge, die getan werden müssen – langweilige Dinge – schnell erledigen. Ich würde Leute treffen, und ich würde mein Auto und meine Frau nehmen und irgendwo hinfahren, wo es schön ist.

DE SHAZER Was wäre der überraschendste Teil an dem Ganzen?

Interessant zu sehen, dass de Shazer nicht nur betonen will, was anders ist, sondern sogar, was überraschend anders *ist für den Kunden und sein Umfeld, nachdem das Wunder eingetreten ist.*

KUNDE Dass ich Leute anrufen würde, die anzurufen ich schon lange aufgeschoben habe.

DE SHAZER Werden Sie überrascht sein, von Ihnen zu hören?

KUNDE Nein, nicht so sehr! Sie werden mich wieder mal treffen wollen.

DE SHAZER Und das würde einen Unterschied für Sie machen?

KUNDE Ja.

DE SHAZER Die werden erfreut sein, Sie werden erfreut sein …

KUNDE Ja.

DE SHAZER Bevor Sie ins Auto einsteigen: Wie würde es Ihre Frau wissen?

KUNDE Sie wird die Erste sein.

DE SHAZER Wie würde Sie es bemerken?

KUNDE Ich werde Sie anlächeln. Ich werde alles Mögliche für sie tun, ihr Frühstück bringen, sie ins Büro fahren …

DE SHAZER Wie wird sie darauf reagieren?

KUNDE Wenn ich positiv bin, dann verdoppelt sie noch meine Positivität.

DE SHAZER Wie funktioniert das?

KUNDE [Beschreibt es.]

DE SHAZER Wenn es ihr gefällt, dann wird Sie das weiter beeinflussen.

KUNDE Ja.

DE SHAZER Und Ihr bester Freund?

KUNDE Ich würde ihn anrufen und ihm erzählen, wie ich mich fühle. Ich werde ziemlich lange mit ihm am Telefon sein.

DE SHAZER Würde das Wunder so eintreten, dass es für alle offensichtlich ist?

KUNDE Ich würde es kein Wunder nennen, aber es wäre klar.

DE SHAZER Wie würde es Ihr Leben beeinflussen?

KUNDE Ich beginne – gerade jetzt – noch einmal und noch einmal nachzudenken. Wenn das Wunder geschieht, dann kann ich die Dinge genießen. Mein Hirn kontrolliert meinen Körper. Ich bin nicht so, wie ich sein sollte.

DE SHAZER Hmm. Auf einer Skala von 0 bis 10: 10 ist der Tag nach dem Wunder, und 0 ist der Tag, als Sie sich entschieden, hierherzukommen. Wo sind Sie jetzt in diesem Moment?

KUNDE 6 oder 7 – ich glaube, 7.

DE SHAZER Wo, wenn Ihre Frau hier wäre, würde sie sagen, dass Sie stehen?

KUNDE Vielleicht auf 6.

DE SHAZER Und Ihr bester Freund?

KUNDE Auf 7.

DE SHAZER Wie lange sind Sie schon auf 7?

KUNDE Eine Woche lang.

DE SHAZER Woran würden Sie bemerken, dass Sie von 7 auf 8 gekommen sind?

Es ist überraschend, wie schnell de Shazer hier die Skala hinaufgeht. Üblicherweise verbrachte er etwas mehr Zeit damit zu untersuchen, was der Kunde gemacht hat, um auf 7 zu kommen, bevor er begann, über 8 nachzudenken.

KUNDE Das wäre leicht erkennbar: Wie weit ich laufe, zwei-, drei-, viermal so weit, immer etwas länger. Ich beginne, über Marathontraining nachzudenken. [...]

DE SHAZER Und wie würde Ihre Frau bemerken, dass Sie von 6 auf 7 gekommen sind?

KUNDE An einer Menge Kleinigkeiten: Ich rede dann mehr mit ihr über meine Selbstständigkeit. Ich mache mehr Sport. Ich führe Sie öfter aus.

DE SHAZER Das heißt, sie würde es daran erkennen, dass Sie mehr über Ihre Selbstständigkeit reden?

KUNDE Ja, und ich bin dann aufmerksamer ihr gegenüber, ich habe mehr Zeit für sie.

DE SHAZER Und Ihr bester Freund? Woran würde er merken, dass Sie von 7 auf 8 gekommen sind?

KUNDE Ich gebe ihm dann neue Bücher zu lesen, beeinflusse ihn bezüglich dessen, was er tun könnte. Ich könnte ihm helfen – er ist in einer ähnlichen Lage.

DE SHAZER Wann war es in den letzten Wochen, Monaten, dass Sie den Eindruck hatten, näher bei 10 zu sein, als Sie es jetzt sind?

Ein klassisches Beispiel der Verwendung dessen, was wir als »voraussetzende Sprache« bezeichnen, bei deren Verwendung man den Kunden fragt, wann *er das letzte Mal etwas getan hat, anstatt* ob *er es getan hat.*

KUNDE Das waren zwei Dinge: [Beschreibt diese.]

DE SHAZER Sie erinnern sich daran, wie Sie sich fühlten und was Sie taten. Gut.

Ich werde jetzt eine Pause von 15 Minuten machen, um nachzudenken. Bevor ich das tue: Gibt es irgendetwas, das ich vergessen habe zu fragen oder das Sie mir gerne sagen möchten?

KUNDE Ich könnte etwas hinzufügen: Soll ich weiterhin in einer Firma arbeiten oder mich selbstständig machen? Das beschäftigt mich.

DE SHAZER Haben Sie irgendwelche Vorstellungen …? Wie würden Sie wissen, dass Sie diese Wahl getroffen haben?

KUNDE Weil ich es dann tun würde. Ich würde Gespräche führen.

DE SHAZER Wenn wir Ihre Frau fragen würden: Was würde Sie sagen, dass Sie tun sollen?

KUNDE Entspann dich mal vier Wochen lang, dann entscheide. Sie würde mich mit der Selbstständigkeit unterstützen. Sie sagt, ich kann alles.

DE SHAZER Danke.

Mit dem Reflecting Team

Der Kunde wurde gebeten, draußen zu warten, während Steve de Shazer mit der Seminargruppe als Reflecting Team arbeitete. Er konsultierte dabei seine Notizen, die er während des Gesprächs gemacht hatte und die Originalausdrücke des Kunden enthielten. Die zwei Fragen, die er mit dem Team erörterte, waren:

- Was hat uns am Kunden beeindruckt? Wofür soll er »Komplimente« erhalten?
- Welche Aufgaben könnten für ihn in dieser Situation nützlich sein?

In diesem Fall machte Steve de Shazer folgende Bemerkungen:

Komplimente sind keine Interpretationen, sondern Beobachtungen. Sie müssen in den Worten des Kunden ausgedrückt werden, damit ersichtlich wird, dass wir ihm zugehört haben. Sonst kann er sich nicht sicher sein. Viele Dinge haben viele Worte oder Namen. Wenn wir ein Synonym verwenden, impliziert das, dass er unrecht hat. Es ist besser, eher vage zu sein als zu spezifisch. Vielleicht gibt es da auch andere Dinge, die ihm helfen werden. Ich möchte nicht seine Optionen einschränken.

Dieser Kommentar steht im Einklang mit folgender Aussage: Es ist wichtig, nicht »die Möglichkeit einzuschränken, dass die Klienten etwas erfinden oder entdecken, was sie genauso sehr oder noch mehr befriedigt als das, an das sie gedacht oder was sie sich gewünscht haben, als sie ihre Vorstellungen von dem Morgen nach dem Wunder beschrieben haben« (de Shazer 2012c, S. 285).

Nach der Pause

DE SHAZER Wir sind beeindruckt davon, dass Sie auf 7 sind. Es gibt große Veränderungen in Ihrem Leben – so klingt es. Sie und Ihre Frau haben eine unterstützende Beziehung, die Sie genießen. Das vermehrt Ihre positiven Gefühle. Es gibt keinen Druck für Sie, das eine oder das andere zu tun. Sie sind ein guter Beobachter von sich selbst und von anderen. Die anderen sind wichtig für Sie.

Das, was Sie suchen – das ist für uns ganz klar –, ist höchstwahrscheinlich erreichbar. [...]

Also, es gibt zwei Dinge: Es ist eine gute Idee, nehme ich an, zu beobachten – das weiterhin zu tun –, und zwar die Leute rund um Sie und sich selbst. Das ist eine Basis.

Da ist ein Experiment, das Sie interessant finden könnten. Es geht irgendwie so:

An zwei Tagen jede Woche – nicht zwei Tage hintereinander – machen Sie etwas. In der ersten halben Stunde – sicher nicht länger als eine Stunde – tun Sie so, als ob Sie auf 10 wären, in der ersten Stunde nach dem Aufstehen. Sagen Sie Ihrer Frau nicht, dass Sie das machen. Beobachten Sie, was Sie tun und wie sie reagiert und irgendwelche Veränderungen für den Rest des Tages.

Die So-tun-als-ob-Aufgabe war eine, die de Shazer häufig einsetzte, und hier hat er sie auf So-tun-als-wären-Sie-auf-10 angepasst. Die Aufgabe, die er hier vergibt, hat typische Merkmale: So ist sie zeitlich begrenzt, sodass der Kunde nur eine kurze Zeit so tun muss als ob; sie steht am Tagesbeginn, und daher besteht eine gute Chance, dass sie einen Dominoeffekt haben wird; und sie sollte an nicht mehr als zwei Tagen pro Woche durchgeführt werden. Die Anregung, sie geheim zu halten, passt wunderbar zur Frage, was die anderen besonders überraschen würde, und zu seinem Kompliment an den Kunden über dessen Beobachtungsfähigkeit.

Schauen Sie mal, was passiert.

O. k., danke für Ihr Kommen, ich hoffe, es wird nützlich sein. Auf Wiedersehen und viel Glück!

5.1.2 Der Kuschel-Fall – Ein Fall von Chris Iveson, mit Kommentaren von Peter Szabó

Das Gespräch findet in einem Büro des Jugendamtes statt, wo Jasmin, die Tochter der Klientin, seit fünf Jahren unter Beobachtung steht. Das hier transkribierte Gespräch ist eine neunminütige Sequenz, die zwei Minuten nach dem Beginn des Gesprächs startet, nachdem die Kundin gerade zusätzliche ernsthafte Komplikationen in ihrem Leben beschrieben hat, die dem Jugendamt Anlass zur Sorge geben.

IVESON Welches sind Ihre besten Hoffnungen von diesem Treffen?
KUNDIN Ich weiß nicht, es gibt so viel zu sagen in so kurzer Zeit.
IVESON Welches sind Ihre besten Hoffnungen, wozu es führen wird?

Was für ein eleganter Weg, das Anliegen der Kundin, dass es so viel zu sagen gibt, aufzugreifen, und zur selben Zeit das Gespräch gleich von Anfang an derart effektiv zu einem Ergebnis anstatt zur »ganzen Geschichte« hinzuleiten!

KUNDIN Vielleicht, dass es mir und Jasmin mehr Verständnis für unsere Gefühle und Gedanken bringen wird. Weil wir uns nicht verstehen, und das, seit Jasmin fünf ist. Jetzt ist sie zwölf.

IVESON Also, wenn ihr mehr Verständnis füreinander hättet und euch besser vertragen würdet, würde das dieses Treffen lohnend machen?

KUNDIN Ja. Wir gehen im Kreis und kommen auf keinen grünen Zweig. Es führt zu Aggression – meinerseits, und dann entsteht ein Teufelskreis, weil sie es dann an ihrem Bruder auslässt, und es geht nur im Kreis. Ich bin mir sicher, dass Jasmin einiges an mir nicht mag und umgekehrt.

IVESON Kann ich Ihnen dazu ein paar Fragen stellen?

KUNDIN Ja.

IVESON Und dann können Sie einfach ergänzen. Wenn heute Nacht, während Sie schlafen, ein Wunder passiert, und das gibt Ihnen und Jasmin die Beziehung, für die Sie sie auf die Welt gebracht haben und die Sie beide möchten, aber weil Sie ja schlafen, wenn das Wunder passiert, wissen Sie nichts davon ... wie würden Sie wissen ... was wäre das Erste, das Sie morgens bemerken würden, das ihnen sagt, dass Sie und Jasmin die Beziehung haben, die Sie beide verdienen?

KUNDIN Na ja, in der Früh, wenn wir aufwachen, so wie Sie sagen – da ist es wieder ... wir liegen einander in den Haaren – wir haben einander nichts Nettes zu sagen.

IVESON Und morgen früh, was ist das Erste, das Sie bemerken morgen früh, das ihnen sagt, dass dieses Wunder passiert ist?

KUNDIN Ich glaube, wir würden ein Wunder brauchen – ja, es würde ein Wunder benötigen!

IVESON Also gut – keiner von uns glaubt, dass Wunder diese Dinge in Ordnung bringen können. Es würde uns nur helfen, ein Bild davon zu bekommen, was Sie anstreben.

KUNDIN Ich weiß nicht, ob man irgendetwas machen kann, weil schon so viel Schaden angerichtet wurde, dass ich mir denke, ob es wohl jemals wieder geheilt werden kann.

IVESON Und wenn es so wäre, was wäre das erste Zeichen? Wann wachen Sie morgens auf?

Lösungsfokussierte Beharrlichkeit am Werk: Dreimal hintereinander besteht Chris darauf, das Gespräch in Richtung der Ziele der Kundin zu len-

ken, und da das nicht zu funktionieren scheint, entscheidet er sich, etwas anderes zu machen: eine faktenbasierte Frage nach der Zeit zu stellen, die die Kundin leichter beantworten kann. Und dann, sobald er eine Antwort hat, kehrt er wieder dazu zurück, beharrlich eine bevorzugte Zukunft zu kokreieren, egal wie unvorstellbar sie der Kundin auch am Anfang erscheinen mag.

KUNDIN Na ja, ich bin furchtbar mit dem Aufstehen, also ich warte meist auf Jasmin, also ist es meist circa 6.30 Uhr oder 7 Uhr.
IVESON Also steht Jasmin als Erste auf?
KUNDIN Sie sollte.
IVESON Also morgen früh, wenn das Wunder passiert ist – was wäre das erste Zeichen für Sie, dass etwas anders ist?
KUNDIN Freundlichkeit.
IVESON Wie würden Sie wissen, dass sie freundlich ist?
KUNDIN Ich weiß nicht, weil ich vergessen habe, wie sie ist, wenn sie freundlich ist; ich habe vergessen, wie ich bin. Es scheint, wir haben vergessen, wie das geht.
IVESON O. k., was wäre wohl ihre Art, freundlich zu sein? Was würden Sie an ihr bemerken um 6.30 Uhr oder 7 Uhr? Was würde Sie sagen, wenn sie Sie aufweckt?
KUNDIN Wir reden nicht wirklich.
IVESON Nach dem Wunder ... wie würde sie Sie aufwecken?
KUNDIN Ich weiß nicht.
IVESON Geben Sie mir einen Hinweis.
KUNDIN Einfach normale Kind ... Mutter-und-Tochter-Beziehung. Normal.
IVESON Und wie würde das für Sie aussehen?
KUNDIN Ich weiß nicht. Ich habe vergessen, wie das ist. Ich sehe andere Leute, andere Familien ... aber ich denke mir, warum sind die so ... wir können nicht so sein.

Was für eine liebenswerte Kundin. Sie macht es so deutlich, wie unglaublich schwierig es für sie sein muss, auf das zuzugreifen, was sie sich erhofft.

IVESON O. k. – wie lange kennen Sie Jasmin?
KUNDIN Zwölf Jahre.
IVESON Zwölf Jahre – also sind Sie die Weltexpertin in Bezug auf sie?
KUNDIN Ich dachte mir, ich wär's.

IVESON Ich schätze, niemand wird sie besser kennen … also, wie werden Sie wissen … was werden Sie bemerken … was wird das erste Zeichen sein, dass sie freundlich ist?

Was für ein liebenswerter Coach. Wieder bietet er ihr eine leichter zu beantwortende Frage an, kombiniert mit einem offensichtlichen Kompliment. Und wieder kehrt er mit der geringstmöglichen Verzögerung zu seiner Aufgabe zurück, die Details einer möglichen Lösung zu bauen.

KUNDIN Dass sie mir eine Tasse Tee macht.

IVESON Und wenn sie Ihnen eine Tasse Tee bringen würde … was würden Sie an ihrem Gesicht bemerken, das Ihnen sagen würde, dass etwas anders ist?

KUNDIN Na ja, wir lächeln nicht, also nehme ich an, dass es Lächeln und Freundlichkeit gäbe.

IVESON Und wenn sie Sie mit einer Tasse Tee und einem Lächeln aufwecken würde …

KUNDIN Das würde mich nicht erweichen, weil ich auch schon ziemlich verhärtet bin. Ich muss sagen … Wissen Sie, wenn Sie etwas dauernd machen, anstatt es zu vergessen … Sie fahren fort bis zum nächsten Tag, und bevor Sie es wissen, können Sie diesen Modus nicht mehr ändern. Sie sind in einem Schema drinnen.

IVESON Also das ist ein Wunder … Was wenn – wenn Jasmin kommt und Ihnen eine Tasse Tee gibt mit einem Lächeln … das Wunder ist passiert … was wird sie an Ihnen bemerken, das ihr sagt, dass Sie Ihre Gefühle wieder dort haben, wo Sie sie haben wollen?

KUNDIN Einfach freundlich sein, höflich.

IVESON Also was würden Sie machen?

KUNDIN Das ist schwierig.

IVESON (sehr leise): Ich weiß.

KUNDIN Ich würde sie nicht angehen, ich wäre einfach normal.

IVESON Und wie wird das aussehen, wenn sie Sie mit einem Lächeln aufweckt, was wird sie an Ihnen bemerken, das ihr sagt, dass Sie sich so fühlen, wie Sie es sich wünschen?

KUNDIN Wie das wäre?

IVESON Ja. Was würde Jasmin an Ihnen bemerken, wenn sie Sie mit einem Lächeln aufweckt?

KUNDIN Und ich wäre mein normales Selbst?

IVESON Wenn Sie so wären, wie Sie es möchten.

KUNDIN Gereizt, böse ...

IVESON Nein, nein, nach dem Wunder! Lassen Sie uns überprüfen – ich kann mir nicht vorstellen, dass Sie eine intrinsisch gereizte und böse Person sind.

Wieder beantwortet die Kundin die von Chris gestellte Frage nicht. Daher besteht er zwar auf einer Antwort, bleibt aber dennoch auf respektvolle Weise aufmerksam und offen für das, was die Kundin sagt, indem er nachprüft, ob es vielleicht »nichtnützliche« Missverständnisse gab.

KUNDIN Das bin ich.

IVESON Wurden Sie so geboren?

KUNDIN Ich habe mich so entwickelt.

IVESON Fühlen Sie sich gerade jetzt so?

KUNDIN Nein.

IVESON Also, das Wunder hat das gerichtet – was würden Sie in der Früh bemerken, wenn sie Sie mit einem Lächeln aufweckt? [Lange Pause.]

Nach meiner Zählung ist dies das 16. Mal, dass Chris hartnäckig dieselbe Art von hypothetischer Frage zu den Effekten des Wunders stellt. 16 Versuche, eine Erinnerung einzuladen, die der Kundin undenkbar erscheint. 16 Weigerungen zu glauben, dass sie die Antworten nicht kennt, und 16 Mal in sie vertrauen als Kundin. Was für ein überzeugendes Beispiel von lösungsfokussierten Annahmen am Werk. Wie wir sagen: Der stete Tropfen höhlt den Stein.

[Lange Pause.]

KUNDIN Ich bin ... [Nochmals lange Pause, Anzeichen von Bedrängnis.] ... wissen Sie ... kuscheln ... Ich mache das nicht. Ich *kann* sie nicht kuscheln – es ist schrecklich, das zu sagen.

IVESON Also, Sie würden sich dabei ertappen, dass Sie sie gerne kuscheln möchten?

KUNDIN Ja, ich wäre gerne in der Lage, das zu tun. Das würde uns beide glücklich machen.

IVESON Wie würde Jasmin reagieren?

KUNDIN Sie wäre verblüfft!

IVESON Und dann?

KUNDIN Und dann würde sie mich – sie kuscheln lassen. [Als sie das sagt, gehen ihre Augen mit Tränen über und ihre Stimme wird sanft.]

IVESON Glauben Sie, sie hätte das gerne?

KUNDIN Ja.

IVESON Wie würden Sie wissen, dass sie das Kuscheln mit Ihnen genießt?

KUNDIN Weil sie es zeigen würde.

IVESON Wie?

KUNDIN Einfach – einfach in der Sanftheit ihres Körpers.

Die Sitzung geht weiter, aber es ist ein eindeutiges Gefühl da, dass die Arbeit erledigt ist, dass sich die Kundin als eine liebevolle Mutter »erlebt« hat. Obwohl sie in der zweiten Sitzung von wenig Veränderung berichtet, scheint es doch genug gewesen zu sein, weil in den nächsten beiden Fallkonferenzen von den vielen Expertinnen, die mit der Familie arbeiten, keine weiteren Sorgen in Bezug auf Jasmin geäußert werden. Sie hat sich von einem isolierten, ungepflegten, schikanierten und hinter den Erwartungen zurückbleibenden Kind zu einem hart arbeitenden Mädchen mit einer ordentlichen Anzahl von Freunden entwickelt. Der Fall wurde geschlossen. Meine einzige direkte Beteiligung an diesem Fall waren diese Sitzung und eine Folgesitzung.

5.1.3 Ein verdammt guter Boss – Ein Fall von Peter Szabó, mit Kommentaren von Chris Iveson

Das Gespräch fand als Demo-Coaching während eines Trainings statt. Die Kundin wollte besser mit ihrer Position als mittlerer Führungskraft umgehen. Es handelt sich um einen zwölfminütigen Auszug aus einem Coachinggespräch. Es beginnt zwei Minuten nach dem Start des Gesprächs, nachdem der Coach seine Bewunderung für die heikle Arbeit von mittleren Führungskräften ausgedrückt hat.

SZABÓ Also, ich schätze, die wichtigste Frage ist, welches sind Ihre besten Hoffnungen für das Ergebnis dieser Sitzung?

KUNDIN Meine beste Hoffnung wäre eine – nicht Strategie, aber eine Art von Weg zu finden, um Leute in ihrem Bestreben, besser zu werden, zu unterstützen ... für sie da zu sein. Ich möchte nicht »Cheerleader« sagen, aber ich finde kein anderes Wort. Und einen Samen zu säen ... damit sie sehen, dass das neue Management nicht ganz schlecht ist.

SZABÓ O. k.

KUNDIN Und dass sie sich gut fühlen, was ihren Job betrifft und das, was sie tun. Ja. Viele Dinge.

SZABÓ Viele Dinge, ja, ich habe zumindest drei bisher bemerkt.

KUNDIN Oh, ja. Aber ich schätze hauptsächlich, dass sie sich gut fühlen in Bezug auf das, was sie tun.

SZABÓ O. k.

KUNDIN Damit sie stolz sein können.

SZABÓ O. k. Also, das Erste, was Sie sagten, war ja: Sie unterstützen, damit sie ... gut und stolz sein können. O. k. Und Sie sagten, es ist keine Strategie, die sie suchen als Ergebnis dieser Sitzung, sondern eher ein Weg ...?

KUNDIN Ja. Wie kann ich ... mit meinem ... kann ich sagen: Verhalten? ... den Samen säen ... oder welche Art von Signalen kann ich aussenden, die sie aufnehmen können und ... na ja.

SZABÓ Signale, Verhalten und vielleicht Ihr Beitrag. Ja, o. k? – Hm. – Ich versuche festzustellen, wo Sie auf ihrem Weg sind. Wie lange machen Sie diese Arbeit schon?

In dieser »Kontraktphase« der Sitzung hat Peter eine wichtige lösungsfokussierte Schlüsselfähigkeit demonstriert. Sie besteht in der Art, wie er auf das hört, was die Kundin sagt, anstatt einer inneren Unterhaltung zu folgen über seine Interpretation dessen, was sie sagt. Diese Aufmerksamkeit wird belegt durch seine Botschaft »ich habe zumindest drei [Dinge] bisher bemerkt«, die zeigt, dass die Kundin die Eröffnungsfrage in jeder für sie passenden Form beantworten kann. Ihre Antworten sind weit entfernt von den »klaren und konkreten Zielen«, die oft als Voraussetzung für effektives lösungsfokussiertes Coaching genannt werden. Dennoch sind sie das, was die Kundin präsentiert hat, und Peter hat recht, sie zu akzeptieren und mit ihnen zu arbeiten.

KUNDIN Ein Jahr.

SZABÓ Ein Jahr? O. k. Also, auf einer Skala von 1 bis 10, wobei 10 bedeutet, dass Sie ihren Weg, den Samen zu säen, gefunden haben, dass Sie sich bestärkt haben. Also, das wäre 10. Und 1 wäre, als Sie zuerst Ihre Arbeit in dieser Mittelmanagementposition angefangen haben. Wo würden Sie sagen, dass Sie gerade stehen?

KUNDIN Ich würde sagen, auf 5.

SZABÓ Bei 5. O. k. Eher 4,9 oder 5,1?

KUNDIN 5,1.

SZABÓ 5,1? Und dann kam dieses schöne Lächeln. Also, da scheint ein Unterschied zu sein zwischen 5 und 5,1.

Peters Frage war eine Überraschung, aber sobald er sie gestellt hatte, war es schwer, sich eine bessere vorzustellen. Eine der grundlegenden Annahmen, die Insoo aus ihrem kulturellen Erbe mitbrachte, war, dass Veränderung unausweichlich und konstant ist und dass sie ihre eigene Energie und ihren Flow hat. Als die Kundin »5« sagte, platzierte sie sich in diesem Flow, mit einer erfolgreichen Vergangenheit hinter sich und einer angestrebten Zukunft vor sich, die sehr wohl innerhalb ihrer Reichweite erscheint. Peters Aufgabe als Coach fügt sich hier nahtlos ein: Untermauern des Gefühls der vergangenen Leistung und Klären der angestrebten Zukunft; die Ko-Kreation einer erfolgreichen Vergangenheit, die gut zu einer wohldefinierten und sogar noch erfolgreicheren Zukunft passt. Er geht ein wohlkalkuliertes Risiko mit dem »5,1« ein, bei dem die Kundin sich bereits jenseits des Wendepunktes befindet – eine Erkenntnis, die mit einem Lächeln beginnt. Peter greift diese Energie sofort mit seiner nächsten einladenden Frage auf.

KUNDIN So ist es.

SZABÓ Es ist ein Unterschied. Ja, das kann ich sehen. Können Sie ein wenig über diesen Unterschied enthüllen, der besteht, wenn Sie sagen können: »Hey, ich bin auf 5,1 und nicht auf 5 oder niedriger?«

KUNDIN Na ja, weil, tief in mir drinnen weiß ich, dass ich auf dem richtigen Weg bin, aber ich möchte wirklich schnellere Ergebnisse sehen.

SZABÓ O. k.

KUNDIN Ich möchte sehen, ob ich ihnen auf positive Weise einen ordentlichen Schub geben kann.

SZABÓ Ja, o. k., gut. In Anbetracht dessen, wie könnten Sie am Ende dieses Gesprächs wissen, dass Ihre besten Hoffnungen auf dem besten Wege zur Realisierung sind? Wie würden Sie das am Ende der Sitzung erkennen?

KUNDIN Ich würde mich wahrscheinlich sicherer in mir selbst fühlen – wie sagt man –, in meiner Fähigkeit, so etwas zu tun.

SZABÓ Sicherer in ihrer Fähigkeit. Ich nehme an, sicherer am Ende der Sitzung. Was wären einige der Effekte für Sie? Damit ich ein klareres Bild von »sicherer« bekomme. Was bedeutet das für Sie morgen – wahrscheinlich gehen sie morgen zurück zur Arbeit, richtig? O. k. Also, wenn Sie morgen sicherer zurückgehen, was könnten einige der Effekte sein?

KUNDIN Ich schätze, die Leute würden bemerken, dass ich vielleicht meine Haltung geändert habe, nicht wahr? Und positiver ... vielleicht sage ich positivere Dinge, feuere sie mehr an, dass sie einen echt tollen Job machen ... ja.

SZABÓ O. k. Also, »sicherer sein« könnte eines der Ergebnisse dieser Sitzung sein. Was noch?

KUNDIN Was sie noch bemerken würden?

SZABÓ Ja, zum Beispiel.

KUNDIN Na ja, ich schätze, mein Management, mein Boss würde es bemerken. Dass auch ich einen tollen Job mache.

SZABÓ Ist das ein neuer Boss oder der alte?

KUNDIN Der alte, der neue ist noch nicht da.

SZABÓ O. k. Und Sie bereiten das Feld bereits vor?

KUNDIN Ja.

SZABÓ Wow!

KUNDIN Weil ich muss, weil ich Mitarbeiterinnen brauche, die Vertrauen haben in das, was sie tun, die glücklich und stolz sind mit dem, was sie tun.

SZABÓ Bevor noch das neue Management kommt.

KUNDIN Ja.

SZABÓ Na ja, ich bin echt beeindruckt ... das bedeutet, dass Sie in dieser Mittelposition anscheinend viel weiter denken als bis zum nächsten Tag ... wissen Sie, nicht nur die gerade brennenden Feuer löschen. Sie scheinen eine langfristige Perspektive zu haben, langfristige Ziele, die Sie ... wow! O. k. Ich bin noch mehr beeindruckt. O. k.

KUNDIN Danke.

SZABÓ Also, Sie sagten, der alte Boss würde es bemerken.

KUNDIN Mhm.

Während des nun folgenden Abschnitts evoziert Peter eine »Schlagzeilen«-Beschreibung dessen, was die Kolleginnen der Kundin bemerken könnten, wenn sie einfach nur den bestehenden Fortschritt fortsetzt. Dann bewegt sich die Beschreibung hin zu Familie und Freunden, wobei Peters Beherrschung der Körpersprache voll zur Geltung kommt: Die Kundin wird darum gebeten, das auf der Stelle umzusetzen, worüber sie gerade spricht.

SZABÓ O. k., was könnten noch Zeichen der Ergebnisse dieser Sitzung sein, die Ihnen sagen, ja, ich bin gut auf dem Weg zu meinen besten Hoffnungen für diese Sitzung?

KUNDIN Na ja, ich glaube, wahrscheinlich würden meine Freunde und meine Familie es auch bemerken. Vielleicht bin ich etwas – ich weiß nicht – positiver?

SZABÓ Es ist interessant, als Sie das sagten, machten Sie diese [Vorwärts-]Bewegung, und ich frage mich ... jetzt machen wir es herausfordernd für die Leute hinter der Kamera ... Sie sagten, Auf-dem-Weg-Sein beinhaltet eine Bewegung, richtig? Ich weiß nicht, ob es möglich sein wird für sie [zeigt dabei auf die Kamera], aber wäre es möglich, dass Sie ein paar Schritte machen, und wir könnten sehen, wie Sie jetzt auf dem Weg sind und wie Sie auf dem Weg wären nach Erfüllung Ihrer besten Hoffnungen. Wäre das interessant auszuprobieren?

KUNDIN O. k. Sicher. Jetzt bin ich hier. [Geht.]

SZABÓ O. k. Ja.

KUNDIN Und wenn ich auf dem Weg bin, dann halte ich meinen Kopf höher. [Geht.]

SZABÓ Sie halten den Kopf höher. O. k. Wie würde das einen Unterschied für Sie machen?

KUNDIN Es würde mein Selbstvertrauen stärken, schätze ich.

SZABÓ O. k. Was noch? – Ich nehme an, das Vertrauen in Sie selbst – was könnte der Effekt ... einige der Effekte ... wie könnte das einige der Dinge in Ihrem Leben verändern ... oder wie würde sich das zeigen?

KUNDIN Wissen Sie, ich glaube, das wäre eine große Veränderung.

SZABÓ O. k.

KUNDIN Also, ich glaube, ja, das wäre es.

SZABÓ Könnten Sie ein wenig von der großen Veränderung mitteilen, einige der Effekte – oder ... ich weiß nicht, vielleicht ist es jenseits von Worten – ich weiß nicht, wäre das möglich zu ...?

KUNDIN Ich weiß nicht, ich strebe danach ... ich möchte etwas in meinem Arbeitsleben anders machen, und ich glaube, diese positive Veränderung könnte ... vielleicht sende ich dann andere Signale aus, wenn ich mich zum Beispiel für Managementrollen bewerbe.

SZABÓ Also in diesem Sinne, hm. Und wieder erscheint sie, Ihre Fähigkeit, eine weite Spanne zu sehen, nicht nur für andere und die Firma und ihre Leute, sondern auch für Sie selbst.

KUNDIN Ja.

SZABÓ O. k. Ich bekomme gerade eine Vorstellung von unserem gemeinsamen Projekt … Es bleibt mir noch eine Neugierde. Wenn wir die große Spanne Ihres Lebens … Ihres Berufslebens hernehmen: Was ist da um die 10 herum in der großen Spanne, haben Sie eine Idee, worauf Sie da zusteuern?

KUNDIN Na ja, wenn ich bei 10 bin, dann würde ich wahrscheinlich alle meine Fähigkeiten benutzen in meiner … ich suche ein Wort. Lassen Sie mich umformulieren: Ich glaube, wenn ich bei 10 bin … na ja, dann wäre ich ein verdammt guter Boss.

SZABÓ O. k. … das klingt wie ein gutes gemeinsames Projekt.

Durch die Einladung an die Kundin, zu gehen, so wie sie gerne gehen würde nach Erfüllung ihrer besten Hoffnungen, gelangen sie rasch zu einer neuen Fassung des Ziels der Sitzung – einem klareren und bereits sehr realistischen »gemeinsamen Projekt« (Korman 2014): ein verdammt guter Boss zu sein.

Das Gespräch dauert noch 25 Minuten nach dieser Untersuchung eines möglichen »gemeinsamen Coachingprojektes« für diese einmalige Sitzung. Etwa zwei Monate später sandte die Kundin die folgende kurze Notiz an die Organisatorin des Workshops:

> »Beim Coaching fand ich heraus, dass es an mir liegt, die Chance wahrzunehmen, eine gute Führungskraft und Managerin zu sein. Heute habe ich einen Job als Abteilungsleiterin angeboten bekommen und akzeptiert. Das Coaching machte wirklich meine inneren Kompetenzen und Stärke sichtbar.«

5.1.4 Ein Austausch zwischen Chris Iveson und Peter Szabó über ihre Fälle

22.11.2013

Liebe Susanne und lieber Peter,
hier ist eine erste Reaktion auf Peters Transkript:

Eines der letzten Dinge, die Steve de Shazer über sein Lebenswerk sagte, war: »Alles, was ich jemals tat, war, Insoo bei der Arbeit zu beobachten und zu versuchen herauszufinden, was sie tat.« Insoo Kim Berg wiederum betrachtete Steves Arbeit mit größter Wertschätzung. Die beiden zu beobachten bedeutete, zwei total verschiedene Zugänge zu sehen, die dennoch beide völlig lösungsfokussiert waren. Peter ist definitiv im »Insoo-Modus«: Er erzeugt eine umfassende Wärme, ermutigt von Moment zu Moment, verbindet eine feinfühlige Unsicherheit mit einer genauso behutsamen Hartnäckigkeit und einem Selbstvertrauen erzeugenden Zutrauen, sodass man sofort erkennt, dass man mit einem Coach unterwegs ist, der weiß, was er tut.

Ein Beispiel für »mehr Insoo als Steve«: Peter stellt die Skala auf mit der klaren Intention, auf dem Erfolg aufzubauen, von dem er richtigerweise annimmt, dass ihn die Kundin bereits erfahren hat. Der Kundin anzubieten, die Skala zu verfeinern, ist eine schöne Idee und produziert eine mächtige, energetisierende Antwort, die Peter benutzt, um das Gespräch in die mögliche Zukunft der Kundin zu lenken. Peter zeigt hier große Feinheit: Er nimmt nicht die offensichtliche Route des Herausarbeitens dessen, wie die Kundin ihre Mitarbeitenden motivieren wird, sondern beginnt, sich dafür zu interessieren, wie die Kundin *sein* könnte, wenn sie einen Weg zu Motivation gefunden hat – und wie sie in den verschiedenen Kontexten *sein* wird, nicht nur in der Arbeit, sondern auch in ihrem Leben außerhalb der Arbeit.

Peter benutzt seinen Körper, wenn er spricht und zuhört, und er ist auch sehr aufmerksam der Körpersprache der Kundin gegenüber – ihrem Lächeln, ihren Bewegungen gegenüber, sodass es nicht verwunderlich ist, dass ... Hier würde ich das Video gerne noch mal sehen.

Tolle Arbeit.

Chris

23.11.2013

Lieber Chris,

hier ist noch mal der Videolink. Bitte sag mir, ob er funktioniert hat.

Ich sitze hier voll Amüsement und lese Deinen Kuschelfall immer wieder durch, mit Schmunzeln und lautem Lachen. Ja, ich weiß, der Fall ist nicht lustig, und ja, ich weiß, Du bist sehr professionell. Was mich zum Lachen bringt, sind Deine Hartnäckigkeit und Deine Expertise in der Ko-Kreation eines erwünschten zukünftigen Verhaltens mit einer Kundin, wo es scheinbar nichts gibt, auf dem man aufbauen kann. Aber irgendwie lasst ihr »es« gemeinsam entstehen, quasi aus dem Blauen heraus. Sehr eindrucksvoll.

Weil ich so neugierig und so faul bin und weil ich lieber frage als nachdenke: Wärst Du bereit, die vier Mikro-Evaluations-Fragen von Michael Hjerth (2013) über Deinen Fall zu beantworten?

1) Wenn Du auf Deinen Beitrag schaust: Womit bist Du am zufriedensten?
2) Was, glaubst Du, würde die Kundin sagen, war für sie am nützlichsten?
3) Als Ergebnis dieser Erfahrung: Was würdest Du in Deiner Arbeit weiter so machen?
4) Wenn es irgendetwas gäbe, was würdest Du anders machen, wenn Du eine zweite Chance hättest, dieses Gespräch zu führen?

Ich könnte mich auch dazu überreden lassen, dasselbe für meinen Fall zu tun, wenn Du mich sehr nett fragst.

Danke, lieber Chris, sehr aufregend.

Wärmstens

Peter

PS: Ich plane, meine Kommentare direkt in Deinen Text hineinzuschreiben. Ist das o. k. für Dich?

2.12.2013

Danke Peter,
tolle Sitzung. Habe sie mir heute noch mal angeschaut. Hier sind ein paar erste Reaktionen auf Deine Fragen:

Womit ich am zufriedensten bin, ist meine Weigerung, zu glauben, dass diese Mutter die Antworten nicht weiß, und ich glaube, es ist mein Vertrauen in sie, das sie mit meiner Beharrlichkeit verbindet. Da gibt es keinen einzigen Moment, nachdem ich die Wunderfrage erklärt habe, in dem sie *nicht* hart versucht, Antworten zu finden. Das hilft mir, ihr gegenüber engagiert zu bleiben.

Sie sagte ja, dass das alles eine Zeitverschwendung sei – *wir* waren alle eine Zeitvergeudung! Dennoch hat sich das Leben ihrer Tochter danach dramatisch verändert, was andeutet, dass alles die Leistung der Kundin war. Es bestätigt den Wert der Detailarbeit und der Beharrlichkeit, die ein Merkmal meiner Arbeit seither sind. Dennoch habe ich einige Jahre gebraucht, bis mir die Bedeutung dieser detaillierten Beschreibungen aufgegangen ist: Sie stellen nicht nur eine *Blaupause* einer möglichen Zukunft dar, sondern eine *Erfahrung* dieser Zukunft. Ich dachte davor, dass, wenn die detaillierte Beschreibung aus genügend kleinen Schritten bestehen würde, sie der Kundin ein Gefühl von Möglichkeit geben würde (nicht, dass sie all diese Handlungen ausführen würde, aber dass ihr bewusst würde, dass ein Weg vorwärts möglich ist). Ich glaube immer noch, das ist so, aber was ich in diesem Fall sah und mittlerweile immer häufiger sehe, ist, dass die Kundin eine »virtuelle Erfahrung« eines Unterschieds kreieren kann, nicht nur ein Gefühl, dass es passieren *kann,* sondern ein Gefühl, dass es bereits passiert *ist.*

Im Rückblick wäre ich gerne ein wenig langsamer gewesen, etwas weniger penetrant mit den Fragen, aber nur, damit ich besser dastehe ;-)!

Ich freue mich schon auf Deine Antworten!

Wärmstens

Chris

18.12.2013

Lieber Chris,

Du weist hier auf einen hochinteressanten Unterschied hin: Die »Erfahrung einer möglichen Zukunft« ist viel mehr als die »Blaupause einer möglichen Zukunft«. Und ich stimme Dir zu, dass das Gefühl, dass es geschehen *könnte,* ganz anders ist als das Gefühl, dass es bereits geschehen *ist.*

Hier sind meine Antworten auf die vier Mikro-Evaluations-Fragen:

- *Womit bin ich am zufriedensten?* Wahrscheinlich mit meiner Beharrlichkeit, mehr wissen zu wollen über das größere Zielbild von »was noch«, bevor ich in die Ko-Kreation von relevanten kleinen Details später im Gespräch gehe.
- *Was war vielleicht am nützlichsten für die Kundin?* Unspektakulärerweise ihre eigene Entscheidung, um dieses Coaching zu bitten und in der Folge für sich die Zeit und den Raum zu schaffen, das zu »erfahren«, was sie für sich in der Zukunft will.
- *Wovon würde ich als Konsequenz mehr machen?* Das bedeutsamste »Mehr« geschah eigentlich dank Deines Kommentars, Chris,

zu meinem »Insoo-Modus«. Ich bin mir jetzt mehr meines Beitrags zum Pygmalion-Effekt in meiner Interaktion mit Kundinnen bewusst. (Das ist sehr ähnlich zu Deiner Weigerung zu glauben, dass sie die Antworten nicht weiß.) Wahrscheinlich ist das der Grund, warum Insoo immer sagte, dass, wenn du die Kundin nicht in ihren Ressourcen wahrnehmen kannst, du kein Recht hast, mit dieser Person zu arbeiten.
- *Was würde ich jetzt anders machen?* Wahrscheinlich mir mehr Zeit nehmen, in die detaillierte Beschreibung von erwünschten Interaktionen bereits am Anfang des Gesprächs zu gehen.

Hmm. Ich schätze diesen Erfahrungsaustausch mit Dir sehr.
In Dankbarkeit und Wertschätzung
Peter

5.1.5 Supervision und Mentoring

Die größte Gefahr für Kundinnen bei der Arbeit mit Helferinnen oder für Mitarbeitende bei der Arbeit mit Vorgesetzten besteht darin, dass die Helferinnen und Vorgesetzten ihre auf die Klientinnen und Mitarbeitenden gerichteten Hoffnungen verlieren. Wir kennen den Pygmalion-Effekt und wissen, wie sich selbst erfüllende Prophezeiungen wirken: Wenn wir viel von anderen halten, dann überträgt sich das. Supervision oder Intervision hilft uns dabei, Hoffnung, Zuversicht und positive Erwartungen für unsere Gegenüber als starke Flamme zu erhalten.

Lösungsfokussierte Supervision ist mehr ein ergebnisorientierter Prozess der Befähigung als ein Prozess der Anleitung und baut stärker auf Erfolge, als Fehler zu korrigieren. Die Aufmerksamkeit wird auf die funktionierende Vergangenheit als feste Basis für eine erfolgreiche zukünftige Praxis gelenkt. Dabei werden die Fähigkeiten und Kenntnisse der Supervisandin stärker betont als diejenigen der Supervisorin. Die Supervision dient primär dazu, hohe professionelle Standards aufrechtzuerhalten. Einzelsupervision wie auch Teamsupervision bieten stärkende Möglichkeiten der Identifikation von Ressourcen und nützlichen Praktiken mit höchst positiver Wirkung. Derartige Methoden einsetzen zu können ist gerade für die Organisationsberaterin nützlich.

In Supervisionssitzungen arbeiten wir mit Fragen wie z. B.:

- Welches, würden Sie sagen, sind die größten Stärken, Ressourcen und Leistungen Ihrer Kundin? Wo sehen Sie ihr größtes Potenzial?
- Welches ist Ihre beste Hoffnung für die Zukunft der Kundin?
- Was hat bisher gut funktioniert in Ihrer Arbeit mit ihr?
- Wenn Ihre Kundin jetzt hier wäre, was würde sie nennen, das in Ihrer Beziehung gut funktioniert/das Sie Nützliches für sie getan haben?
- Wenn es bei Ihrer nächsten Sitzung einen Durchbruch mit der Kundin gäbe: Was wäre das erste Anzeichen für Sie, dass dies geschieht?
- Auf einer Skala von 0 bis 10, auf der 0 für den Beginn Ihrer Arbeit und 10 für »besser genug« steht: Wo, würden Sie sagen, stehen Sie gerade? Wo würde Ihre Kundin sagen, dass Sie stehen?
- Welches war Ihr Beitrag dazu, dass Sie schon bei diesem Punkt sind? Welches der Ihrer Kundin?
- Woran werden Sie/Ihre Kundin merken, dass Sie einen Schritt weitergekommen sind?
- Wer im Projekt ist gerade am zufriedensten mit Ihrer Arbeit? Worauf sind Sie am meisten stolz? (Vgl. Ratner, George a. Iveson 2012, pp. 213–214.)

Reflecting Teams

Im Lösungsfokus haben sich aus der Praxis, hinter dem Einwegspiegel Teamberatungen zwischen den beobachtenden und den gesprächsführenden Therapeutinnen durchzuführen, verschiedene Teamintervisionsformate entwickelt. Harry Norman (2005) entwickelte gemeinsam mit der Bristol Solutions Group das klar durchstrukturierte Modell »Solution Focused Reflecting Team (SFRT)«, wie es in Tabelle 9 dargestellt ist.

Der Zeitbedarf für einen derartigen »Zirkel« liegt bei etwa 30 Minuten. An der Oberfläche ist wenig Unterschied zu anderen Super- oder Intervisionsmodellen zu erkennen, dennoch ist er enorm. Erstens ist die »Bestätigen«-Phase sehr wichtig und darf auf keinen Fall ausgelassen werden. Sie schafft eine höchst wertschätzende Form der Auseinandersetzung mit dem Fall. Zweitens ist es wichtig, die Art der

Phase	Wer macht was?	Wer spricht und hört zu?
Präsentieren	Die Fallspenderin beschreibt die Situation, für die sie gerne Hilfe hätte.	Die Fallspenderin spricht, die Gruppe hört zu.
Klären	Die Gruppe stellt Fragen, und zwar vor allem nach Ressourcen.	Freie Fragestellungen der Gruppe.
Bestätigen	Jedes Teammitglied sagt kurz, was es am meisten an der bisherigen Vorgangsweise der Fallspenderin beeindruckt hat.	Gruppenmitglieder sprechen abwechselnd, Fallspenderin hört zu.
Reflektieren	Die Teammitglieder sagen abwechselnd jeweils im Kreis, was sie zum Fall/über die Frage denken. Wenn jemand nichts zu sagen hat, wird einfach weitergegangen, so lange, bis alles gesagt wurde oder die Zeit um ist.	Die Fallspenderin hört zu, die Gruppe spricht.
Abschließen	Die Fallspenderin geht kurz auf die Statements aus der Reflexionsphase ein, üblicherweise indem sie sagt, was für sie besonders nützlich war.	Nur die Fallspenderin spricht.

Tab. 9: Solution Focused Reflecting Team (SFRT)

Fragen in Richtung Fakten und Ressourcen zu lenken, und nicht in Vermutungen und Hypothesen abgleiten zu lassen. Wenn das in den Phasen »Klären« und »Bestätigen« gelingt, dann sind die Teambeiträge in der Reflexionsphase automatisch viel hilfreicher für die Fallspenderin. Beim »Abschließen« ist die Zusammenfassung dessen, was für die Fallspenderin nützlich war, ein Ausdruck von Dank und Wertschätzung gegenüber den Bemühungen der Gruppe.

Ergänzen kann man das Format noch durch den *»Ressourcentratsch«* über die Fallspenderin. Dabei unterhält sich das Team zu folgenden Aspekten: »Das könnte eine Stärke der Fallspenderin sein ... Ihre Handlungen sagen mir, dass sie ... besonders gut kann ... Mich beeindruckt besonders an ihr ...« Usw. Diese Methode ist besonders in der Teamentwicklung nützlich, denn die wertschätzende Atmosphäre hilft den Teammitgliedern, Vertrauen aufzubauen, sich zu öffnen und voneinander zu lernen. Teams setzen die Methode in der Folge auch selbstständig zur Reflexion der eigenen Arbeit ein.

Mentoring

Kennen Sie diese Zwickmühle? Sie sollen Ihr »Mehr« an Wissen und Erfahrung weitergeben und dennoch auf die Fähigkeiten und Kenntnisse Ihres Gegenübers vertrauen? Sie werden um Rat gebeten oder haben den Eindruck, dass jemand in die Irre laufen könnte, wissen aber, dass Rat von außen oft nicht angenommen wird und eigene Lösungen eine viel größere Chance auf Realisierung haben? Was tun? Dazu gibt es aus lösungsfokussierter Sicht folgende Möglichkeiten (Ratner, George, Iveson 2012, pp. 219–221).

Durch Fragen das Gegenüber dazu bringen, sich selbst »Rat« zu geben

Die lösungsfokussierte Mentorin kann auf die Bitte um Rat mit Fragen reagieren und dadurch die Kundin anregen, sich selbst den gewünschten Rat zu erteilen, was die Wahrscheinlichkeit erhöht, dass er befolgt wird:

MENTORIN Angenommen, Sie bekommen genau den richtigen Rat, und er funktioniert – welchen Unterschied würde das für Sie machen?
KUNDIN Einen großen. Ich würde mich stärker und aktiver fühlen.
MENTORIN Und was wäre das erste Zeichen davon?
KUNDIN Ich würde eher Nein sagen, wenn meine Mitarbeiterin versucht, mir ihre Aufgaben zurückzudelegieren.
MENTORIN Und wie würde Ihre Mitarbeiterin darauf reagieren?
KUNDIN Überrascht zuerst, vielleicht auch beleidigt. Aber dann würde sie sich wahrscheinlich dranmachen.

Indirekte Information

Dazwischen gibt es natürlich auch die Möglichkeit des indirekten »Rates«, der in Fragen, Geschichten oder Optionen verpackt werden kann:

- »Was, meinen Sie, ist der beste Weg, an das Gespräch heranzugehen: völlig offen oder mit einem konkreten Vorschlag, den Sie gemeinsam mit Ihrer Mitarbeiterin durchdiskutieren?«
- »Dazu fällt mir ein, dass eine Kundin von mir mal so und so vorgegangen ist. Natürlich war das eine andere Situation. Ich weiß nicht, ob so etwas für Sie infrage käme?«
- Oder Insoo Kim Bergs Beispiel, die fragte: »Wann haben Sie das Baby zuletzt mit Gemüse gefüttert?« Und damit die Information verpackte, dass es gut ist, das Baby regelmäßig mit Gemüse zu füttern.

Direkte Information
Natürlich kann die lösungsfokussierte Mentorin auch direkt Rat geben. Sie versucht dabei allerdings, den Rat leicht »zurückweisbar« zu machen, um das Autonomieempfinden ihrer Kundin nicht abzuschwächen:

- »Es gibt einen Betriebstherapeuten, der für Burn-out-Fragen ausgebildet ist. Können Sie sich vorstellen, ihn mal zu fragen?«
- »Ich persönlich habe die Erfahrung gemacht, dass mein Vorstand in derartigen Situationen lieber direkt informiert werden will. Was, meinen Sie, ist bei Ihrem Vorstand das Richtige? «
- »Seit dem 1.1.20XX gibt es dazu eine neue gesetzliche Regelung. Ich weiß nicht, ob sie für Sie relevant ist, aber vielleicht möchten Sie das sicherheitshalber überprüfen?«

5.2 Lösungsfokus mit Teams: »Magic Moments« – Eigenheiten des lösungsfokussierten Teamcoachings

Daniel Meier

Beginne mit dem Ende vor Augen

Die Auftragsklärung

Bruno Kamber kratzt sich am Kopf. Er ist seit gut vier Jahren lösungsfokussierter Coach für Teams und Einzelpersonen. Doch jetzt weiß er nicht mehr weiter. Er sitzt nun schon seit gut einer Stunde mit Frau Widmer, der Abteilungsleiterin eines IT-Teams, sowie ihrem Stellvertreter, Beat Walter, zusammen und versucht, den Auftrag für das angepeilte Teamcoaching zu klären. Alle wertschätzenden Rückmeldungen und lösungsfokussierten Fragen scheinen jedoch ungehört im Raum zu verhallen, und seine Gesprächspartner fahren, davon unbeeindruckt, fort, die schwierige Situation des Teams detailgenau zu beschreiben.

Sie erzählen, wie es in der letzten Teamsitzung so richtig gekracht hat. Bei der Vorstellung des Entwurfs der neuen Informatikstrategie, die Frau Widmer bald der Geschäftsleitung vorstellen will, brach die Kontroverse lautstark aus: Einige Teammitglieder wären gerne schon viel früher in die Erarbeitung einbezogen worden, da sie ganz andere Ideen hatten. Andere im Team befürchteten, in Zukunft nur noch langweilige Arbeiten zugeteilt zu bekommen. Zwei Teammitglieder gerieten heftig aneinander. Alle in der Abteilung kämpfen seit Längerem mit Überbelastung, und die Reorganisation löst in der ganzen Firma erhebliche Unsicherheiten aus, da man nicht weiß, ob ein Stellenabbau vor der Türe steht. Interne Kunden beginnen, vermehrt zu reklamieren, und sind mit den Leistungen der Abteilungen nicht zufrieden.

Bruno Kamber betrachtet seine Notizen. Die Problemherde und Schwierigkeiten, die im Team herrschen, füllen eine ganze DIN-A4-Seite. Er hatte sich so gut auf diese Auftragsklärung vorbereitet, und bei anderen Aufträgen hat es ja auch wunderbar funktioniert. Hier allerdings ... Die vereinbarte Sitzungszeit nähert sich dem Ende, und er ist weit davon entfernt, eine Idee vom Ziel des Workshops zu haben, den er mit diesem Team durchführen soll. Auch wenn er erkennt, mit wie viel Engagement und Energie sich die beiden eine Veränderung wünschen, fühlt er sich gerade recht hilflos.

Dann bemerkt er, dass es ruhig ist im Raum und seine Gesprächspartner ihn erwartungsvoll anblicken. Etwas unsicher setzt er sich aufrechter hin und sagt mit Blick auf seine Notizen: »Wir sind jetzt mehr als eine Stunde zusammen, und Sie haben mir in dieser Zeit sehr ausführlich und genau die Schwierigkeiten geschildert, in denen das Team steckt. Und wenn ich hier meine Notizen anschaue, dann erkenne ich, dass dies wirklich keine einfache Situation ist. Ich sehe, wie viele Baustellen es hier gibt – und ich muss Ihnen sagen, ich bin beeindruckt, wie genau Sie dies alles schon analysiert haben und, vor allem, wie Sie es trotz all dieser Schwierigkeiten schaffen, immer noch zusammen mit Ihrem Team einen so guten Job zu machen.«

Hier wendet Bruno Kamber sein Notizblatt und nimmt den Stift wieder zur Hand: »Ich möchte jetzt gerne hier auf dieser noch leeren Seite aufschreiben, was Sie denken, wie es das Team zusammen mit Ihnen geschafft hat, trotz aller Schwierigkeiten seine Arbeit zu machen. Was glauben Sie, welche Fähigkeiten und Kompetenzen hat das Team, um all das zu leisten?«

Er ist nicht ganz zufrieden mit seiner etwas holprigen Formulierung – doch sehr erfreut, als er merkt, wie Frau Widmer und

Herr Walter auf diese Frage einsteigen und sie zusammen die nächsten zehn Minuten lang Stärken und Kompetenzen des Teams benennen. In den letzten fünf Minuten ist es dann auch möglich, über konkrete Ziele des Workshops zu sprechen: »Woran würden Sie nach dem Workshop merken, dass er erfolgreich war?«

Besonders freut sich Bruno Kamber, als ihm bei der Verabschiedung die Abteilungsleiterin mit den Worten dankt: »Ich habe in den letzten zehn Minuten eine neue Sicht auf das Team gewonnen. Ich war mir gar nicht bewusst, dass hier noch so viele Kompetenzen vorhanden sind – und die können wir ja alle nutzen! Das hat die Zuversicht, dass es doch noch gut kommt mit uns, wirklich gestärkt!«

Die Faszination des Augenblicks

Viele Coachs haben großen Respekt vor der Arbeit mit Teams. Dies hat vor allem mit der Frage zu tun, wie sie mit Situationen, wie sie Bruno Kamber hier in unserer Geschichte erlebt, umgehen können: Zwar arbeitet man nach bestem Wissen und Gewissen in lösungsfokussierter Manier, doch irgendwie scheinen die Fragen und Interventionen nicht zu greifen. Mehr und mehr verliert man als Coach die Kontrolle über die Teamdynamik und fühlt sich zunehmend hilfloser. »Was soll ich denn nun nur Nützliches tun?«, fragt man sich.

Grundsätzlich sind die Prinzipien und Werkzeuge dieselben, egal ob man mit Einzelpersonen oder Teams lösungsfokussiert arbeitet. Doch die Dynamik, die im Raum einer Gruppe zusammenkommt, ist doch sehr unterschiedlich, und dabei konsequent lösungsfokussiert zu bleiben ist nicht immer einfach.

Planung als Grundlage für den experimentellen Umgang mit Unsicherheit

Eine sorgfältige Planung und Vorbereitung eines Workshops beruhigt und gibt Sicherheit. So lohnt es sich, Workshops mit Teams – von der Auftragsklärung bis hin zum Abschluss – gründlich vorzubereiten. Dazu gibt es auch verschiedene Hilfsmittel und hilfreiche Strukturen, wie zum Beispiel den Solution Circle (Meier 2004). Doch die große Kunst beim Teamcoaching besteht darin, diese Planung vor Ort wieder loslassen zu können und situativ zu reagieren. Die Erfahrung, die Bruno Kamber in der oben dargestellten Auftragsklärung macht, ist zentral: Jede Situation, jedes Team, jeder Fall ist neu, anders und darum immer aufs Neue faszinierend und herausfordernd. So ist Improvisationsfähigkeit vom Coach gefragt: ein agiles und flexibles Eingehen auf die jeweils aktuelle Situation.

Das Beherrschen von Methoden oder Tools beim Teamcoaching ist zwar hilfreich, doch auf Dauer eher nebensächlich. Vielmehr geht es darum, die Fähigkeit zu erlangen, auf der Basis der lösungsfokussierten Prinzipien experimentell und flexibel zu reagieren und zu interagieren und so mit dem zu arbeiten, was da ist, und nicht mit dem, von dem man sich wünscht, dass es da wäre. Bruno Kamber steht in dieser Auftragsklärung eine Phase der Hilflosigkeit durch. Solche Phasen auszuhalten und darauf zu vertrauen, dass daraus etwas Hilfreiches entsteht, bedeutet oft, die Vorphasen eines »magischen Moments« zu erleben, in dem der Coach, ganz nah bei der Kundin, eine einzigartige und ganz der Situation angepasste Idee hat. Eines Moments, in welchem er den Mut hat, diese Idee auszuprobieren, und so Coaching situationsgerecht neu erfindet. Eines Moments, in dem er seinen Steuerungsanspruch loslässt und dadurch neue Entdeckungen, Energie und eine besondere Tiefe entstehen lässt.

Vertrauen in die Ressourcen der Teilnehmenden

Was hilft dabei, mit solchen unplanbaren Situationen umzugehen? Die Erfahrung zeigt, dass es in erster Linie die Annahmen sind, die der Coach über hilfreiche Veränderungsprozesse hat. Wir alle gehen, mehr oder weniger bewusst, von Annahmen darüber, wie wir als Coach besonders nützlich sein können, aus. Diese Annahmen geben uns die Art vor, wie wir arbeiten, kommunizieren, in Beziehung treten und einen Workshop strukturieren. So ist es hilfreich, sich diese Annahmen bewusst zu machen.

Was mich an der eingangs erwähnten Szene mit Bruno Kamber beeindruckt, ist sein unerschütterlicher Glaube an die Ressourcen und Fähigkeiten seiner Gesprächspartner. Seine Annahme, dass die Basis für Veränderungsprozesse in den Ressourcen und Kompetenzen der Kunden liegt, scheint unerschütterlich. Dieses Prinzip, die Kunden als Experten für ihre Ziele, ihre erwünschte Zukunft und ihren Weg zu sehen, unterscheidet die lösungsfokussierte Arbeitsweise ganz wesentlich von anderen Teamentwicklungsansätzen. Es gibt Ansätze, die vorgefasste Idealzustände eines Teams erreichen möchten. Rollenmodelle, wie zum Beispiel das von Belbin (1993), gehen davon aus, dass ein Team am besten funktioniert, wenn ein gutes Gleichgewicht der Teamrollen vorhanden ist. Persönlichkeitstests z. B. wie MBTI (Myers-Briggs Type Indicator) oder DISG (Dominanz, Initiative, Stetigkeit, Gewissenhaftigkeit) erklären die Vor- und Nachteile dieser Profile und dass der Persönlichkeitsmix der Teammitglieder zur jeweiligen Aufgabe passen muss. Es gibt gruppendynamische Teamphasenmodelle, welche idealtypische Entwicklungen von Teams aufzeigen und so Hinweise für die »Führung nach Teamphasen« geben, und auch Konfliktphasenmodelle, die uns helfen sollen, die richtigen Interventionen für Gruppen in den verschiedenen Phasen zu finden.

Im Gegensatz zu diesen eher diagnostischen Instrumenten setzen wir beim lösungsfokussierten Teamcoaching ganz darauf, dass alle Informationen und alles Wissen für die Zielerreichung und für Fortschritt bereits im Team vorhanden sind. Wir schaffen beim Coaching einen optimalen Raum, damit diese Kompetenzen zum Tragen kommen können. Im oben genannten Beispiel zeigt sich jedoch, dass diese Annahme nicht immer einfach mit Realität zu füllen ist. Doch Bruno Kamber bleibt dabei: Er stellt Fragen und vertraut auf das Expertentum seiner Gesprächspartner. Er beginnt nicht, zu beraten oder zu erklären, was er denkt und wie er arbeiten möchte. Er tut es einfach. Und oft können wir, gerade als Coach, einfach nur vertrauen, dass das, was gerade im Team passiert, irgendwie nützlich ist – ja sogar das Nützlichste, was im Moment geschehen kann, auch wenn wir noch nicht genau wissen, wie sich diese Nützlichkeit zeigen wird. Denn schließlich haben wir es mit Experten zu tun.

Gerne füge ich hier ein weiteres Beispiel an, welches veranschaulicht, wie es einem Coach gelingt, auf der Basis des Vertrauens in die Kompetenzen der Teilnehmenden einen Raum zu schaffen, in welchem diese Kompetenzen optimal zur Geltung kommen können.

> Paolo Terni, ein lieber Kollege in den USA, berichtet von einem Teamworkshop, auf den er sich sehr sorgfältig vorbereitet hatte. Während des Workshops jedoch musste er seinen Plan mehrfach umstellen. Während dieser Zeit des gemeinsamen Arbeitens mit dem Team entdeckte er so viele Zeichen von Willen und Kompetenz, dass er die letzten 45 Minuten des Workshops ganz aus der Hand gab: »Nutzt die letzten 45 Minuten, und führt die Gespräche, die euch zur Erreichung der gemeinsamen Ziele am nütz-

lichsten erscheinen!« Die Resultate gaben ihm recht. Die Teilnehmenden berichteten, dass in dieser Abschlussphase die wichtigsten Schritte in Richtung Ziel passierten, aber auch, dass es anstrengend war, so direkt Verantwortung für diesen Fortschritt zu übernehmen (Terni 2014).

5.2.1 Die Kunst des Nichtwissens

Hand in Hand mit der Annahme, dass die Kundin Expertin ist, geht die »Kompetenz des Nichtwissens« des Teamcoachs. Unsere Erziehung lehrt uns, die Dinge immer weiter zu zergliedern, um ihnen auf den Grund zu gehen. Wir lernen, zu beurteilen und uns Meinungen darüber zu bilden, was richtig oder falsch ist. So entstehen zahllose und scharfe Trennungen zwischen Dingen, die annehmbar sind oder nicht. Im Alltag kann das hilfreich und nützlich sein. Für den Coach heißt das, das Verlangen nach Verstehen loszulassen. Mit der Kunst des Nichtwissens bewegen wir uns weg von der rationalen und bewertenden Haltung. Wir beschäftigen uns einfach mit dem, was da ist, ohne »es« genauer wissen, verstehen, und beurteilen zu wollen. Dies aus dem Wissen heraus, dass die Ursachen eines Problems in keinem direkten Zusammenhang mit der Lösung stehen müssen.

Sobald wir diesen Schritt wagen, kann eine freudige Ruhe und Gelassenheit entstehen. Wenn wir uns davon lösen können, dass wir beim Coaching eine Superleistung erbringen müssen (schließlich werden wir ja dafür bezahlt), geniale Fragen stellen und uns als möglichst kompetent und erfahren zeigen sollen, dann können Leichtigkeit, Staunen und eine hohe Präsenz entstehen, die uns helfen, im Moment mit dem Kunden »coachingmäßig zu tanzen«.

Immer öfter sprechen wir im Kontext von lösungsfokussiertem Coaching davon, dass der Coach viel mit einem »Zeugen« gemein hat: Ein Zeuge ist ein Beobachter – nichts weiter. Der Zeuge in uns hält nichts fest, beurteilt nichts, analysiert nichts. Er betrachtet einfach nur. Wenn wir uns gestatten, in Coachinggesprächen diese betrachtende Haltung anzunehmen und Urteile zurückzustellen, eigene Ideen und Ansprüche loszulassen, werden wir, wie auch unsere Coachees, eine geräumigere Sicht der Dinge bekommen. Dinge, die bisher unvereinbar waren, sich in Gegensätzen zeigten, als unprofessionell galten, werden plötzlich fröhlich nebeneinanderstehen können und

Sinn ergeben. Von der Warte des staunenden Zeugen aus können wir wahrnehmen, dass alles im Wandel ist. Sowohl Coachingkunde wie auch Coach werden nach dem Gespräch nicht mehr dieselben sein. Was heute als wissenschaftliche Wahrheit gilt, ist morgen oder in 100 Jahren überholt. Unternehmen, die heute selbstsicher und stark im Markt stehen, sind vielleicht in wenigen Jahren gar nicht mehr da. Wandel ist das Gesetz. Haben wir das verstanden, dann brauchen wir uns nicht mehr an starre Anschauungen oder Wahrheiten zu klammern, können loslassen und einfach für unsere Kunden da sein – als nichtwissende Zeugen ihrer Sicht der Dinge.

5.2.2 Mit Coaching Wirkung erzeugen

Lösungsfokussiertes Coaching ist dazu da, Wirkung zu erzeugen – und dies in möglichst kurzer Zeit. Um nochmals auf die eingangs geschilderte Geschichte zurückzukommen: Auch eine Auftragsklärung fassen wir als spezifische Form von Coaching auf. Wir arbeiten mit denselben Werkzeugen und Ideen wie sonst auch. Wir stellen Fragen nach den Zielen, der erwünschten Zukunft und nach weiteren Auswirkungen unserer Arbeit. Sicher gibt es noch mehr Themen bei einer Auftragsklärung, solche, die den Kontext der geplanten Veranstaltung etc. betreffen. Doch ich bin fasziniert von der Idee, dass wir schon hier, bevor es wirklich beginnt, bei den Auftraggebern Wirkung erzeugen. Eine wirklich gelungene Auftragsklärung zeigt sich für mich darin, dass für die Auftraggeber bereits Mehrwert entstanden ist, auch wenn er einfach darin besteht, dass sie Zuversicht fassen und sich klarer werden, woran sie den Erfolg des Teamcoachings im Alltag erfahren werden.

Teamcoaching I

Zwölf Augenpaare sehen Bruno Kamber groß an. Er hat etwas Mutiges geplant und ist total gespannt, wie es funktionieren wird. Nach einer kurzen Einführung in den Workshop mit dem zwölfköpfigen IT-Team sagt er in etwa Folgendes:

»Zum Einstieg habe ich mir eine kleine Aufgabe ausgedacht. Sie ist ziemlich anspruchsvoll. Ich bin mir bewusst, dass es wohl einige Kreativität und Vorstellungskraft braucht. Im Vorgespräch habe ich jedoch gehört, dass Sie dies alle mitbringen. Darum wage ich dieses Experiment, wenn Sie damit einverstanden sind.«

Hier nicken die Teammitglieder neugierig. Dann lädt er das Team ein: »Setzen Sie sich bitte in Dreiergruppen zusammen, und halten Sie Ihre Antworten auf folgende Fragen fest:

- Wenn Ihr Team die anstehenden Herausforderungen heute und in den nächsten Wochen wirklich gut meistern könnte und nach und nach zu einem wirklich guten Team würde – wie sähe dieses Team dann in sechs Monaten aus?
- Woran würden Sie es merken, dass es im Team genau so funktioniert, wie Sie es sich wünschen?
- Woran würden es Ihre Kunden merken?
- Welche weiteren Auswirkungen hätte dies?

Ja, die Teammitglieder sind verdutzt ob dieser Aufgabe. Bruno Kamber weiß nicht genau, was sie erwartet haben, doch wohl nicht diese Frage nach einer erwünschten Zukunft. Freudig stellt er jedoch fest, wie sie sich langsam zusammenraufen und in kleinen Untergruppen diese Fragen beantworten. Nach knapp 40 Minuten können sie sich gegenseitig von erstrebenswerten Zukünften berichten. Und das Erstaunen ist groß, dass diese Vorstellungen gar nicht so weit auseinandergehen. Erste Anzeichen von Humor kehren zurück in die Gespräche, und in der Pause sind bereits Stimmen zu hören, wie man denn diese Zukunftsvorstellungen auch erreichen könne.

5.2.3 Der Lösung ist es egal, warum das Problem entstanden ist

Bruno Kamber wagt etwas Unerwartetes: Ohne eine fundierte Problemanalyse fragt er nach der erwünschten Zukunft. Dahinter steht die Annahme, dass in komplexen Systemen, wie es Menschen, Gruppen oder Organisationen sind, die Ursachen von Problemen in keinem direkten Zusammenhang mit den Lösungen stehen. Dies stellt wohl den zentralsten Paradigmenwechsel dar, den das lösungsfokussierte Modell anzubieten hat.

»Kein Problem kann durch dasselbe Bewusstsein gelöst werden, welches es kreiert hat.« Diese Albert Einstein zugeschriebene Aussage weist wunderbar klar darauf hin, wie zentral es ist, Möglichkeiten zu kreieren, in welchen sich unsere Kunden (Teams und Gruppen) neue Wirklichkeiten schaffen können. Gerade bei der Arbeit mit Gruppen ist es darum hilfreich, diesen Schritt zum »Futur Perfekt« – die Einladung, sich über eine Zukunft zu unterhalten, der man wirklich angehören möchte – sehr sorgfältig einzuführen und dazu einen sicheren und auch etwas experimentellen Rahmen zu gestalten. Auf diese Weise kann sich das Team eine neue Wirklichkeit schaffen, die so attraktiv ist, dass sie ganz neue Energien freisetzt, auch ohne dass das Team im Detail die Ursachen und Hintergründe der als problematisch erlebten Situation zu analysieren und zu verstehen versucht.

5.2.4 Worte schaffen Wirklichkeit

Ein zentrales Element bei der Entdeckung der Unabhängigkeit von Problem und Lösung ist die Kraft, welche die Sprache unter uns Menschen hat. Das lösungsfokussierte Modell basiert auf der Sprache: Nicht psychologische Ideen und Konstrukte stehen im Zentrum, sondern die Sprache. Bezüglich der Verwendung von Sprache kam man in den letzten Jahren zu einigen überraschenden und einschneidenden Erkenntnissen, die auf eine zeitgemäße Coachingtechnik großen Einfluss haben (de Shazer 2012c).

1) Es gibt keine objektive Wirklichkeit. Menschen konstruieren für sich selbst und im Austausch mit anderen ihre Sichten der Welt. Über die Sprache tauschen Menschen ihre Gedanken aus – doch Sprache hat eine heimtückische Seite. Denn auch wenn der eine sehr sorgfältig formuliert, heißt das noch lange nicht, dass der andere das versteht, was der eine meint. So kann es nie ein vollumfängliches Verstehen des anderen geben – wir kriegen höchstens eine gute Ahnung davon, wie und was der andere denkt. Oder, wie Berg und de Shazer (vgl. etwa 1993) immer wieder sagten: »Es gibt nur mehr oder weniger nützliche Missverständnisse.«

2) Menschen sind Geschichtenerzähler. Ihre Vergangenheit, ihre aktuelle Situation und auch ihre erwünschte Zukunft können sie geschickt beschreiben. Und jede Geschichte, die jemand erzählt, ist *eine* Möglichkeit, gewisse Geschehnisse zu sehen: eine Möglichkeit unter verschiedenen! Für die Coachingarbeit heißt das, dass Lebensgeschichten neu geschrieben werden können. Im Gespräch kann eine Geschichte neu erfunden werden, es kann auf andere Aspekte fokussiert und es können nützliche Möglichkeiten der Interpretation erarbeitet werden. Die überraschende Entdeckung dabei ist, dass Menschen zu den Geschichten werden, die sie erzählen. Wenn wir diese Entdeckungen ernst nehmen, so lohnt es sich, im Coaching viel Zeit damit zu verbringen, um mit den Kunden über ihre bisherigen Erfolgserlebnisse, ihre Ressourcen, ihre erwünschte Zukunft zu reden: also gemeinsam hilfreiche und nützliche Geschichten auszutauschen. Diese Geschichten entwickeln eine unglaubliche Kraft, die die Kunden darin unterstützen, in kurzer Zeit vorwärtszukommen. Denn Worte erzeugen Wirklichkeit.

3) Das, was wir ins Zentrum der Aufmerksamkeit stellen, wächst und wird bedeutungsvoller. Worauf wir fokussieren, das werden wir entdecken. Wenn wir also beim Coaching Defizite und Probleme ausführlich betrachten, analysieren und besprechen, dann werden sie größer und bekommen mehr Einfluss und Bedeutung. Wenn wir jedoch auf vorwärtstreibende Kräfte fokussieren, dann werden diese Aspekte kraftvoller.

Teamcoaching II

Ganz am Ende des Workshops, nachdem das Team konkrete Maßnahmen entwickelt hatte (»Was könnte dein Beitrag sein?«), hat Bruno Kamber noch eine Abschlussüberraschung bereit. Jedes Teammitglied bekommt einen Umschlag, in welchem sich fünf kleine Schokoladenherzen befinden. Er überreicht diesen Umschlag mit folgenden Worten:

»Ich möchte Ihnen gerne zum Schluss noch einen kleinen Auftrag mitgeben. Es ist ein Geheimauftrag. In diesem Briefumschlag finden Sie kleine Schokoherzen. Ich bitte Sie, diesen Umschlag zu sich an den Büroplatz zu nehmen und griffbereit zu halten. Denn immer dann, wenn Sie bemerken, dass jemand etwas tut, von dem Sie denken, das trägt irgendwie dazu bei, dass Sie Ihre Ziele erreichen, dann bitte nehmen Sie ein Schokoherz, und legen Sie es dem Betreffenden auf den Bürotisch. Allerdings müssen Sie dies so tun, dass Sie niemand dabei beobachten kann. Also völlig im Geheimen – und erzählen Sie auch niemandem davon. Denken Sie, das kriegen Sie hin?«

Wahlmöglichkeiten in der Wahrnehmung der Alltagswelt schaffen

Bruno Kamber versucht hier, mit einer kleinen »geheimen Mission« den Übergang vom Workshop in die »reale« Welt des Teams zu gestalten und die Mitglieder dabei zu unterstützen, an ihren Vorhaben dranzubleiben. Dabei arbeitet er nicht mit konkreten Aufgaben oder Maßnahmen, die es bis zu einem bestimmten Zeitpunkt zu erledigen gilt, sondern er arbeitet mit der Kraft der Aufmerksamkeitsfokussierung. Auch dies ist ein großer Unterschied des lösungsfokussierten Vorgehens mit Teams gegenüber vielen anderen Modellen. Bei vielen Coachs ist die Idee verankert, dass ein Workshop dann erfolgreich war, wenn am Schluss, am besten auf einem Flipchartbogen, festgehalten wurde, wer was bis wann und warum tun soll. So versucht man, durch die Einflussnahme auf die »äußere« Realität Veränderungen zu gestalten. Manchmal hilft das. Oft jedoch vergilben diese Flipchartbogen, ohne dass viel davon erledigt wurde.

Mit dem lösungsfokussierten Vorgehen können wir hier eine zusätzliche Möglichkeit zur Fortschrittssicherung und Nachhaltigkeit anbieten. Anstatt To-do-Listen zu formulieren, schaffen wir Angebote, die es den Teilnehmenden ermöglichen, ihre Aufmerksamkeit im Alltag auf den erwünschten Fortschritt zu richten. Wir versuchen also, die Teilnehmenden einzuladen, ihren Blick für kleine und große Fortschritte zu schärfen. Und wenn wir uns im Alltag darauf konzentrieren, was wir selbst und andere schon Nützliches tun, dann werden wir mehr und mehr solcher Aktivitäten bei uns und unseren Kolleginnen im Team entdecken.

Lösungsfokus bietet für mich die faszinierende Möglichkeit, nicht an der Lösung von Problemen der äußeren Realitäten zu arbeiten, denn dann würde ich auf einem Action-Plan am Schluss des Workshops bestehen. Lösungsfokus bietet mir stattdessen die Möglichkeit, an der *Wahrnehmung* dieser Realitäten zu arbeiten. Ganz wichtig ist mir dabei, dass es nicht darum gehen kann, bestehende Wahrnehmungen und Eindrücke als »richtig« oder »falsch« zu betiteln oder sie gar im Sinne des positivistischen Denkens umdeuten zu wollen. Nein, die Chance besteht darin, neue Möglichkeiten der Wahrnehmung und damit erweiterte Wahlmöglichkeiten zu kreieren. Und wenn es gelingt, die Möglichkeiten der Wahrnehmung der Realitäten zu erweitern, neu zu definieren und dies im Alltag aufrechtzuerhalten – dann war das Teamcoaching hoch erfolgreich.

5.3 Lösungsfokus in Organisationen

5.3.1 Strategie für den Alltag

Susanne Burgstaller

Wenn wir davon ausgehen, dass eine Strategie als ein Bündel von Aussagen und Handlungen beschrieben werden kann, die die langfristige Orientierung einer Person, Gruppe oder Organisation in Richtung einer spezifischen Zukunft bestimmen, dann steht Strategieentwicklung im Zentrum von Lösungsfokus. Jede Intervention ist darauf ausgerichtet, und zwar in ziemlich radikaler Form: Der erste Aspekt dieser »strategischen Radikalität« ist, dass fast von der ersten Sekunde einer Intervention an eine »Vorausblende » in die erwünschte Zukunft angepeilt wird. Der zweite Aspekt ist, dass wir, auch wenn wir in die Gegenwart zurückblenden, sie aus der Perspektive der Zukunft betrachten. Wir fragen: »Welches werden die ersten Anzeichen Ihrer erwünschten Zukunft sein?«, eine im Futur formulierte Frage, die dazu einlädt, sich die gegenwärtige Situation mit der Denkweise der Zukunft vorzustellen. Es ist also so, als würden wir zu Beginn der Beratung in eine Zeitmaschine steigen, die uns auf schnellstem Wege in die erwünschte Zukunft bringt. Unser (imaginäres) Handeln dort verändert unausweichlich unsere Sicht auf Vergangenheit und Gegenwart, sodass die Rückblenden bereits in eine veränderte Realität erfolgen. Der dritte Aspekt ist die Konsistenz, mit der die Zukunftsorientierung bei der gesamten Beratung durchgehalten wird. Wir versuchen immer wieder, den Blick zu öffnen und ein größeres Bild mit einzubeziehen. Bei jedem Kontraktgespräch, ja während des gesamten Prozesses wird unentwegt in die Zukunft »gezoomt«, und diese Zukunft wird detailreich und aus verschiedensten Blickwinkeln »gefilmt«. Die Planung von Schritten erfolgt stets mit dem Kontrollblick auf die erwünschte Zukunft: »Bringt uns dieser Schritt zu unserer erwünschten Zukunft?« (Vgl. Abb. 8.)

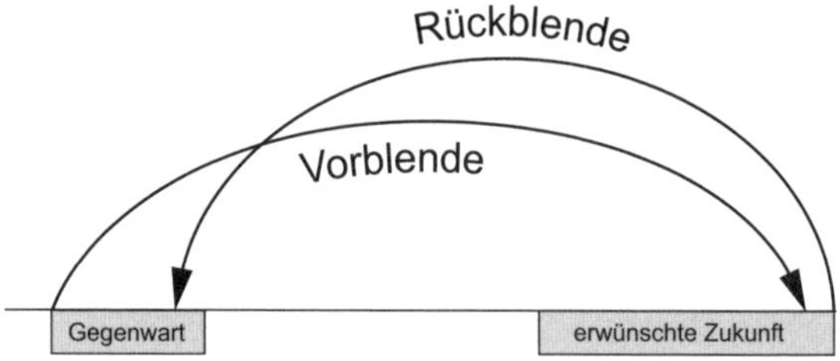

Abb. 8: Vorausblende und Rückblende in eine »zukünftige Gegenwart«

Strategie für alle

Die Zeiten der Dominanz strategischer Stäbe sind vorbei. Mehr und mehr wandern strategische Aufgaben in die Linie, bis hin zu den mittleren Führungskräften, ja sogar bis zu den Mitarbeitenden. Sie müssen Strategie nicht nur exekutieren, sondern auch verstehen und für ihre Bereiche selbst gestalten können. Strategie gehört zum Tagesgeschäft. Dazu braucht es einfache, für jedermann anwendbare Tools.

Lösungsfokussierte Strategiearbeit ist skalierbar, sodass auf jeder Ebene der Organisation damit gearbeitet werden kann. Die zu betrachtenden Inhalte und Umwelten unterscheiden sich, das grundsätzliche Vorgehen nicht. Es bietet große Vorteile, wenn nicht nur Strategieumsetzung, sondern auch Strategieentwicklung auf breiter Basis stattfindet: Dadurch werden »blinde Flecken« reduziert wie auch die Gefahr, dass, wie Peter Drucker behauptet, »die Unternehmenskultur die Strategie zum Frühstück verspeist«. Wenn es in einer Organisation ein akkordiertes Bild von der erwünschten Zukunft und davon, wie man dorthinkommen kann, gibt, können sich die beiden ganz gemütlich zum Dinner treffen. Mit den Methoden »Strategisches ABC« oder »Drehbuch« zum Beispiel lässt sich auf allen Ebenen der Organisation strategisch arbeiten:

»Strategisches ABC«-Workshops mit mittleren Führungskräften

Die Strategie einer Organisation sollte durch die mittleren Führungskräfte für ihre sehr heterogenen Arbeitsfelder passend übersetzt werden. Zur Unterstützung werden halbtägige Workshops durchgeführt, in denen in verschiedenen Settings an folgenden Fragen gearbeitet wird:

A: Was funktioniert in meinem Bereich gut? Worauf kann ich aufbauen?
B: Wenn die erwünschte Zukunft der Organisation Realität ist: Woran merke ich das in meinem Bereich?
C: Was wären erste Anzeichen von Fortschritt in Richtung der erwünschten Zukunft in meinem Bereich?

Diese Vorgangsweise schafft Zuversicht (A) und erlaubt es den Führungskräften, ihren Teil der Gesamtvision zu beschreiben (B) sowie für ihre Bereiche erste Schritte in diese Richtung zu definieren (C).

Strategieaufgabe »Drehbuch«

Sie befinden sich im Jahre 20XX. Die Zeitungen schreiben über Ihren Geschäfts-/Team-/Bereichserfolg. Das Fernsehen schickt ein

Kamerateam, um eine ausführliche Dokumentation über Ihren Erfolg zu drehen. Sie als (Führungs-)Crew dieser Organisation werden gebeten, ein Drehbuch für das Filmteam zu erstellen:

- Welche Situationen greifen Sie heraus, an denen Ihr Erfolg besonders gut erkennbar ist?
- Was ist in diesen Szenen sichtbar? Wer sind die Akteure? Welches ist ihr Text?
- Welche Visualisierungen bieten Sie dem Filmteam an?
- Welche Erfolgsstory erzählen Sie? Welche Schritte haben Sie unternommen, die zu diesem Erfolg geführt haben?

Traditionelle Strategiearbeit hat viele komplexe Modelle und Instrumente hervorgebracht. Ich greife hier meine lösungsfokussierte Interpretation von zwei bekannten Methoden heraus: der Szenariotechnik, einer bekannten Methode der strategischen Planung und Zukunftsforschung, und des SCOP-Portfolios, einer Abwandlung der weitaus bekannteren SWOT-Analyse, die zur Stärken-Schwächen-Bestimmung und Strategiefindung genutzt wird.

Szenarioentwicklung

Der Begriff »Szenario« kann eigentlich mit »Geschichten über die Zukunft« übersetzt werden. Die Szenariotechnik bietet ein Gerüst für unsere Vorstellungskraft und verhilft Gruppen und Organisation zu der bereits beschriebenen »Vorausblende«. Einige lösungsfokussierte Kniffe erhöhen ihre Wirksamkeit.

Schritt 1: Die Leitfrage formulieren:

»Wie hat sich der Klimawandel (oder: die Finanzkrise/Generationenfrage/Arbeitsmarktentwicklung etc.) im Jahr 20XX auf unsere Organisation ausgewirkt?«

Schritt 2: Relevante Umwelttrends identifizieren:

»Welche Umwelttrends erkennen wir jetzt, die besonders relevant in Bezug auf unsere Leitfrage sind?«

»Welche Trends haben im Jahr 20XX die größten Veränderungen ausgelöst?«

Schritt 3: Treibende Kräfte priorisieren:

Aus der Sammlung der relevanten Umwelttrends werden die zwei wichtigsten herausgefiltert, wie z. B. die Kräfte »Ertragslage« und »Finanzkrise«.

Schritt 4: Szenariofelder aufspannen:

Es ergeben sich vier Szenariofelder: je ein Best- bzw. ein Worst-Case-Szenario und zwei gemischte Szenarien. Die Akteure malen sich diese Szenarien auf kreative Weise aus. Die Darstellung kann Beschreibungen, Timelines, Fotos, Zeichnungen, Comics, Geschichten oder Sketche zu »Ein Tag im Leben von ...«, Dialoge, Videoclips oder andere Darstellungsformen umfassen (vgl. Abb. 9).

Abb. 9: Treibende Kräfte und Szenariofelder

Schritt 5: Beste Hoffnungen für jedes Szenariofeld definieren:

Dieser Schritt wird bei der lösungsfokussierten Szenarioarbeit hinzugefügt. Wir haben in Schritt 4 die konventionelle Vorgangsweise, dass auch die negativen Szenarien ausgearbeitet werden, beibehalten, was für den Lösungsfokus ungewöhnlich ist, mit der Überlegung, dass es wichtig ist, den potenziellen Konsequenzen der treibenden Kräfte ins Auge zu sehen. Umso wichtiger ist es aber jetzt, sich zu überlegen, wie man mit dieser »schlechten Situation« bestmöglich umgehen kann:

- »Welches wären Anzeichen für Sie, dass ihre Organisation mit diesem Szenario bestmöglich umgegangen ist?«
- »Woran werden Sie im Jahr 20XX erkennen, dass Ihre Organisation das Beste aus ihrer Lage gemacht hat?«

Auch die Abfolge der Diskussion der Szenariofelder in einer Gruppe spielt meiner Ansicht nach eine Rolle. Ich beginne am liebsten mit dem Best-Case-Szenario und setze mit dem Worst-Case-Szenario fort, da sich an diesen beiden Extremfällen sehr gut Ressourcen und Resilienzstrategien der Organisation erkennen und auf die beiden folgenden gemischten Szenarien übertragen lassen. Das Best-Case-Szenario ist gut zum Aufwärmen und schafft Zuversicht, und nach dem Worst-Case-Szenario sagt sich die Gruppe oft: »Na, wenn wir das geschafft haben, werden wir mit dem Rest auch umgehen können!«

Schritt 6: Konsequenzen und Maßnahmen definieren:

»Worauf wollen wir auf alle Fälle vorbereitet sein? Was sollten wir jetzt dazu tun?«

»An welchen Indikatoren werden wir erkennen, in welche Richtung es für uns geht?«

Das SCOP-Portfolio

Das SCOP-Portfolio ist, im Gegensatz zur SWOT-Analyse (Johnson, Scholes a. Whittington 2009), ein umsetzungsorientiertes Tool, das direkt zu Anzeichen von Fortschritt und konkreten Schritten führt (vgl. Abb. 10 und 11).

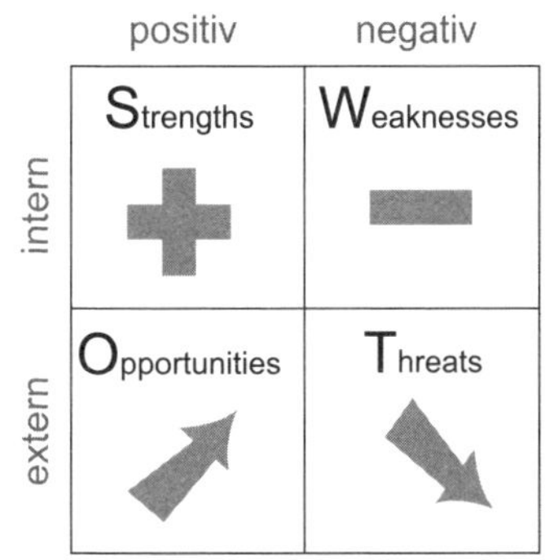

Abb. 10: Traditionelles SWOT-Portfolio

Abb. 11: Lösungsfokussiertes SCOP-Portfolio

SCOP:

- **S** steht für Strengths (Stärken):
  - Was funktioniert bei uns ausgezeichnet?
  - Wo sind wir exzellent?
  - Worauf können wir bauen? (Ressourcen)
- **C** steht für Change (Veränderung):
  - Was funktioniert weniger gut?
  - Worauf in unserem Umfeld sollten wir reagieren?
  - Wofür wollen wir neue Wege suchen?
- **O** steht für Opportunities (Möglichkeiten bzw. Chancen):
  - Was ist unsere beste Hoffnung für unsere Zukunft?
  - Wie sieht unsere erfolgreiche Zukunft aus?
  - Wo sehen wir die größten Chancen für uns?

- **P** steht für Progress (Fortschritt):
  - Welches sind die ersten Anzeichen von Fortschritt für uns?
  - Was funktioniert schon, das wir nützen können?
  - Welche Schritte wollen wir konkret setzen?

Alle Felder werden zuerst aus der Eigenperspektive betrachtet und dann durch die Perspektive der Stakeholder ergänzt. In jedem Feld lassen sich die Fragen kontextbezogen abwandeln. Ist ein spezieller Fokus auf Unterschiede zur Konkurrenz relevant, dann baut man ihn ein. Auch »Schwächen« und »Bedrohungen« wird im Feld »Change« Beachtung geschenkt, aber in zukunfts- und handlungsorientierter Weise, sodass eine allzu große Schwere, wie sie die SWOT-Analyse oft mit sich zieht, vermieden werden kann.

Die Gefahr bei der SWOT-Analyse ebenso wie beim SCOP-Portfolio ist, dass zu allgemeine und abstrakte Termini verwendet werden und zu lange Listen von potenziell relevanten Merkmalen entstehen, die schwer zu gewichten oder miteinander in Verbindung zu bringen sind. Dieser Gefahr lässt sich begegnen, indem man von vornherein nach den »drei wichtigsten Aspekten« fragt und auf der Formulierung möglichst konkreter Merkmale und wirklich kleiner Anzeichen und Schritte besteht. Eine Priorisierung lässt sich erzielen, indem man in die Felder eine Skala, z. B. von 1 bis 10, einbaut zu den Kriterien wichtig/dringend, Mittelmaß/echter USP o. Ä. Die Erarbeitung der Felder kann auf verschiedene Gruppen aufgeteilt werden. Beim Zusammenbau achtet man darauf, dass alle Felder in Hinblick auf eine gemeinsame Sicht auf »O(pportunities)« nochmals überprüft werden.

Die wirksamste Kraft geht aber nicht von den Methoden, die ja nur selten eingesetzt werden, aus, sondern vom »strategischen Kern«, der in jeder lösungsfokussierten Alltagskonversation steckt und der zu strahlen beginnt, wenn wir zum Beispiel fragen: »Und was wird das erste Anzeichen sein, dass Sie Ihrer erwünschten Zukunft ein Stück näher gekommen sind?«

5.3.2 Anwendungsfelder für Lösungsfokus in der Personalarbeit

Herbert Pelzer

Die Haltung des Lösungsfokus stellt mich in meiner Arbeit als Personalleiter täglich vor die Herausforderung, von der bisherigen Praxis des laufenden und erfahrungsgemäß erwarteten Bewertens abzugehen und bewusst eine Haltung des »Nicht-gleich-Vorschläge-Einbringens-und-Lösungswege-Aufzeigens« einzunehmen. Der Unterschied liegt im Einladen von Kolleginnen und Mitarbeitenden, selbst über Lösungsideen für eine »funktionierende« Zukunft nachzudenken und nicht Antworten anderer zu erwarten. Anhand von konkreten Beispielen aus der betrieblichen Praxis möchte ich diese »andere« Haltung in meinem Berufsalltag erläutern und auf die Unterschiede hinweisen. Die hier beschriebenen Situationen aus den Aufnahme-, Integrations- und Trennungsprozessen stehen beispielhaft für eine Vielzahl von weiteren Anwendungsmöglichkeiten in der Personalarbeit, worauf auch anderorts im vorliegenden Band eingegangen wird.

Lösungsfokussiert Personal aufnehmen: Bewerbungsgespräche führen

Am Beginn des Interviews steht eine Art Zielformulierung für beide Seiten. Ich leite ich das Gespräch mit einem Dank ein und komme schnell zur Frage: »Was hat Sie hierhergebracht?« Damit entsteht meist eine offene Gesprächssituation, und die Interviewpartnerin erhält Raum, über ihre aktuelle persönliche Situation und ihre Vorstellungen zu sprechen. Meist sind erweiterte Fragen wie »Was hat Sie dazu bewogen, sich zu melden?« oder Statements wie »Interessant, mehr über Ihre Hintergründe zu erfahren ...« hilfreich dafür, Konkreteres über die Bewerbungsmotive herauszufinden. In der Folge stelle ich klar, dass es zwar primär meine Aufgabe ist, die geeignetsten Bewerberinnen für die ausgeschriebene Position zu finden, dass ich mich in meinen Fragen jedoch auch auf das Team und auf die Anforderungen und Werte des Unternehmens beziehen werde. Dabei lade ich die Bewerberin jeweils ein, gemeinsam mit mir herauszufinden, ob eine Passung bezüglich der Organisation hergestellt werden kann.

Ich berücksichtige im Lauf des Gesprächs bereits die Einarbeitungs- und die Integrationsphase. Mit der Beantwortung wird ein Bild der ersten Monate einer möglichen Zusammenarbeit entworfen:

- Wie werden Sie/wir merken, dass Sie/wir die richtige Entscheidung getroffen haben?
- Wann werden Sie das erkennen?
- Wem wird das noch auffallen?
- Was brauchen Sie, um herauszufinden, ob das Unternehmen/der Bereich/die Kolleginnen zu Ihnen passen?

- Was wird sich in drei Monaten für Sie persönlich verändert haben?
- Angenommen, in Ihrem Arbeitsbereich setzt sich jemand über das Prinzip des Respekts hinweg, besonders jetzt, da der Arbeitsdruck so hoch ist, was wäre eine für Sie angemessene Reaktion?

Bei dieser Art der kontextbezogenen Fragestellung schärfen Bewerberinnen ihre Sinne und sind »kritisch«. Sie verstellen sich nicht, und so bewirkt die Art der Fragen sehr ehrliche Antworten. Sozial erwünschte Antworten fallen größtenteils weg. Persönliche Werte kommen zur Sprache, ohne dass sie explizit »eingefordert« werden. Selbst wenn Bewerberinnen nicht so mitteilsam sind, kommen Dialoge zustande, weil vorgefertigte Antworten kaum möglich sind.

Für die Interviews selbst bringt die lösungsfokussierte Haltung eine entspannte, dialoggetragene Atmosphäre, die weitgehend auf Rechtfertigungs-Frage-Antwort-Situationen verzichtet. Bewusstes Provozieren durch entsprechende Fragen kann dabei durchaus auch stattfinden, muss jedoch immer aufgeklärt werden – am besten unmittelbar vor der Anwendung. In der Wirkung sind die Unterschiede deutlich spürbar, weil Abwehr-, Selbstschutz- und Rechtfertigungsmechanismen ausgelöst werden. Ist der künftige berufliche Alltag voll von solchen Situationen, dann ergibt die Vorbereitung darauf auch Sinn. Künftige Positionsinhaberinnen sollen konkrete, für die Position angemessene Situationen kennenlernen, um sich entscheiden zu können, ob sie sich in einem solchen Kontext zurechtfinden wollen und können.

In der Wirkung ist eine wert(e)schätzende Gesprächshaltung nicht zu unterschätzen. Auch wenn sie »weich« und »entspannt« erscheint, hat sie eine Reihe von Vorteilen. Bewerbungsgespräche haben eine starke Öffentlichkeitswirksamkeit und dürfen daher nicht zu einem Verhör ausarten. Aufgrund der immer stärkeren Vernetzung des Arbeitsmarktes durch die Anwendung von Social Media können Bewerberinnen über ihre Erlebnisse sofort und unmittelbar berichten und tun dies auch. Das ist in einem immer enger werdenden Arbeitsmarkt für Fachkräfte relevant, vor allem wenn eine Firma deutliche Markenbotschaften benötigt. Dies gilt es auch, wie später ausgeführt, bei Trennungsgesprächen zu berücksichtigen: Menschen, die das Unternehmen kennengelernt haben, sprechen darüber, wie man miteinander umgegangen ist. Im lösungsfokussierten

Gespräch geht es aber nicht um Einander-gefallen-Wollen, sondern schlicht um ein faires und respektvolles Umgehen miteinander und um gelebte Unternehmenswerte. Eine Begegnung zwischen zwei Menschen sollte auf Augenhöhe stattfinden, auch wenn das Ziel des Bewerbungsgespräches natürlich die Einschätzung von Verhaltensweisen in bestimmten Situationen ist.

Onboarding: Lösungs- bzw. potenzialfokussiert Mitarbeiterinnen integrieren

Zielsetzung des Onboardings ist es, neue Mitarbeitende gut in den Aufgabenbereich zu integrieren, für den sie aufgenommen wurden, damit sie dort die bestmögliche Leistung erbringen können. Konkrete Einarbeitungspläne mit der Nennung der Bereiche, Aufgaben, Prozesse sowie Ansprechpartnerinnen bieten einen Rahmen. Genauso wichtig ist es aber, den Integrationsfortschritt mit Feedback zu begleiten. Es ist der Regelfall und nicht die Ausnahme, dass neue Mitarbeitende sehr rasch an ihre Grenzen stoßen, wenn sie mit ihren bisherigen Erfahrungen auf unerwartete Situationen prallen. Hat man als neue Mitarbeiterin nicht die Möglichkeit, darüber zu sprechen, sind bald Frust und ein deutlich abnehmendes Interesse an Neuem zu beobachten.

Genau aus diesem Grund sind in der Onboarding-Begleitung besonders diejenigen Fragen wichtig, die die Ressourcen der neuen Mitarbeitenden hervorheben und die gleichzeitig den Raum für das Einbringen von Ideen und Beobachtungen öffnen. Daraus ergeben sich Möglichkeiten zur Organisationsentwicklung, vorausgesetzt, das Thematisieren ist gewünschter Teil der Kultur und wird nicht als Bedrohung betrachtet. Auch dabei setzen wir auf das bereits Funktionierende und verzichten auf Fragen nach Problemursachen.

Für diese Phase eignen sich, individuell angepasst, nachfolgende Fragen:

- Was aus Ihrer bisherigen Berufserfahrung möchten Sie in Ihrer Anfangsphase unbedingt einbringen?
- Was soll anders sein in der Einarbeitung in diesem Unternehmen (Bereich/Team), als Sie es bisher gewohnt waren?
- Sie werden in der nächsten Zeit die meisten der für Sie und Ihre künftige Position wichtigen Bereiche und Prozesse kennengelernt haben. Wenn Sie von heute aus auf das Ende der Onboarding-Phase schauen: Was ist Ihnen wichtig, herausge-

funden und erfahren zu haben? Gibt es etwas, das Ihnen besonders am Herzen liegt?
- Auf einer Skala von 0 bis 10 – 10 wäre die optimale Stufe der Integration –, wo würden Sie sich gerade einschätzen? Wo würden Sie Ihre Kolleginnen sehen? Welche Schritte brauchen Sie noch, um eine Stufe weiterzuschreiten? Was hat Sie in der Einstufung zu diesem Punkt gebracht? Wovon würden Sie mehr brauchen?
- Wer hat Sie bisher besonders unterstützt? Wessen Hilfe würden Sie noch benötigen?
- Welche Situationen waren für Sie besonders hilfreich bzw. prägend?
- Als Sie mit dem Thema »...« nicht klargekommen sind, wie konnten Sie dann doch einen Schritt weitermachen? Wer oder was war dabei hilfreich?

In dieser ersten Onboarding-Phase findet die Grundorientierung statt, in der Engagement kanalisiert und nicht zerstört werden soll. Die zweite Phase bietet einen vertieften Austausch über das Werteverständnis, die Mission, Vision, die strategischen Ziele sowie das Kompetenzmodell des Unternehmens. Sie hat somit auch Vorbildwirkung für bereits länger Beschäftigte. Wenn die genannten Konzepte umgesetzt sind, sind sie in der Organisation als Teil der Gespräche sicht- und spürbar. Neue Mitarbeitende können selbstständig die Ausrichtung des Unternehmens erkennen und in ihr Handeln integrieren, indem sie laufend mit Anwendungsfeldern konfrontiert sind und sie hinterfragen können. Aufgrund der bei den »Neuen« anfangs besonders hohen Motivation, Neues kennenzulernen, und aufgrund des laufend stattfindenden Austauschs können Gutes und auch Ungewohntes integriert, beidseitiges Lernen ermöglicht und die Ressourcen der neuen Mitarbeitenden besser eingesetzt werden. Selbst bei den schon länger Mitarbeitenden kann damit manches gleich hinterfragt und korrigiert werden.

Bei entsprechender Gestaltung der Rahmenbedingungen, z. B. durch Mentorship, Buddy-Systeme, regelmäßiges Feedback oder bereichsübergreifende Integrationsgespräche, stellt sich meist rasch heraus, ob die Annahmen im Bewerbungsgespräch berechtigt waren. Es entsteht ein mehrdimensionales Rundumbild von der neuen Kollegin wie auch von ihren Kontaktpersonen. Sinnvolle Fragen im zweiten Teil bzw. gegen Ende der Onboarding-Phase können sein:

- Welche Werte des Unternehmens sind Ihnen zuletzt am stärksten aufgefallen?
- Woran haben Sie gemerkt, dass die Vision des Unternehmens gelebt wird?
- Wenn Sie als Markenbotschafterin des Unternehmens auftreten, welche Informationen möchten Sie vermitteln oder vermittelt bekommen?
- Welche Fragen werden Ihnen in Ihrem Umfeld am meisten gestellt, seit Sie bei uns im Unternehmen sind?
- Was fällt Ihnen in Ihren täglichen Begegnungen im Unternehmen am meisten auf?
- Was hilft Ihnen zu erkennen, dass z. B. dem Prinzip der Verantwortung entsprochen wird?
- In den vielen Gesprächen, die Sie während der Einarbeitung führen, worauf wird am meisten hingewiesen?
- Wie haben Sie über die von Ihnen erkannten Handlungsfelder mit dem Bereichs-/Prozessverantwortlichen gesprochen?
- Welche aus Ihrer Sicht nötigen Maßnahmen oder Ideen haben Sie dabei diskutiert?
- Inwieweit konnte Ihr kritischer Hinweis als hilfreich angenommen werden?

Die Gefahr, dass eine derartige Gesprächshaltung auch als Provokation wahrgenommen wird, ist real, da neue Denkprozesse ausgelöst und Fragen gestellt werden können, mit denen niemand vorab rechnet. Es sollte aber nicht der Eindruck entstehen, dass sich neue Mitarbeitende nicht für die »Problemfelder« der Organisation interessieren dürfen, indem sie verbal umgangen werden. Das heißt, auch für sie braucht es Platz, jedoch lediglich so viel, dass herausgefunden werden kann, wie der erwünschte Zielzustand aussieht. Wenn wir in der Anwendung der lösungsfokussierten Fragen Vorbild sind und neue Mitarbeitende dies annehmen, dann kann damit ein Schneeballeffekt ausgelöst werden, der bewirkt, dass die neuen Mitarbeitenden gleich von Anfang an Botschafterinnen der lösungsfokussierten Haltung werden.

Beendigung von Dienstverhältnissen:
Lösungsfokussiert Trennungsgespräche führen

Besonders ehemalige Mitarbeitende sprechen sehr häufig über ihr Unternehmen. Die Beachtung bestimmter Gesprächsgrundsätze im

Trennungsprozess hilft, Vergangenes aufzuarbeiten und unerfreuliche Erlebnisse anders zu sehen. Voraussetzung dafür ist, dass ein Austausch über die Unterschiede in den Sichtweisen von Führungskraft und Mitarbeitenden in konstruktiver Haltung möglich ist. Wenn Führungskräfte erkennen, dass sie selbst Auslöser und Beeinflusser des Gesprächsverlaufs sind, ist ein erster Schritt gemacht. Ein zweiter ist, zu erkennen, dass es nicht (mehr) darum geht, sich selbst in der eigenen Entscheidung gegen Mitarbeitende zu bestärken, sondern gemeinsam über die Vergangenheit nachzudenken und dabei Ressourcen sowie Ansätze für eine persönliche oder berufliche Neuorientierung zu finden.

Verhaltens- und betriebsbedingte Trennungsgespräche sollten unterschiedlich geführt werden. Beim einen ist der Auslöser das Fehlverhalten der Mitarbeitenden, beim anderen sind die Auslöser z. B. krisenbedingte Umstrukturierungsmaßnahmen. Beide Gesprächsverläufe haben jedoch gemeinsam, dass spätestens in der letzten Phase des Gesprächs thematisiert wird, was in Zukunft, also im nächsten Betrieb, für die jeweilige Gesprächspartnerin anders sein sollte, sodass die Betroffene mit einer Idee der Veränderung das Unternehmen verlassen kann. In vielen Fällen ist es empfehlenswert, einen Folgetermin anzubieten. Trotz respektvoller und empathischer Vermittlung der Kündigung kann ein Schock ausgelöst werden, selbst wenn Mitarbeitende schon damit gerechnet haben. Hier ein möglicher Gesprächseinstieg bei einer betriebsbedingten Kündigung:

> »Angesichts der aktuell dramatischen Situation im Unternehmen bleibt uns nichts anderes übrig, als Kündigungen auszusprechen. Ich möchte betonen, dass, auch wenn wir hier über eine Beendigung des Dienstverhältnisses mit Ihnen sprechen, das nichts mit Ihrer Arbeitsleistung oder Ihrem bisherigen Engagement zu tun hat. Wir haben Sie als engagierte Mitarbeiterin kennengelernt, die sich gerne eingebracht hat. Sie haben Veränderungen mitgetragen und den Bereich unterstützt. Wir sehen uns angesichts der bereits bekannten Situation gezwungen, einschneidende, schmerzhafte Maßnahmen umzusetzen. Tatsache ist, dass die Entscheidung zur Beendigung von Dienstverhältnissen gefällt ist, und Sie gehören zu derjenigen Gruppe von Mitarbeitenden, die betroffen sind. Wir bieten in einer solchen Situation eine einvernehmliche Auflösung des Dienstverhältnisses an.«

Wichtig ist, von Anfang an klarzustellen, dass bei der betriebsbedingten Kündigung kein Weg am bevorstehenden Austritt vorbeiführt. Genauso wichtig ist es aber auch, zu kommunizieren, dass es nicht am persönlichen Verhalten, an der Leistung oder der Qualität der Zusammenarbeit liegt, ebenso wenig daran, dass Mitarbeitende irgendetwas anders hätten machen können, um der Kündigung zu entgehen. Damit werden Selbstvorwürfe vermieden oder entkräftet. Zielsetzung ist vielmehr, dass die ausscheidende Mitarbeiterin ihre eigenen Ressourcen und Fähigkeiten erkennt.

Die Wirkung ist eine andere als beim verhaltensbedingten Kündigungsgespräch, das quasi als letzte Konsequenz nach einer Reihe von in der Vergangenheit bereits angesprochenen Verhaltensproblemen steht. Hier hat die Mitarbeitende die Situation mitverursacht und hätte sie auch verhindern können. Aber auch in einem solchen Fall muss von Gesprächsbeginn an nachvollziehbar sein, dass kein Ausweg durch eine Verhaltensänderung mehr möglich ist. Das heißt, die konkrete Begründung für die Kündigung muss zwar vorbereitet und präsent sein, der Fokus des Gesprächs wird aber auf die unmittelbar folgenden konkreten Schritte gelenkt. Damit werden die Rahmenbedingungen des Austritts besprochen und nicht die Vergangenheit aufgearbeitet. Wenn es der ausdrückliche Wunsch der Mitarbeitenden ist, doch über die Vergangenheit zu sprechen, dann bieten wir an, dies nach dem Trennungsgespräch zu tun. Das hilft, den Fokus auf den Rahmenbedingungen zu belassen und gleichzeitig die Zukunft zumindest in den Blick zu nehmen. Hier ein möglicher Gesprächseinstieg bei einer verhaltensbedingten Kündigung:

»Wir sehen uns jetzt, angesichts der mit Ihnen bereits mehrere Male besprochenen Situation, gezwungen, ihr Dienstverhältnis zu beenden. Eine Reihe von Ereignissen, über die wir jetzt im Detail nicht mehr sprechen werden, hat zur Entscheidung geführt, dass es keine gemeinsame Zukunft im Unternehmen mehr geben kann. Ich möchte mit Ihnen heute gerne über die Rahmenbedingungen sprechen, d. h., wie die nächsten Schritte und die letzten Tage vor dem Austritt aussehen können, sowie die rechtlichen Details klären. Wenn es Ihr Wunsch ist, können wir gerne im Anschluss noch auf weitere Themen eingehen, die Ihnen ein Anliegen sind, und Ihnen und uns die Gelegenheit zu geben, in der Vergangenheit Offengebliebenes abzuschließen. Wenn Sie Unterstützung bei einer beruflichen Neuorientierung benötigen, können wir dies auch bei anderer Gelegenheit besprechen.«

Meine Rolle als Personalleiter kann dabei in der Führung der Gespräche, inklusive Mitteilung der Entscheidung und Aushandlung der Bedingungen, liegen oder sich auf die Moderation der Gespräche zwischen Führungskraft und Mitarbeitenden beschränken. In jedem Fall gilt es, den Fokus so zu lenken, dass die Grundwerte, insbesondere der respektvolle Umgang im Gespräch unter Wahrung von Integrität, Ehrlichkeit, Offenheit und Mitgefühl, beachtet werden. Im Sinne des Employer Brandings (also aus Arbeitgebersicht) stellt sich die Frage, ob es nicht sinnvoller ist, auf die Rechtfertigung des »wahren« Grundes für die Beendigung der Zusammenarbeit zu verzichten und mit einem auf die Zukunft, die Zeit danach, gerichteten Gespräch für eine positivere Stimmungslage zu sorgen. Dies jedenfalls auszuprobieren möchte ich an der Stelle empfehlen, und besonders bei heiklen Gesprächen sollte nichts unversucht bleiben, trotz allem noch ein versöhnliches Bild des Unternehmens zu erwirken.

5.3.3 Lösungsfokussiert Veränderung auf den Boden bringen

Alan Kay

In diesem Beitrag wird die lösungsfokussierte Gestaltung von zwei wesentlichen Elementen von Veränderungen näher beleuchtet: die strategische Planung als Ausgangspunkt der Veränderung und der Entscheidungsprozess für Richtungsfestlegungen oder Maßnahmen. Ergänzt wird der Beitrag durch ein neues Change-Tool, die »Küchentischkonversationen«.

I) Strategische Planung: Vier Schritte der Ko-Kreation

Traditionsgemäß braucht strategische Planung Zeit und Expertise. Oft wird sie auch von außen zugekauft. Experten untersuchen Probleme und entwickeln Lösungen, Ziele und Strategien. Der Plan mag ideal oder verkehrt sein, man weiß das aber immer erst am Ende. Das Risiko besteht darin, dass Stakeholder (das sind Mitarbeitende, Kunden, Kollegen, Vorgesetzte, Geldgeber usw.) lange brauchen, um sich mit einer neuen Strategie zu identifizieren, wenn sie das überhaupt jemals tun. Jedenfalls kostet alles viel Zeit und Geld. Welches ist die Alternative? Wie kann lösungsfokussierte, kokreative Planung den Prozess der Veränderung beschleunigen, besonders was langfristige Ergebnisse betrifft?

Schritt 1: Wie Sie Stakeholder mit lösungsfokussierten Fragen beteiligen
Wichtig ist, dass Sie alle bedeutenden Stakeholder so früh wie möglich beteiligen, um möglichst viele Perspektiven in Bezug auf die folgenden vier Fragen zu gewinnen:

1) »Was funktioniert alles, das wir daher nicht verändern wollen?« – Es gibt immer mehr davon, als uns bewusst ist. Vorteil: Es stimmt die Menschen hoffnungsvoll.
2) »Was muss anders/besser werden?« – Wir klären das Problem, machen es aber nicht zentral für die Lösung. Vorteil: Es ist leichter festzustellen, was wir nicht mehr machen wollen.
3) »Wie sieht die Situation aus, wenn das Problem nicht mehr vorhanden ist?« – Wenn auf diese Art gefragt wird, entdecken die Menschen, was sie miteinander gemein haben. Vorteil: Man baut einen Plan, der die Erkenntnisse aller Parteien beinhaltet.
4) »Was tun wir, um die Veränderung in Gang zu bringen?« – Vorteil: Die Veränderung kann gleich zu Beginn der Planung anfangen.

Vielleicht haben Sie nun einige der folgenden Fragen?

- »Was, wenn die Leute, die beteiligt werden, falsch liegen mit dem, was getan werden muss?« – Es kann sein, dass sie falsch liegen, aber meistens liegen sie nicht mehr falsch als die Planungsexperten. Wenn es ihre eigenen Ideen sind, werden sie alles daransetzen, dass sie funktionieren, mit oder ohne Fehler.
- »Was wenn die Mitarbeitenden – oder andere – Widerstand gegen die Veränderung leisten?« – Fragen Sie sie und Ihre Kunden, was funktioniert und was konkret besser sein sollte. Dann können Sie zusehen, wie die Veränderung beginnt. Wenn »Gegner« sich fest verschanzt haben, dann müssen Sie wahrscheinlich etwas Geschwindigkeit herausnehmen.

Schritt 2: Wie Sie die Geschichten Ihrer Organisation verändern
Ihre Organisation hat gute Führungskräfte und eine solide Strategie, und dennoch kämpfen einige Personen und Teams gegen Veränderung? Sie verurteilen Weiterentwicklung und können Ihnen viel davon erzählen, was in der Organisation falsch läuft? Was tun?

- Nehmen Sie sie ernst, aber nicht wörtlich. Nehmen Sie nicht an ihren Debatten darüber, was verkehrt läuft, teil. Denken Sie einfach, dass sie einen Verlust erleiden, und nicht, dass sie Widerstand leisten.
- Schenken Sie den Leuten, die die Veränderung wollen, die meiste Aufmerksamkeit – denen, die bereits an Bord sind, und denen, die sich fragen, wie sie die Veränderung erreichen können.
- Verändern Sie die Geschichten darüber, wie die Menschen zusammenarbeiten, ihre Rollen definieren und Verantwortung übernehmen.
- Bauen Sie auf denjenigen Fähigkeiten, die die Menschen bereits haben, auf, und fokussieren Sie nicht nur auf die neuen Fähigkeiten und Prozesse, die die Menschen lernen müssen.

Wie? Verändern Sie die Erzählungen von Problemen, indem Sie negativen Tratsch, Silo-Perspektiven, Intoleranz gegenüber neuen Ideen und Angst vor negativen Konsequenzen umdeuten. Letztere sind unangenehme und elastische Barrieren für die Realisierung der Strategie. Ersetzen Sie sie durch Dialog über Lösungen, erwünschte Verbesserungen und erste Fortschritte. Eine neue, ressourcenbasierte Erzählung macht es viel leichter, neue Dinge einzuführen, als eine problem- und widerstandsfokussierte. Denken Sie daran, dass es auch die Veränderungsresistenten mit der Zeit kapieren werden. Hier ein paar hilfreiche Fragen dazu:

- »Was funktioniert hier gut? Wie schaffen wir das?«
- »Wie hilft uns unsere Strategie voranzukommen?«
- »Was funktioniert an unserer Zusammenarbeit? Wie gut ist sie auf einer Skala von 1 bis 10? Was muss sich verbessern, damit wir ein bis zwei Schritte höherkommen? Angenommen, wir wären noch kooperativer – welche Auswirkung hätte das?«
- »Was funktioniert gut in Bezug auf unsere aktuellen Rollen und Verantwortungen? Angenommen, es wird noch besser – was wäre dann anders? Inwiefern wäre das für unsere Strategie, Kunden und Stakeholder hilfreich?«

- Und um ins Handeln zu kommen: »Angenommen, wir wenden unsere Erkenntnisse in unseren Projekten an: Was machen wir dann konkret anders? Wie würden die neuen Prozesse konkret aussehen?«

Schritt 3: Wie kommt der Elefant durchs Schlüsselloch?
Grantige, desillusionierte, ängstliche oder aufgebrachte Stakeholder zur Veränderung zu bewegen kann wie eine Mammutaufgabe erscheinen. Sie können Anordnungen erteilen, eine neue Richtlinie mit zu liefernden Ergebnissen erlassen, über die Vision sprechen und Teambildungsübungen durchführen. Das sind alles mögliche Maßnahmen. Aber was, wenn einer Ihrer »Stakeholder-Elefanten« stur und unbeteiligt »auf seinen Ohren sitzt«? Oder im Flucht-, Kampf- oder Sich-tot-stellen-Modus ist?

Wie können Sie Ihren »Elefanten« so unterstützen, dass er sich vorwärtsbewegt? Wie können Sie erreichen, dass er auf die Bedürfnisse der Organisation und nicht nur auf sich selbst fokussiert? – Laden Sie Ihre »Elefanten« zu einem neuen Dialog ein:

- Machen Sie sie mit dem Wissen über ihre bereits vorhandenen Fähigkeiten vertraut. Helfen Sie ihnen zu sehen, was funktioniert und was anders werden muss. Regen Sie sich nicht auf, wenn sie zuerst völlig unrealistisch erscheinen.
- Sie können ihnen auch sagen, dass keine Dringlichkeit besteht, zu einer Lösung zu kommen. Das mag kontraproduktiv erscheinen, aber es wird den Prozess beschleunigen. Diese Leute werden einige intensive Übergänge verkraften müssen, und im Laufe der Zeit können sie das am besten Schritt für Schritt schaffen.
- Ihre Rolle ist, ihnen zu helfen, das Problem auf ihre Art zu lösen. Fragen Sie sie, wie sie es schaffen, mit dem Problem umzugehen. Aber ermutigen Sie sie nicht, zu viele Details über das Problem zu erheben.
- Helfen Sie ihnen, auf die andere Seite ihres Denkens zu kommen, nämlich, wie sie nützlich sein können.
- Fragen Sie sie, wie es für sie wäre, wenn es das Problem nicht mehr gäbe, was sie sich wünschen und wie das für die Organisation nützlich wäre. Das hilft ihnen, eine neue Erzählung über sich aufzubauen und herauszufinden, welche Auswirkungen es auf andere hätte, wenn sie selbst an Lösungen arbeiten würden.

- Ihr Job ist es, diese neue Erzählung mit anderen zu verknüpfen, aufzuzeigen, wie die Kehrseite des Problems aussieht und wie sie aus ihren Ängsten aussteigen können.
- Fragen Sie sie immer wieder, ob sie irgendwelche Vorschläge bezüglich dessen haben, wie sie die neuen Erfahrungen nützen können. Stellen Sie die Veränderung als einen Anfang dar. Und helfen Sie ihnen, die Initiativen zum Setzen dieses Anfangs zu bemerken.

Was aber, wenn all das nichts fruchtet oder wenn Ihr Manager schnelleren Fortschritt wünscht? Dann können Sie Ihr Team oder einen Teil davon immer noch durch neue Mitarbeitende ersetzen. Auch das ist eine Option. Stellen Sie sich die Frage, was Ihnen den besten Return-on-Investment bringt. Indem Sie aber zumindest versucht haben, dem »Elefanten durch das Schlüsselloch« zu verhelfen, haben Sie wahrscheinlich eine Menge valider und nützlicher Ideen generiert, die Sie sonst nicht gefunden hätten.

Schritt 4: Fortschritte mit kleinen Schritten starten
Kleine Schritte sind nichts Neues, aber wenn davon in der *Harvard Business Review* berichtet wird und es sogar ein Buch dazu gibt mit dem Titel *The progress principle* (Amabile a. Kramer 2011)? Dann muss es stimmen! Wenn Teams oder Einzelpersonen auf eine Problemlösung kommen, so ist mit ihren Ideen oft eine große Veränderung verbunden. Was geschieht dann als Nächstes? Entweder sie gehen ihr Großvorhaben an: »Wir müssen das XY-System umbauen« oder »Wir müssen die Verkäufer für das neue Produkt motivieren« etc., oder sie machen weiter so wie bisher. Wie bringen Sie Ihre Leute also dazu, gleich in Richtung der erwünschten Lösung zu starten, ohne sich zu überfordern? Versuchen Sie es z. B. bei Ihrem nächsten Projektmeeting einmal mit diesem lösungsfokussierten 3-Schritte-Programm:

1) »Jetzt, da wir eine Idee von der Lösung haben, wie wird es aussehen, wenn wir dort angekommen sind?« – Lassen Sie die Leute im Detail beschreiben, was dann geschieht. Wenn es Debatten über die Lösung gibt, lassen Sie sie auch die Alternativen beschreiben. Warum? Wenn sie den Erfolg visualisiert haben, ist es später einfacher, kleine Schritte zu definieren.
2) »Welches sind einige größere Aufgaben, die wir erledigen müssen, um dorthinzukommen?« – Zerlegen Sie die Lösung in überschaubare Teile.

3) »Angenommen, wir schauen von unserem Erfolg zurück auf unsere ersten Tage, als wir gerade mit der Arbeit anfingen. Was beobachten da andere an uns?« – Lassen Sie Ihre Leute kleine Schritte visualisieren, damit sie ermutigt werden anzufangen und – das ist wichtig – damit sie von Anfang an Fortschritte machen.

Ein Tipp: Folgen Sie dem Format, zukünftige Dinge ohne den Gebrauch von Modalverben zu beschreiben. Hören Sie auf mit »Wir müssen …« oder »Wir wollen …«. Sagen Sie stattdessen: »Wir verwenden jetzt …«

Ich höre einige von Ihnen fragen: Und was, wenn meine Leute die falschen Lösungen, Taktiken und kleinen Schritte wählen? Die Antwort lautet: Durch kleine Schritte und die sofortige Umsetzung wird rasch klar, was korrigiert gehört. Das ist produktiver, als die ganze Lösung vollständig auszuarbeiten und vor lauter Planung nirgendwohin zu kommen. Besser ist es, aus den kleinen Fehlern im Prozess zu lernen.

II) Entscheidungen, die halten – Demokratie versus Expertise

Ist Ihnen schon aufgefallen, auf wie unterschiedliche Art und Weise die verschiedenen Generationen und Gruppen in Ihrer Organisation Entscheidungen treffen (oder dies unterlassen)? Ist es bei Ihnen auch so, dass Personen mit tiefer Praxiserfahrung (z. B. Ingenieure, Risikomanager, Verwalter usw.) glauben, dass einzig ihre Entscheidungen von Bedeutung sind? Parallel dazu sehnen sich andere wiederum nach demokratischen Entscheidungsprozessen, in denen sie eine zu hörende Stimme haben. Und dann sind da noch die Risikovermeider, die jede Entscheidung tunlichst zu umgehen suchen. Schlussendlich kann man erkennen, dass ältere Mitarbeitende Entscheidungen auf ganz andere Art als jüngere treffen.

Ein Schlüsselelement guter Entscheidungsprozesse ist, wie die verschiedenen Parteien mit Kritik ihrer Vorschläge umgehen. *Wie* wir Vorschläge kritisieren, macht einen Unterschied. Wir wollen Ideen ja verbessern, nicht umbringen. Wenn die Vertreter unterschiedlicher Sichtweisen nicht in der Lage sind, konstruktive Kritik zu üben oder anzunehmen, dann wird aus dem Entscheidungsprozess eine Debatte mit einem Gewinner und einem Verlierer. Bei Entscheidungen geht es um Lernen, nicht um Gewinnen.

Wie können Sie den Autokraten, Demokraten und Risikoaversen zu besseren Entscheidungsprozessen verhelfen, in denen die Menschen lernen, dass eine zielgerichtete Entscheidung wichtiger ist, als *wer* sie trifft? Versuchen Sie es einmal mit folgenden Fragen:

- »Was wollen wir als Ergebnis dieser Entscheidung verbessern?«
- »Wenn wir mit der Entscheidung erfolgreich sind, wie sieht das für unsere verschiedenen Stakeholder aus?«
- »Angenommen, wir nehmen alle Hürden: Was machen wir dann anders?«
- »Angenommen, die Entscheidung, die wir getroffen haben, war wertvoll: Woran werden wir das erkennen?«

Wie man verschiedene Experten zu einer Einigung über eine Veränderung bringt

Als Vorbereitung wenden Sie zuerst einmal folgendes »Rezept« an:

- Holen Sie sich Experten querbeet aus verschiedenen Bereichen zusammen.
- Stellen Sie sich darauf ein, dass sie aus ihrem Experten-Sprach-Silo heraus zu Ihnen sprechen werden, obwohl es sich offiziell um die deutsche oder englische Sprache handelt.
- Erwarten Sie gegnerische Perspektiven.
- Üben Sie Druck aus, um bahnbrechende Ideen zu gewinnen, obwohl die Experten pessimistisch sein werden, dass dies möglich ist.
- Stellen Sie sicher, dass sich die Experten auf das Problem einigen und sich am nächsten Morgen immer noch in die Augen sehen können.

Dann setzen Sie folgende Schritte:

Schritt 1: Stellen Sie Ihre Aufgabe, versehen mit etwas Kontext durch Analysen und Geschichten von Erfahrungen aus verschiedenen Perspektiven. Erwarten und respektieren Sie unterschiedliche Meinungen. Stellen Sie sicher, dass sich die Experten eingebunden, angehört, respektiert und auf Augenhöhe miteinander und mit Ihnen fühlen.

Schritt 2: Fragen Sie nach Ausnahmen vom Problem. Gehen Sie davon aus, dass es unter dem Dickicht von hartnäckigen und unlösbaren Problemen Dinge gibt, die bereits funktionieren. Fragen Sie: »Wo haben wir schon Beispiele von bereits bestehenden Lösungen gesehen?« Suchen Sie nach Details von Geschichten über Ausnahmen, und verwerten Sie sie als hoffnungsvolle Zeichen, dass sich die Dinge ändern können.

Schritt 3: Lassen Sie die Experten das Potenzial ihres kollektiven Wissens entfalten. Beschreiben Sie mit ihnen die Zukunft ohne das Problem. Explorieren Sie die Möglichkeiten aus der Perspektive jedes wichtigen Stakeholders. Nutzen Sie die Diversität. Bekräftigen und verstärken Sie jede Idee von Möglichkeiten. Fragen Sie: »Stellen wir uns vor, Harry Potters Zauberstab bringt uns in die Zukunft, in der uns das Problem nicht mehr beschäftigt. Was würde jeder unserer Stakeholder dann tun?« Machen Sie ihnen bewusst, dass sie alle dieselbe Sprache über die Zukunft sprechen.

Schritt 4: Konsolidieren Sie die breite Sicht der Zukunft auf ein paar strategische Prioritäten. Denken Sie in Partnerschaften und Konsortien, um die Strategie umzusetzen, nicht in Silos. Seien Sie sehr klar, was kleine Schritte in Richtung der Prioritäten betrifft.

III) »Küchentischkonversationen« als Instrument für strategischen Wandel

Häufige und offene Kommunikation ist eine Best Practice im Change-Management. Ich stelle Ihnen hier ein Instrument für schlagkräftige Change-Kommunikation vor, nämlich eine Fassung eines Runder-Tisch-Gesprächs, das mein Kollege Rick Wolfe von PostStone, einer kanadischen Beratungsfirma, erfand. Rick erklärt seine Gedanken zu »Küchentischkonversationen« so:

> »Ich habe versucht, unsere geschäftlichen Konversationen so weit wie möglich an die Gespräche im ›echten Leben‹ anzunähern. Die Bezeichnung, die wir üblicherweise verwenden, ist ›Küchentischkonversation‹. Ich sehe dieses Tool im Zentrum von Change-Management. Es ist effizienter und effektiver als die meisten anderen verfügbaren Change-Tools, weil es ermöglicht, Unnötiges wegzulassen und sich in den Gesprächen miteinander auf die wirklich wichtigen Dinge zu konzentrieren. Eines der wichtigsten Ziele der ›Küchentischkonversationen‹ ist es, einen Aktionsplan vorzubereiten. Wir verstehen danach besser, welche Ressourcen gebraucht werden, damit die Aktion stattfinden kann, und können sicherstellen, dass diese Ressourcen verfügbar sind. Wir wissen dann auch, welche Festlegungen nötig sind und welche Schritte gesetzt werden müssen, damit diese Festlegungen zustande

kommen. Am Küchentisch lassen wir unser Visier herunter. Wir hören einander richtig zu, wir nehmen Anteil an den Sorgen anderer, wir sind uns aber auch uneins, nicht unbedingt, weil wir glauben, dass die anderen falsch liegen, sondern weil wir wissen, dass, wenn wir gemeinsam um etwas ringen, wir eher an die Wahrheit herankommen. Eine ›Küchentischkonversation‹ gelingt aufgrund des Prinzips der Gastfreundschaft. Wir müssen sicherstellen, dass auch schüchterne Personen die Chance zu sprechen bekommen und dass ›überlebensgroße‹ Personen unterstützt werden, ihre Beiträge etwas zu dämpfen. Die Menschen ringen gerne miteinander am Küchentisch. Das ist einer der Hauptgründe, warum wir zum Küchentisch kommen: für eine gute, lebhafte Konversation voller Gelächter.«

So sieht eine typische »Küchentischagenda« aus:

- Die Moderatorin (oder Gastgeberin) sitzt an einem Tisch mit sechs bis acht Teilnehmenden. Wenn es ein Publikum gibt, dann sitzt es um den Tisch in der Mitte des Raumes herum. Stellen Sie als Moderatorin sicher, dass das Thema fokussiert, also nicht zu breit, ist, und nutzen Sie Ihre lösungsfokussierten Tools, um die Leute auf Kurs zu halten.
- Erklären Sie das »Küchentischmodell« kurz, und nennen Sie das Thema, das am Tisch besprochen werden soll.
- Die am Tisch sitzenden Teilnehmenden stellen sich kurz vor und äußern einen kurzen Gedanken zum Thema.
- Die Moderatorin eröffnet dann in etwa so: »Der Küchentisch ist eröffnet. Wer möchte gerne ein erstes Statement abgeben?«
- Die Moderatorin kommentiert die Statements, stellt Verbindungen zwischen den Beiträgen her, besonders wenn sich die Teilnehmenden uneins sind, und regt an weiterzumachen, wenn die Diskussion irgendwo stecken bleibt.
- Wenn es ein Publikum gibt, dann kann die Moderatorin einige der Schlüsselthemen am Tisch nehmen und das Publikum einladen, diese Themen in kleinen Gruppen zu besprechen. Das kann nach ca. 50–60 % der vorgesehenen Zeit geschehen. Die Teilnehmenden vom Mitteltisch setzen sich dann jeweils zu einer Gruppe dazu. Die Gruppen werden gebeten, eine kurze Zusammenfassung ihrer Gedanken zu geben. Dafür gibt es 15–20 % der Gesamtzeit.
- Die Mitglieder des Mitteltisches kommen wieder zurück und kommentieren die Gedanken des Publikums.
- Als Abschlussrunde kann die Moderatorin den Teilnehmenden folgende Fragen stellen: »Inwiefern war dieses Gespräch für

Sie nützlich? Gibt es irgendeine Handlung, die Sie als Ergebnis dieses Gesprächs setzen werden?«
- Zum Abschluss nennt sie einige Highlights dieser Diskussion und dankt Teilnehmenden und Plenum für ihre Beiträge.

5.3.4 Lösungsfokussierte Großgruppenarbeit

Jesper H. Christiansen

Ein klarer Unterschied zwischen traditioneller Konferenzmoderation und lösungsfokussierter Arbeit mit großen Gruppen besteht in der dynamischen Verschiebung von »mir« zu »uns«.

Diese Verschiebung bedeutet, dass alles, was die Teilnehmenden besprechen oder entwickeln, sowohl auf einer persönlichen als auch auf einer organisationalen Ebene bearbeitet wird. Neu ist dabei die Art, wie Menschen eingeladen werden, in einem spezifischen Kontext aktiv zu werden, zu überlegen, wie sie selbst in den Kontext passen, und alles mit ihren eigenen persönlichen Wünschen und Bedürfnissen in Beziehung zu setzen; und das, egal ob es sich um eine Fortbildung für Mitarbeitende oder um einen Strategieworkshop für Topmanager handelt.

Die Charakteristika einer lösungsfokussierten Großgruppenintervention sind, dass Stakeholder und Teilnehmende:

- auf ein positives Ergebnis fokussieren
- bestehende Ressourcen im Kontext erheben
- Zuversicht aufbauen und erreichbare Ziele setzen
- die persönliche und organisationale Resilienz stärken
- kleine Schritte in Richtung der erwünschten Zukunft setzen.

Phasen und Prinzipien lösungsfokussierter Großgruppenarbeit

Der Gesamtprozess der Großgruppenarbeit ist hier in sechs einfachen Schritten illustriert (vgl. Abb. 12).

- Ziel des Events – den Rahmen setzen
- Persönliches Ziel – der »Punkt« im größeren Bild
- Erfolgsgeschichten – Ressourcen sichtbar machen
- Erfolgreiche Zukunft – ein erwünschtes Ergebnis
- Vorboten – bereits bestehende Anzeichen von Fortschritt
- Nächste Schritte – in Richtung der erwünschten Zukunft

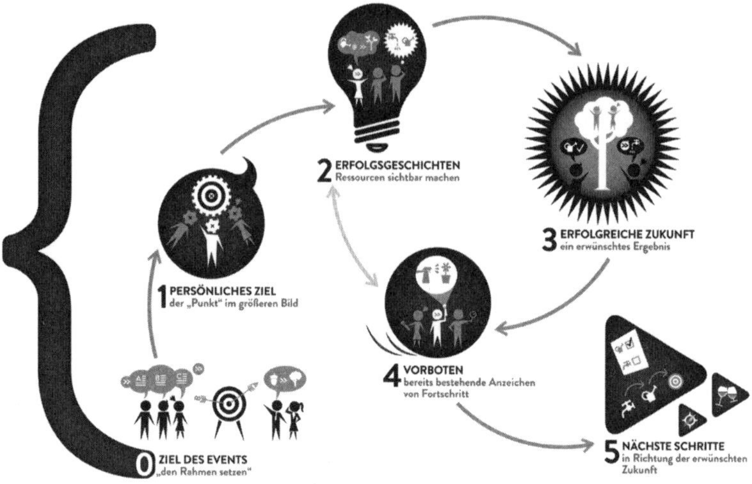

Abb. 12: Prozessmodell lösungsfokussierter Großgruppenarbeit

Ich beschreibe nun die verschiedenen Phasen des Prozesses und führe dazu jeweils praktische Beispiele an. Es gibt aber keinen linearen Weg durch diese Phasen, da das Thema und der Kontext eines jeden Events meist sehr unterschiedlich sind. Die lösungsfokussierte Beraterin lässt dann eben Phasen aus oder wiederholt sie, wenn nötig, im Laufe des Prozesses.

0) Das Ziel des Events – »den Rahmen setzen«:
Kontext, Fokus und erwünschtes Ergebnis definieren

»Den Rahmen setzen« bedeutet mehr, als einfach nur die Ziele zu kommunizieren. Die Stakeholder müssen ihre Mitspielenden wissen lassen, was sie als Anzeichen von Fortschritt betrachten und woran sie positive Unterschiede als Ergebnis des Events erkennen werden.

Eine öffentliche Bildungsorganisation führte einen durch Budgetrestriktionen ausgelösten Merger von zwei Abteilungen durch. Die Führungskräfte entschieden, einen eineinhalbtägigen Event mit allen Mitarbeitenden durchzuführen, um deren Expertise für die optimale Reorganisation der Arbeitsprozesse zu nutzen. Sie setzten folgenden »Rahmen« für den Event:

Unsere Ziele sind:

- einen reibungslosen Übergang für die Mitarbeitenden in die neue Organisation zu schaffen
- das interne Know-how für die Organisation der neuen Teams und Arbeitsroutinen zu nutzen
- die laufende Selbstorganisation in der neuen Organisation zu unterstützen.

Wir, das Management, werden nach dem Event dann positive Veränderungen erkennen, wenn:

- Ideen und Aktionspläne aus dem Event ausprobiert werden und Ergebnisse davon in Meetingprotokollen, Mails und internen Zeitungen zu lesen sind
- weitere Aktionspläne und Ideen von Mitarbeitenden und Teams direkt an das Management geschickt werden
- Erfolgsgeschichten bei Meetings und in Mails kommuniziert werden.

Innerhalb dieses Rahmens waren die Teilnehmenden in der Lage, ihre Ideen und Aktionspläne mit den Zielen und vor allem mit den Anzeichen von Fortschritt zu verbinden.

1) Persönliches Ziel – der »Punkt« im größeren Bild:
Sich auf ein Ergebnis einigen; eine individuelle und persönliche Plattform bauen; Motivation schaffen

In dieser Phase muss das erwünschte Ergebnis mit den Teilnehmenden verhandelt werden. Sie sollen reflektieren können, wo und wie sie sich im Gesamtbild sehen, sowohl in der Gegenwart als auch längs des Weges in die Zukunft.

Eine Stadtverwaltung betrieb ein großes Renovierungs- und Modernisierungsprogramm ihrer Volksschulen (in Österreich und der Schweiz gibt es Volksschulen). Abgesehen von der physischen Modernisierung, wollte sie die Schulstruktur sowohl im Lehr- als auch im administrativen Bereich verbessern. In mehreren groß angelegten Seminaren wurden die Lehrenden eingeladen, Dialoge über die Schule als Arbeitsplatz und ihre professionellen Lehrkompetenzen aus einer Zukunftsperspektive heraus zu betrachten. Am

Beginn eines jeden Seminares wurden ihnen die folgenden Fragen gestellt:

- Wenn Sie Ihre Arbeit als Lehrperson aus einer Zukunftsperspektive heraus betrachten, wie würden Sie gerne von dieser Initiative hier Nutzen ziehen?
- Welches wird Ihr Beitrag dazu sein, dass dies geschieht, heute und später?
- Woran werden Ihre Kollegen, Schüler und Eltern merken, dass Ihre Teilnahme heute und an diesem Prozess wertvoll war?

Die Reflexion über diese Fragen schuf ein Bewusstsein für das, was geschehen musste, damit Motivation und Engagement aufrechterhalten werden konnten.

2) Erfolgsgeschichten – Ressourcen sichtbar machen: Erfolgsgeschichten aus der täglichen Arbeit teilen; bestätigen, was gut funktioniert

Persönliche Erfolgsgeschichten aus der Praxis öffnen den Raum, damit Menschen ihr implizites Know-how bezüglich dessen, was gut funktioniert, teilen können.

Ein globales Unternehmen wollte die Fähigkeiten und Kompetenzen seiner mittleren Führungskräfte durch eine Reihe von Trainings verbessern. Als Kick-off holte die Firma alle zusammen, um die Trainingsserie zu präsentieren. Das Ziel war, den einzelnen Führungskräften eine Gelegenheit zu geben zu überlegen, welche Art von Trainings sie brauchten, um sich selbst im Einklang mit der Strategie der Organisation zu entwickeln. Indem sie einander Erfolgsgeschichten aus ihrer täglichen Arbeit erzählten, reflektierten sie über ihre eigenen Fähigkeiten und Kompetenzen. Sie hörten einander mit folgenden Fragen zu:

- Welche Fähigkeiten und Kompetenzen fallen Ihnen ein, wenn Sie diese Geschichte hören?
- Was sagt diese Geschichte darüber aus, in welchen Arbeitsbereichen die Erzählenden und ihre Teams besonders gut sind?

Dieser Zugang ergab ein reichhaltiges Feedback für die einzelnen Personen wie auch zusätzliche Perspektiven darauf, was sie schon gut konnten. Weitere Überlegungen darüber, welche Trainings sie auswählen sollten, wurden anhand von Fragen wie »Welche Fähigkeiten muss ich in meiner Position entwickeln?« und »Welche Art von Führungskraft möchte ich gerne werden?« reflektiert.

3) Erfolgreiche Zukunft – ein erwünschtes Ergebnis: Sich detailreich eine positive Zukunft vorstellen, in der die Ziele bereits erreicht sind mit allen damit verbundenen Konsequenzen

Erwünschte Ergebnisse und positive Konsequenzen in einer Art »Testzone« zu erforschen bietet die einzigartige Gelegenheit abzuwägen, wie attraktiv es sein wird, den nötigen Einsatz für diese Ergebnisse im echten Leben zu zeigen.

Ein Ingenieurbüro wollte vorausschauend seine Dienstleistungen in Bezug auf Klimawandel gestalten. Die Geschäftsführer planten einen eintägigen Event, in dem Mitarbeitende, auf ihrer Expertise aufbauend, diskutieren konnten, wie der globale und lokale Klimawandel ihre Dienstleistungen beeinflussen würde und wie sie damit erfolgreich umgehen könnten. Die Ingenieure arbeiteten mit Fragen nach der erwünschten Zukunft und stellten sich vor, dass sie aus einem zeitlichen Abstand von fünf bis zehn Jahren auf die Gegenwart zurückschauen würden:

- Womit sind Sie am zufriedensten in Bezug auf Ihren Job im Jahr 20XX?
- Was machen Sie/Ihr Team/Ihre Organisation jetzt anders?
- Wenn Sie auf Ihren bisherigen Weg zurückblicken, auf welche Leistungen sind Sie am meisten stolz? Worauf sind Sie am meisten stolz in Bezug auf das, was Ihr Team/Ihre Abteilung/Ihre Organisation geleistet hat?

Jeder hatte die Gelegenheit, sich selbst in die Zukunft zu projizieren, ob in derselben oder in einer anderen Position, und konnte Ideen für Verbesserungen oder für komplett neue Dienstleistungen einbringen, die kurz nach dem Event initiiert wurden.

4) Vorboten – was bereits geschieht: Basierend auf den Beschreibungen der Zukunft wird nach Anzeichen gesucht, wo in der Organisation etwas Ähnliches bereits geschieht

Diese Phase zielt darauf ab, spezifische Handlungen oder Kompetenzen zu finden, die den Fortschritt in Richtung der erwünschten Zukunft unterstützen: etwas, das bereits stattfindet oder existiert und daher verstärkt werden kann.

Das genannte Ingenieurbüro verfolgte seine erwünschte Zukunft, indem es mit folgenden Fragen weiterarbeitete:

- Ausgehend von dem, was wir über unsere erwünschte Zukunft besprochen haben: Was passiert heute bereits, das uns ein wenig in diese Richtung bringt bzw. das Potenzial hat, uns in diese Richtung zu bewegen?
- Was werden Sie, Ihr Team, Ihre Führungskräfte, die Stakeholder bemerken, wenn sich die Dinge in Richtung unserer erwünschten Zukunft zu bewegen beginnen?

Die Antworten ergaben eine Liste von konkreten Anzeichen und Handlungen, die es allen Beteiligten ermöglichten, den Fortschritt auf allen Ebenen der Organisation zu initiieren und zu unterstützen.

5) Nächste Schritte – Fortschritt unterstützen: Nächste Schritte für Führungskräfte, Teams oder die Organisation; Aktionspläne

In dieser Phase wird alles sehr konkret und persönlich. Das ist wichtig, damit der Fortschritt in Gang gesetzt und verfolgt werden kann, und das fast unabhängig von den Bedingungen.

Das Thema einer regionalen Jugendkonferenz war »Veränderung in der Jugendkultur und die Zukunftsperspektiven von Jugendzentren«. Mitarbeitende der Zentren wurden zusammengeholt, damit sie ihr Know-how und ihre Wahrnehmung der Jugendtrends austauschen konnten. Darauf wollte die Stadtverwaltung eine Strategie für die nächsten vier Jahre aufbauen. Am Ende der Konferenz hatten alle Teilnehmenden ihr Input zur Strategie gegeben und darüber hinaus Ideen für neue Initiativen und Projekte zur Kooperation der Zentren entwickelt. Damit sie den Fortschritt unterstützen konnten, wurden die Teilnehmenden gebeten, kleine und leicht zu realisierende nächste Schritte für die nahe Zukunft zu beschreiben. Dabei wurde mit folgenden Fragen gearbeitet:

Aufbauend auf der Arbeit auf der Konferenz und all den guten Ideen, die Sie jetzt haben:

- Welches wird Ihr nächster kleiner und leichter Schritt innerhalb der nächsten 72 Stunden sein?
- Welches werden Ihre weiteren Schritte innerhalb der nächsten 14 Tage sein?

Indem man diese einfachen und spezifischen Aktionspläne machte, war es möglich, einen konkreten Fortschritt unabhängig von der langfristigeren strategischen Arbeit zu erzielen.

Zusammengefasst, bietet Lösungsfokus der Großgruppenarbeit in Organisationen folgende vorteilhafte Möglichkeiten:

- Ressourcen abzubilden und zu aktivieren
- Resilienz und Zuversicht aufzubauen und zu stärken
- Nachhaltige und flexible Aktionspläne über verschiedene Kompetenz- und Aufgabenbereiche hinweg zu erstellen.

5.3.5 Lösungsfokussiert Merger managen

Doris Regele und Wolfgang Regele

Vorweg eine Begriffsentwirrung aus der Welt der Fusionen und Übernahmen, auf Neudeutsch »Mergers and Acquisitions« (M&A) genannt: Den gleichberechtigten Zusammenschluss von Unternehmen, der im Begriff »Merger« impliziert ist, gibt es nur sehr selten. Diese Bezeichnung wird in der M&A-Praxis meist als Überbegriff für den gesamten Prozess der Vorbereitung und Durchführung einer Akquisition und der nachfolgenden Integration von Unternehmen oder Unternehmensteilen verwendet. Solche Zusammenschlüsse lösen tief greifende Veränderungen in Unternehmen aus und sind oft weniger erfolgreich als erhofft: 60–80 % der Transaktionen bringen nicht den erwarteten Mehrwert (Dröse 2006).

Kein Wunder also, dass eine Unternehmensakquisition von vielen als einschneidendes und oft auch traumatisches Ereignis erlebt wird. Bei erfolgreichen Prozessen konnten wir jedoch wiederholt beobachten, dass Lösungsfokus intuitiv angewendet wird, ohne dass dieser Begriff jemals erwähnt wird. Dabei geht es nicht um spezielle Methoden, sondern vielmehr um eine lösungsfokussierte Haltung und darum, wie an das Thema »Veränderung« herangegangen wird – nämlich neugierig und lustvoll anhand von Unterschieden lernend. Je stärker diese Haltung ausgeprägt ist, desto mehr Lernen ist möglich und desto erfolgreicher der Merger. Mit Erfolg ist hier nicht nur ein (temporär) höheres EBIT, d. h. operatives Ergebnis, gemeint, sondern eine ganzheitliche und nachhaltige Zukunftssicherung des betreffenden Unternehmens.

Im Folgenden beschreiben wir anhand von drei wesentlichen Elementen, wie Merger mit einer lösungsfokussierten Herangehensweise erfolgreicher gestaltet werden können.

»Future Perfect« – die erwünschte Zukunft beschreiben

Wir wissen zwar noch nicht, wohin, aber dafür sind wir umso schneller dort. Kennen Sie das?

Mit atemberaubender Geschwindigkeit »stolpern« Unternehmen in Merger-Prozesse, ohne sich Gedanken zu machen, wohin die Reise gehen soll. Wir empfehlen, *vor* der endgültigen Entscheidung, ob so ein Prozess gestartet werden soll, zu überlegen, was anders sein soll, wenn die Akquisition erfolgreich »überstanden« ist:

- Was wollen die Entscheider bzw. Manager dann beobachten können?
- Woran könnten das andere beobachten: die Kunden, Lieferanten, Dienstleister, Eigentümer, Banken etc.?

Die Antworten auf diese Fragen nach konkret beobachtbaren Veränderungen ist das, was als Vision auch in einem komplexen Umfeld bestehen kann, ohne von neueren Erkenntnissen gleich über den Haufen geworfen zu werden. Solch beobachtbare Veränderungen nach einem Akquisitionsprozess können aus Unternehmenssicht zum Beispiel sein:

- Wir werden von unseren Lieferanten ernster genommen.
- Unsere Innovationsrate ist gestiegen.
- Wir können nun preislich wieder mit der Konkurrenz mithalten.

- Wir sind flexibler in der Produktionsplanung.
- Unsere Marke ist bekannter.
- Neue Kunden sprechen uns aktiv an.
- Unser Ertrag ist gestiegen und damit eine mögliche Ausschüttung an die Mitarbeitenden.

Mit dieser Vorgangsweise würde man in vielen Fällen rechtzeitig erkennen, dass ein Merger gar nicht die beste Lösung ist, sondern dass stattdessen aus eigener Kraft geschaffte Schritte eher zu dieser gewünschten Zukunft führen. Viele der nicht erfolgreichen Merger-Beispiele hätten unter dieser Perspektive möglicherweise nie stattgefunden.

Aber auch während des weiteren Prozesses kann eine »Future-Perfect«-Beschreibung notwendige Entscheidungsprämissen liefern, damit das Ziel nicht aus den Augen verloren und eine konsistente Entscheidungsfindung ermöglicht wird. Je besser dieses Bild bei allen Entscheidungsträgerinnen und idealerweise auch bei allen Mitarbeitenden verankert ist, desto eher wird man immer wieder die richtigen Kurskorrekturen wählen, ohne dabei alle Entscheidungen zentralisieren zu müssen. Denn genau das geschieht bei vielen Akquisitionsprozessen, bei denen aus Unsicherheit alle Entscheidungen in »Merger-Offices« konzentriert werden. Damit werden Entscheidungen meist zu spät, gar nicht oder nicht an dem Punkt in der Organisation getroffen, wo auch die höchste Entscheidungskompetenz liegt.

Kleine Schritte machen

»Der Mensch ist der Faktor, der nie ganz aufgeht.«
Friedrich Dürrenmatt

Bei Mergern geht es um soziale Systeme und nicht um triviale Maschinen (F. B. Simon 2011); daher lässt sich der gewünschte Erfolg auch nicht »auf Knopfdruck erzeugen« oder exakt vorausberechnen. Es ergibt auch keinen Sinn, einen genauen Plan zu schmieden und ihn dann »eisern« durchzuziehen, wie es vielerorts geschieht. Dazu stecken zu viel Unsicherheit, Komplexität und zu viele unplanbare Variablen in derartigen Prozessen.

Bei lösungsfokussiert durchgeführten Mergern ermöglichen kleine Schritte den laufenden Abgleich zwischen der Ausgangs- bzw. aktuellen Position und der gewünschten Zukunft und damit eine kontinuierliche Anpassung der Entscheidungsprämissen. So kann jederzeit flexibel auf Unerwartetes reagiert und können auftretende Potenziale rasch genutzt werden. Dies ist ein Lernprozess mit einer laufenden Neubetrachtung und -bewertung der gegenwärtigen Vergangenheit anhand des aktuellen Wissens.

Konkret bedeutet das, Prioritäten zu setzen und die Vorhaben dementsprechend in Teilprojekte zu gliedern :

1) Zusammenfassung der möglichen Themen, die es anzupacken gilt
2) Chancen- und Risiko-Assessment bezüglich der verschiedenen Themen
3) Kategorisieren und Priorisieren nach folgenden Faktoren:
   - Dringlichkeit: Gibt es eine – durch externe Faktoren – beeinflusste Terminabhängigkeit?
   - Wichtigkeit: Wie hoch ist eine mögliche Auswirkung von Erfolg oder Misserfolg auf das Unternehmensergebnis?
   - Vorentscheidung: Wie viel der Umsetzung ist bereits beschlossene Sache?
   - Mitgestaltung: Wie frühzeitig und wie tief möchte ich die betroffenen Personen in den Prozess involvieren?
   - Emotionalität: Wie emotional ist das Thema bei den Mitarbeitenden verankert?

In jedem dieser Teilprojekte sind kleine Schritte entscheidend. Sie geben Sicherheit, situative Handlungs- und Adaptionsfähigkeit sowie – bei erfolgreicher Bewältigung – Motivation für den nächsten Schritt.

Positives wahrnehmen, um den Fortschritt zu unterstützen

»Fokussiere auf kleine Zeichen von Kooperation anstatt auf Widerstand.«

Insoo Kim Berg

Haben Sie beobachtet, dass wir Menschen eine selektive Wahrnehmung besitzen? Das ist auch gut so, sonst würden wir alle wegen Reizüberflutung in der »Klapsmühle« landen. Wir nehmen wahr, was wir wahrnehmen wollen – bewusst oder unbewusst. Gehen Sie einmal durch Ihr Unternehmen, und suchen Sie nach Problemen – Sie werden sicher welche finden. Suchen Sie hingegen bewusst nach tollen Leistungen, werden Sie auch solche finden. Wenn man also beides finden kann, stellt sich natürlich die Frage, wohin ich meine Aufmerksamkeit und Energie fokussieren will.

Bei der wirtschaftlichen Rechtfertigung von Akquisitionen wird tendenziell zu optimistisch geplant in der Absicht, einen entsprechend attraktiven Return-on-Investment darzustellen. Daraus entsteht ein Ziel, das man zwar nie erreichen wird, dem man aber trotzdem permanent hinterherläuft, womit man das Unternehmen in eine defizitorientierte Haltung bringt. Abgesehen davon, dass man damit nie ein Erfolgserlebnis hat, bleiben durch das ständige Fokussieren auf Defizite Potenziale unentdeckt und Lernfelder ungenutzt.

Bei lösungsfokussiertem Herangehen hingegen begeben sich Führungskräfte, Projektverantwortliche und Entscheider auf die Suche danach, wo die »erwünschte Zukunft« bereits stattfindet, um sie zu bestärken bzw. als Ressource für die nächsten Schritte zu nutzen. Vor allem in der »Post-Merger-Phase«, also wenn etwa zwei Unternehmen(steile) fusioniert sind, lohnt es sich, darauf zu achten, wo z. B. »gute Zusammenarbeit« bereits stattfindet und wie das auf andere Bereiche zu übertragen wäre. Denn auch in diesem Fall gilt, was Steve de Shazer so schön formulierte: »Wenn positive Veränderung nicht bemerkt wird, verschwindet sie wieder.« Auch ein guter Grund, warum so viele Merger-Prozesse nicht das erhoffte Ergebnis bringen.

5.3.6 Lösungsfokus im Risikomanagement

Stefan Kreil

Vor einem möchte ich Sie warnen: Wenn Sie Ihrer Kundin oder Chefin ein aufwendiges Vorgehen verkaufen wollen, indem Sie Ihr bisheriges Risikomanagement umfassend analysieren, neue Prozesse definieren und großflächig neu implementieren, lesen Sie nicht weiter. Es lohnt sich nicht für Sie. Wenn Sie hingegen auf vorhandenen Prozessen aufbauen und sie um lösungsfokussierte Fragen, Änderungen in kleinen Schritten und eine Neuinterpretation der Rolle der Risikomanagerin ergänzen wollen, dann ist dieser Beitrag für Sie richtig. Auch wenn Sie Ihre Kunden bei der Evaluierung der Risiken von Geschäftsstrategien und Projekten lösungsfokussiert unterstützen möchten, finden Sie in diesem Beitrag nützliche Ideen. Wir stellen uns hier vor allem die Frage: Was macht den wirksamen Unterschied zwischen dem traditionellen und einem »lösungsfokussierteren« Risikomanagement aus?

Der Dreh vom Risiko zum Projekterfolg

Alle Prozessphasen des traditionellen Risikomanagements lassen sich um lösungsfokussierte Fragen ergänzen, wobei die Rolle der Risikomanagerin neu interpretiert wird. Die wirksamste Refokussierung wird durch die entscheidende Leitfrage erzielt. Anstatt nach den gravierendsten Risiken und Gegenmaßnahmen zu fragen, was die Gegenüber meist sofort in eine Defensivposition bringt, fragt man lösungsfokussiert: »Wie können Sie die Wahrscheinlichkeit erhöhen, dass Ihr Projekt erfolgreich abgeschlossen wird?« Dies reduziert die Berührungsängste der Kunden bezüglich des Themas, erzeugt eine andere Denkrichtung, und Kundin und Risikocoach sind sofort Partner.

Die Rollen im Risikomanagement

Die Risikomanagerin unterstützt die Projektleitung, stellt das Regelwerk zur Verfügung und moderiert die Risk-Assessments. Woran merken Sie aber, dass Ihnen eine lösungsfokussierte Risikomanagerin gegenübersitzt?

- Sie baut eine Kooperationsbeziehung auf.
- Sie fokussiert konsequent auf Lösungen und Gestaltungsmöglichkeiten.
- Sie übernimmt Verantwortung für den Prozess, aber nicht für den Inhalt oder das Ergebnis.

Die Risikomanagerin arbeitet dabei mit:

- Dem Risk-Owner, der für das Risiko und in der Regel für das Gelingen des Projektes oder die Organisationsveränderung verantwortlich ist. Er analysiert die Risiken, bestimmt den Response-Owner und überwacht die Risikobehandlung.
- Dem Response-Owner, der für die Umsetzung der festgelegten Maßnahmen zur Risikobehandlung verantwortlich ist und den Status an den Risk-Owner berichtet.
- Den Experten, die ihr Fachwissen beim Risk-Assessment einbringen. Sie können auch mit der Risikobehandlung beauftragt werden, dann sind sie zugleich Response-Owner.

Der Risikomanagement-Prozess
Er besteht wie im traditionellen Risikomanagement aus den Phasen Planung, Risk-Assessment (Identifikation, Analyse und Festlegung der Behandlung der Risiken) und Risikoüberwachung (PMI 2009) (vgl. Abb. 13).

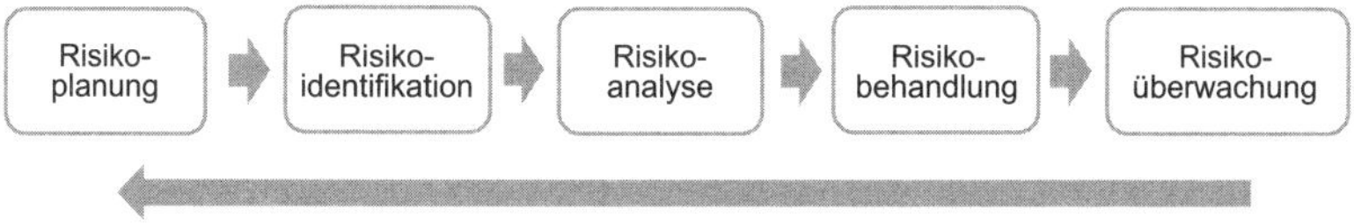

Abb. 13: Prozessmodell des Risikomanagements (nach Gans, Schild u. Krell 2012, S. 238)

Risikoplanung
Bei der Risikoplanung wird festgelegt, wer zum Risk-Assessment eingeladen wird, welche Rollen vertreten sind und wie das Risk-Assessment ablaufen soll (Präsentation, Zeitrahmen, Logistik). Bei einer lösungsfokussierten Risikoplanung legt die Risikomanagerin den Schwerpunkt auf die Gestaltung der Beziehung und auf das gewünschte Ergebnis, ähnlich wie bei der Auftragsklärung im Coaching:

- Wer ist die formelle oder informelle Auftraggeberin?
- Welches sind die (Minimal-)Ergebnisse, die Sie erreichen wollen?
- Vereinbarung über Vertraulichkeit.

Risiko-Assessment
Während des Risiko-Assessments wird der Risk-Owner von den Experten, dem Reflecting Team, unterstützt. Noch bevor die Risiken identifiziert werden, stellt die Risikomanagerin Fragen zum gewünschten Ergebnis:

- Um welches Projekt handelt es sich (beteiligte Personen, Investment, Wichtigkeit für die Organisation etc.)?
- Welchen Unterschied wird es machen, wenn das Projekt erfolgreich ist?
- Wie müsste das Risiko-Assessment ablaufen, damit es für Sie von Nutzen wäre?
- Was haben Sie bisher schon erreicht?

Risikoidentifikation

Wie in der traditionellen Vorgehensweise werden Risiken als »Wenn-dann«-Satz formuliert, zum Beispiel: »Wenn die neuen Trainer nicht bis Mai zur Verfügung stehen, dann müssen die Schulungen storniert werden.« Die Risiken werden dabei auf einem vorbereiteten Flipchart-Risikoregister vom Risk-Owner erfasst (vgl. Abb. 14).

Risk Assessment			Project: ________	
#	WENN...	DANN...	RE	Response
1	neue Trainer nicht zur Verfügung stehen,...	... werden Schulungen storniert.		
2	Budget nicht freigegeben wird,...	... kann der Zeitplan nicht eingehalten werden.		
3	...	...	...	...

Abb. 14: Risikoregister

Die Risikobewertung beinhaltet die Schätzung der Eintrittswahrscheinlichkeit des Risikos *(probability)* und die Auswirkung, sollte das Risiko eintreten *(impact)*. Im ersten Schritt wird festgelegt, welches der maximale Impact des Vorhabens ist, und der maximale Verlust wird geschätzt, z. B. der Verlust der Investition. In einem weiteren Schritt wird der Risk-Owner gebeten, auf einer Skala die Auswirkung des ersten Risikos abzuschätzen (5 = »Worst Case« bis 1 = »keine oder minimale Auswirkung«). Danach wird er gebeten, auf einer zweiten Skala zu schätzen, mit welcher Wahrscheinlichkeit das Risiko eintreten könnte. Das Ergebnis, die Risk-Exposure (RE), kann er auf einer vorbereiteten Matrix auf einem Flipchart mit Post-its® vermerken. Dabei wird er wieder von seinem Expertinnenteam unterstützt. Nach dem gleichen Muster werden die übrigen Risiken eingeschätzt. Wenn alle Risiken auf der Matrix dargestellt sind, entscheidet der Risk-Owner gemeinsam mit dem Team, welche Risiken aus ihrer Sicht als »hoch« (H), »mittel« (M) oder »niedrig« (L) einzustufen sind. Diese Vorgehensweise ist weitgehend ident mit der klassischen Risikobewertung (vgl. Abb. 15).

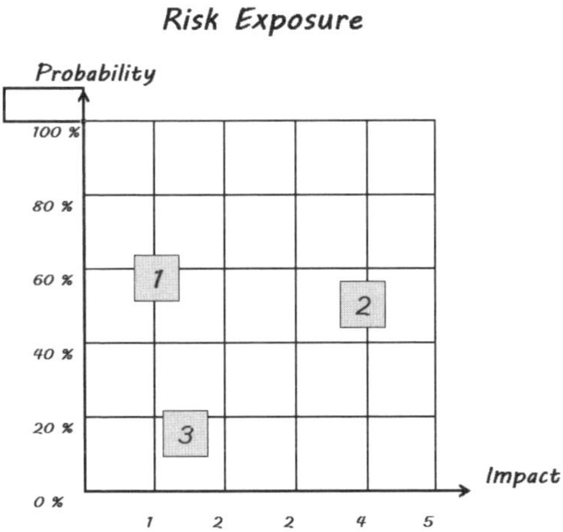

Abb. 15: Risikomatrix

Risikobehandlung

Bei der lösungsfokussierten Risikobehandlung liegt der Schwerpunkt auf dem erfolgreichen Projekt und die Orientierung ist am Machbaren und an den vorhandenen Ressourcen ausgerichtet. Dabei helfen einfache lösungsfokussierte Fragen:

- Was kann das Team tun, um erfolgreich zu sein? (Anstatt: Was sollten »andere« tun?
- Was tut das Team bereits jetzt dafür, um die Wahrscheinlichkeit zu erhöhen, erfolgreich zu sein?
- Hat das Team in der Vergangenheit schon einmal eine ähnliche Maßnahme ergriffen, und was war damals erfolgreich?
- Woran würde das Team am ehesten merken, dass eine Maßnahme erfolgreich ist?
- Was wäre z. B. in den nächsten 72 Stunden machbar?

Die erarbeiteten Maßnahmen werden vom Risk-Owner wieder auf dem Flipchart als »Response« erfasst (vgl. Abb. 16).

Risk Assessment			Project:	________
#	WENN…	DANN…	RE	Response
1	neue Trainer nicht zur Verfügung stehen,…	… werden Schulungen storniert.	H	Prüfen, ob externe Trainer unterstützen können
2	Budget nicht freigegeben wird,…	… kann der Zeitplan nicht eingehalten werden.	M	Meeting mit Controlling
3	…	…	…	…

Abb. 16: Risikoregister mit Response

Risikobewertung nach Festlegung der Risikobehandlung

Nach der lösungsfokussierten Risikobehandlung erfolgt eine zweite Risikobewertung mit der Frage: »Wie würde das Team die Risiken einschätzen, wenn die Risikobehandlung erfolgreich wäre?« Die Risiken werden auf der Risikomatrix entsprechend justiert. In der Regel steigt hierbei die Erfolgswahrscheinlichkeit bzw. verringert sich der potenzielle Impact massiv, und das hat eine Auswirkung auf den Umgang mit den Risiken:

- »Es ist nicht so schlimm wie gedacht!«
- »Es wird besser!«
- »Wir können etwas tun!«

Risikoüberwachung

Bei der lösungsfokussierten Risikoüberwachung konzentrieren sich die Kundin und das Team auf die kurzfristigen Maßnahmen, mit denen die Risiken abgeschwächt werden können.

Ergebnis und Vergleich zwischen traditionellem und lösungsfokussiertem Risikomanagement

Durch die beschriebene Vorgehensweise fokussiert das Team auf das erreichbare Ziel. Risiken werden zu Handlungsfeldern, das »problembehaftete« Risiko existiert nicht mehr oder tritt stark in den Hintergrund, und die Beteiligten bekommen eine Übersicht über das, was sie unmittelbar tun können.

Es können ganz konkrete nächste Schritte, oft gleich nach dem Risiko-Assessment, durchgeführt werden. Das erlaubt es »loszulaufen«, auch wenn das Projektziel vor allem zu Projektbeginn noch nicht exakt bekannt ist.

Tabelle 10 zeigt zusammenfassend einen Vergleich der Ansätze.

Traditioneller Risikomanagement-Ansatz	Lösungsfokussierter Risikomanagement-Ansatz
Projekt/Initiative	erwünschte Zukunft
Risiko	Möglichkeit
Planung	Auftragsklärung
Wahrscheinlichkeit ermitteln	skalieren
Auswirkung ermitteln	skalieren
Risikoanalyse	Plattform bauen: Was ist schon da?
Response	Aktionen in kleinen Schritten
Reporting	Rückblick auf das vorhergehende Gespräch: Was ist jetzt besser?
Risk-Owner	Kundin
Risiko-Manager	Coach
Response-Owner	Kundin/Team

Tab. 10: Vergleich der Risikomanagement-Ansätze

Fazit

Mit einigen lösungsfokussierten Adaptionen können Sie Ihr bestehendes Risikomanagement ergänzen und dadurch seine Akzeptanz und Wirksamkeit stark erhöhen, ohne dass Sie dazu neue Prozesse definieren und implementieren müssen.

5.3.7 Charakteristika lösungsfokussierter Konfliktberatung und Mediation

Marco Ronzani

Konfliktberatung und Mediation sind Formen professioneller Gesprächsführung. Beide unterscheiden sich von anderen Formen lösungsfokussierter Beratung dadurch, dass ihr Anlass von den Kunden als »Konflikt« und nicht als »Problem«, »Ziel«, »Entscheidung« oder anderes bezeichnet wird. Nach lösungsfokussiertem Verständnis ist das der einzige Grund für die Unterscheidung. Sie ist nicht Folge einer professionellen semantisch-diagnostischen Kategorisierung des Anliegens, was der Lösungsfokussierung grundsätzlich fremd wäre. Im Folgenden beschreibe ich einige wesentliche Charakteristika lösungsfokussierter Konfliktberatung und Mediation und zeige dabei, wie lösungsfokussierte Konfliktberatungs- und Mediationsgespräche in der Praxis strukturiert werden und um welche Fragentypen es dabei gehen kann.

1) Aufbau und Stärkung der Ressourcenorientierung

- Was machen Sie gern? Was, würden Sie sagen, machen die anderen gern?
- Was können Sie gut? Was, vermuten Sie, können die anderen gut?
- Was ist Ihnen wichtig? Was, meinen Sie, ist den anderen wichtig?
- Was funktioniert in Ihrer Beziehung? Wie, glauben Sie, sehen das die anderen?

Lösungsfokussierte Konfliktberatungs- und Mediationsgespräche werden möglichst immer und sofort mit einer Lenkung der Aufmerksamkeit der Kundin auf ihre eigenen Ressourcen eröffnet. Das entspricht der Annahme, dass Reden über Probleme und Defizite mehr Probleme und Defizite erzeugt, wohingegen Reden über Lösungen und Ressourcen mehr Lösungen und Ressourcen erzeugt. Strikter noch als in lösungsfokussierten Coachinggesprächen wird die Ressourcenorientierung hier ausführlicher und detaillierter vertieft. Damit wird die Aufmerksamkeit der Kundin so schnell wie möglich auf das gelenkt, was (noch) funktioniert und (bereits) Teil der Lösung ist. So kann auch einer allfälligen Tendenz der Kundin vorgegriffen werden, in nicht nützlicher Weise die Konflikt(leidens)geschichte darzulegen. Letztlich geht es darum, die Kundin auf die Konstruktion der Lösung (Punkt 3) und die Zeitumkehr (Punkt 4) vorzubereiten. In der Praxis zeigt sich, dass es lohnend ist, so lange ressourcenorientierte Fragen zu stellen, bis die Aufmerksamkeit der Kundin möglichst stabil auf Ressourcen ausgerichtet ist.

2) Das Ziel der Kundin treibt die Aktivität: Verzicht auf Vorannahmen über das Ziel der Kundin

- Woran werden Sie nach unserem Gespräch erkennen, dass Ihre Hoffnungen in dieses Gespräch erfüllt wurden?
- Und woran noch?

Die Lösungsfokussierung arbeitet mit möglichst wenig Vorannahmen über das Ziel der Konfliktberatung oder Mediation und unterscheidet sich darin von anderen Ansätzen. Oft herrscht die explizite oder implizite Vorannahme, Ziel der Konfliktberatung sei eine »Konfliktlösung«, wie zum Beispiel im Leitbild des Harvard-Mediationsprogrammes festgehalten (Harvard Mediation Programm 2014), eine »Vereinbarung« (Montada u. Kals 2013, S. 43), »Transformation« (Bush u. Folger 2009, S. 63) oder »Versöhnung« (Galtung 2007). Nach lösungsfokussierter Auffassung ist die Formulierung des Ziels selbst Teil der Konfliktberatung. Sie kann nur von der Kundin selbst entwickelt und formuliert werden. Das entspricht der für die Lösungsfokussierung charakteristischen Annahme, dass die Kundin die Expertin in eigenen Angelegenheiten ist. Deswegen wird immer danach gefragt, was sich die Kundin von der Mediation erhofft. Diese Hoffnung wird so lange exploriert, bis beide bzw. alle davon überzeugt sind, dass das Gespräch für die Kundin nützlich, sinnvoll oder wertvoll sein wird und mithin der Gegenstand der Gesprächsvereinbarung klar ist.

3) Richtung der Aufmerksamkeit auf die Lösungskonstruktion: Verzicht auf Konfliktanalyse

- Angenommen, es ist vollständig gelöst, was tun Sie dann anders?
- Was für einen Unterschied macht das?

Nach der Zielformulierung wird die Aufmerksamkeit umgehend auf die Beschreibung dessen gerichtet, was die Kundin erlebt, wenn »es«

gelöst ist. Was »es« ist, gehört nicht zur Lösung. Folgt man dem Satz von Wittgenstein (1961, 6.521): »Die Lösung des Problems des Lebens merkt man am Verschwinden dieses Problems«, dann erweist sich eine Exploration des Problems (»es«) als unsinnig, weil sie lediglich mehr Informationen verschaffen würde über das, was sowieso weg ist, wenn die Lösung da ist. »Es« wird deswegen nach Möglichkeit in der lösungsfokussierten Konfliktberatung nicht exploriert und nicht zum Gegenstand der Gesprächsführung gemacht. Im Gegensatz zu praktisch allen anderen Ansätzen der Mediation werden Gespräche über »es« und seine Analyse sogar als riskant erachtet, weil sie als Einladung zur Lenkung der Aufmerksamkeit auf »es«, also auf etwas anderes als die Lösung, verstanden werden kann. Steve de Shazer (2012c) drückte das aus in dem Satz: »Problemsprache erzeugt Probleme, Lösungssprache erzeugt Lösungen.« Die Aufmerksamkeit wird also gezielt auf die Exploration der Lösung gerichtet, indem nach Unterschieden gefragt wird, die von der Kundin und Personen ihres Umfeldes wahrgenommen und beobachtet werden, wenn »es« gelöst ist oder – in einer anderen Formulierung – das Ziel vollständig erreicht ist.

4) Zeitumkehr: Die erwünschte Zukunft erzeugt nützliche Handlungen in der Gegenwart – anstatt: Gegenwärtige Handlungen erzeugen die erwünschte Zukunft

- Welche Teile oder Beispiele von dem, was Sie soeben als erwünschte Zukunft beschrieben haben, erlebten Sie in letzter Zeit schon?
- Und welche noch?

Typisch für die lösungsfokussierte Konfliktberatung ist die Arbeit mit Zeitumkehr. Die Zeitumkehr ist vor allem bekannt vom Phänomen der sich selbst erfüllenden Prophezeiung (Watzlawick 1984): Ein in der Zukunft erwartetes Ereignis erzeugt Handlungen in der Gegenwart, die Voraussetzung dafür sind, dass ebendiese Zukunft eintreten kann. In der Zeitumkehr unterscheidet sich die Lösungsfokussierung wesentlich von anderen (vor allem strategischen) Ansätzen, die standardmäßig davon ausgehen, dass die Zukunft kontinuierlich aus der Vergangenheit heraus durch eine planbare Folge linear gesetzter Schritte (Aktionspläne) erzeugt wird.

Bereits bei der Beschreibung des Ziels des lösungsfokussierten Mediationsgesprächs wird die Zeitumkehr deutlich: Die Kundin wird eingeladen zu beschreiben, woran sie nach dem Gespräch erkennt, dass ihre Hoffnungen erfüllt sind (zukünftiges Ereignis). Das erzeugt den Inhalt des Gespräches (Gegenwart). Genauso beschreibt die Kundin das, was sie erlebt, wenn »es« gelöst ist, nämlich die erwünschte (zukünftige) Wirklichkeit. Das funktioniert mithilfe der Zeitumkehr unabhängig von einer Vorstellung davon, wie es dazu gekommen ist. Dank der Zeitumkehr kann die Kundin eine erwünschte Zukunft beschreiben, die nicht kausal mit der Gegenwart verbunden ist und daher losgelöst ist von problematischen Kontexten. Die Einladung dazu erfolgt auch in der Mediation mit der »Wunderfrage«, mit welcher der Kausalzusammenhang zwischen Gegenwart und Zukunft durchtrennt wird. Die Zeitumkehr erlaubt es nun, Teile des gegenwärtigen oder vergangenen Erlebens als Teile der erwarteten (zukünftigen) Wirklichkeit zu erkennen, die schon in Erscheinung getreten sind, quasi als Vorboten der sich selbst erfüllenden Prophezeiung.

5) Kleine Schritte als Zeichen von Fortschritt: Verzicht auf Aktionspläne

- Welches werden Zeichen sein, an denen Sie in der näheren Zukunft erkennen, dass Sie sich in Richtung der erwünschten Zukunft bewegen?

Auch in der lösungsfokussierten Konfliktberatung herrscht die Annahme, dass sich Fortschritt in kleinen, leicht vollziehbaren, konkreten Schritten vollzieht. Das Auffinden solcher Schritte erfolgt bei der Lösungsfokussierung wiederum mithilfe der Zeitumkehr. Die Kundin wird eingeladen, danach zu forschen, an welchem eigenen konkreten Verhalten sie in näherer Zukunft erkennen wird, dass ihre erwünschte Zukunft daran ist, sich tatsächlich zu realisieren, wie eine sich selbst erfüllende Prophezeiung.

6) Gespräch über den Konflikt in der »Lösung«

- Was gibt es, was Sie jetzt noch sagen möchten?
- Was noch?

Oft wird die Frage aufgeworfen, wann in einer lösungsfokussierten Mediation überhaupt über den Konflikt oder das Problem gesprochen werde. In der Praxis gibt es folgende Möglichkeit: Es kommt vor, dass die Kundin am Schluss des Gespräches (hier bei Punkt 6) auf einen

Konflikt im Sinne einer Polarität zu sprechen kommt und diesbezüglich noch etwas sagen, klären oder entwickeln möchte. Die lösungsfokussierte Konfliktberaterin kann die Kundin dann einladen, dies so zu tun, als ob sie sich in der erwünschten Zukunft befände. Oft festigt das die Zuversicht der Kundin, dass sie nun in der Lage ist, ihre Angelegenheiten (wieder) ohne externe Unterstützung befriedigend zu handhaben – oder die Kundin kann im lösungsfokussierten Mediationsgespräch eingeladen werden, in der erwünschten Zukunft eine Lösung zu konstruieren, deren Realisierung beide oder alle Beteiligten wollen, und sie sofort umzusetzen zu beginnen.

7) Haltung des Nichtwissens

- Können wir die Beratung (oder Mediation) hier beenden, oder möchten Sie noch eine weitere Sitzung vereinbaren?

Eines der zentralen Elemente der lösungsfokussierten Mediation ist die Haltung des Nichtwissens (Anderson u. Goolishian 1992). Sie ist das Pendant zur Vorannahme, dass die Kundin die Expertin in eigenen Angelegenheiten ist und sie selbst über das relevante Wissen verfügt und nicht die Beraterin oder Mediatorin. Letztlich führt das dazu, dass der üblicherweise in der Konfliktberatung vorherrschende Grundsatz, dass die Kundin zuständig ist für den Inhalt und die Mediatorin für den Prozess, in der Lösungsfokussierung erweitert wird: Hier ist die Kundin nicht nur die Expertin für den Inhalt, sondern auch für den Prozess. So wird auch die Gestaltung des Abschlusses der Kundin anvertraut.

Und die Konfliktberaterin oder Mediatorin, wozu ist sie da? Sie ist Expertin im Nichtwissen und im Fragenstellen und trägt dadurch die Verantwortung für den Erfolg der Konfliktberatung oder Mediation.

5.3.8 Wirkungsvoll führen dank Lösungsfokus

Dominik Godat

> *»Wenn Ihre Handlungen andere inspirieren, mehr zu träumen, mehr zu lernen, mehr zu tun und mehr aus sich zu machen, dann sind Sie ein Leader.«*
>
> John Quincy Adams

Führungskräfte müssen sich in einer komplexen und teils paradoxen Welt zurechtfinden. Die gängigen Führungsstile werden der geforderten Dynamik jedoch nur bedingt gerecht. Lösungsfokussierte Führung ist anders und richtet sich explizit auf die heutige dynamische Welt aus. Dieser Führungsstil ist äußerst effektiv, da er einerseits konsequent auf die gewünschte Zukunft fokussiert und andererseits die Mitarbeitenden mit ihrem gesamten Potenzial für die Lösungsfindung einbezieht. Mitarbeitende sind oft Expertinnen für ihre spezifische Tätigkeit. Sie kennen die genauen Abläufe, Arbeitsmethoden, Instrumente und Systeme meist besser als ihre Vorgesetzten. Damit die Stärken aller optimal zur Geltung kommen, ist es unausweichlich, dass Führungskräfte Mitarbeitende als Expertinnen für ihren eigenen Arbeitsbereich anerkennen. Dies erhöht nicht nur das Engagement, sondern führt auch zu nachhaltig guten Lösungen.

In diesem Sinne zeichnen sich Führungskräfte dadurch aus, dass sie die richtigen Fragen stellen, welche die Mitarbeitenden von der Problem- auf die Lösungsebene führen, indem sie:

- auf die gewünschte Zukunft und nächste kleine Schritte fokussieren, anstatt Probleme zu analysieren,
- das bereits Funktionierende und die vorhandenen Ressourcen ihrer Mitarbeitenden sichtbar und nutzbar machen.

Eine wichtige Kompetenz der Führungskräfte ist dabei das Einnehmen einer nichtwissenden Haltung, welche die Lösungsideen der Mitarbeitenden ins Zentrum stellt. Fragen dienen bei diesem Ansatz in erster Linie dazu, beim Gegenüber eine nützliche Reflexion auszulösen, neue Handlungsmöglichkeiten zu entdecken und Fortschritte zu erzielen.

Wirkung lösungsfokussierter Führung

Die Wirkung, die mit lösungsfokussierter Führung erzielt werden kann, ist vielfältig. Beim »Solution Focused Leadership Survey« (Godat et al. 2013), der ersten weltweit durchgeführten Umfrage zu lösungsfokussierter Führung, berichteten die befragten Führungskräfte, dass sie aufgrund des neuen Führungsverständnisses bessere Resultate erzielten, ein verändertes, positives Verhalten der Mitarbeitenden wahrnähmen, zum Beispiel höhere Motivation oder mehr Engagement, und selbst ein größeres Wohlbefinden in ihrer Führungsfunktion erlebten (vgl. Tab. 11).

Wirkungsbereiche	Beispiele
Verändertes, positives Verhalten der Mitarbeitenden	• motivierteres und energievolleres Verhalten • aktivere und kreativere Beiträge • bessere Zusammenarbeit unter Kollegen • Übernahme von mehr Verantwortung • entspannter Umgang miteinander • produktivere Ausrichtung auf Ziele • »Lösungsfokussierung funktioniert, meine Mitarbeitenden sind hoch motiviert, sie sind Experten und wenden diesen Ansatz bei ihrer täglichen Arbeit an.«
Bessere Resultate	• sinnvollere Sitzungen • produktivere Gespräche • mehr erreichte Ziele • bessere Lösungen • nächste Schritte werden schneller ersichtlich • nützlichere Mitarbeitergespräche • bessere Dienstleistungen • »Wir sind erfolgreich als Unternehmen, und ich sehe, dass alle Mitarbeitenden auch selber Erfolge feiern.« • »Wir konnten die Sitzung leicht und energievoll beenden. Wir hatten schließlich eine großartige Lösung und waren sogar noch früher fertig.«
Größeres Wohlbefinden in der Führungsfunktion	• weniger Druck, alles selbst lösen zu müssen • weniger Stress durch das Teilen von Verantwortung • mehr Energie und größere Zufriedenheit als Führungskraft • »Mir hat der lösungsfokussierte Weg ein Hilfsmittel gegeben, mit dem ich die unterschiedlichen Bedürfnisse auf eine andere Weise angehen kann. Und das gibt mir mehr Energie und Zufriedenheit, auch an stressigen Tagen.«

Tab. 11: Die drei Wirkungsbereiche lösungsfokussierter Führung (nach Godat 2014a)

Untersuchungen über die Effekte lösungsfokussierter Trainings von Führungskräften in einem Produktionsbetrieb (Hoffmann, Lueger a. Luisser 2006) bestätigen positive Auswirkungen auf das Verhalten der Mitarbeitenden, die Ergebnisse und das Wohlbefinden der Führungskräfte. Laut dieser Studie werden nicht nur »weiche« Faktoren, wie zum Beispiel Kommunikationsstil, Feedbackkultur, Informationsaustausch oder die Tatsache, dass Vorgesetzte von den Mitarbeitenden als besser eingeschätzt werden, sondern auch »harte« Faktoren gefördert. So konnte z. B. eine klare Reduktion der Produktionsfehler, Kundenretouren sowie der Absenzquote der Mitarbeitenden nachgewiesen werden.

Wissenschaftliche Studien zum Thema »Employee Engagement« zeigen zudem auf, dass Unternehmensbereiche mit höherem Engagement nicht nur eine signifikant bessere Gesamtleistung erzielen, sondern sich auch durch eine höhere Kundenloyalität auszeichnen, profitabler und produktiver sind, eine geringere Fluktuationsrate sowie niedrigere Absenzquoten haben und bessere Qualität produzieren (Harter et al. 2009, p. 3). Die Forschungsresultate des Gallup-Institute über die letzten 30 Jahre zeigen, dass »Employee Engagement« vor allem durch die direkte Führung beeinflusst wird. Mitarbeitende wollen:

- einen wichtigen Beitrag zum Unternehmenserfolg leisten
- von ihren Vorgesetzten als Menschen anerkannt werden
- in ihrer Entwicklung gefördert werden
- einen klaren, verbindlichen Rahmen vorfinden, in welchem ihre Arbeitskollegen ebenfalls eine hohe Qualität erbringen wollen (Gallup 2013).

Lösungsfokussierte Führung deckt diese vier Punkte voll ab: Führungskräfte betrachten ihre Mitarbeitenden als Expertinnen für die eigenen Aufgaben und übergeben ihnen die entsprechende Verantwortung. Mitarbeitende können so maßgeblich zum Unternehmenserfolg beitragen. Sie werden von ihren Vorgesetzten wertgeschätzt und gefördert. Zudem schaffen lösungsfokussierte Führungskräfte einen klaren Rahmen, indem sie Mitarbeitende zur Lösungsfindung einladen, auf die gewünschte Zukunft fokussieren, das bereits Funktionierende für die Lösungsfindung nutzbar machen und kleine Schritte ermöglichen.

Mussmann (2006) zeigt in ihrer Studie auf, dass Mitarbeitende die lösungsfokussierte Art der Führung schätzen. In einer Mitarbeitendenumfrage betonten sie dabei die Nützlichkeit

- des Handlungsspektrums und der Autonomie
- der Gestaltung der sozialen Beziehung
- der Kommunikation
- der Entwicklung von Lösungen
- des Umgangs mit Komplexität
- des Entwickelns von Zielen.

Diese Aussagen decken sich gut mit den Erkenntnissen von Froeschle und Nix (2009), welche die Führungsbedürfnisse unterschiedlicher Gruppen von Mitarbeitenden im Schulbereich untersuchten und durch lösungsfokussierte Führung eine positive Veränderung hin zu einer Kultur des Erfolgs, der positiven Moral und der besseren Entscheidungsfindung proklamieren. Wie Mussmann (2006) jedoch auch betont, ist eine Koexistenz von klassischen Führungsinstrumenten und einer lösungsfokussierten Haltung sinnvoll. Ein klassischer Führungsrahmen mit Zielvereinbarungen, Richtlinien und Verantwortungsübernahme für Entscheidungen bietet Sicherheit. Auf der anderen Seite fordern Mitarbeitende zunehmend lösungsfokussierte Elemente ein, wie zum Beispiel Wertschätzung und Mitbestimmung. Um die volle Wirkung zu entfalten, sollten Führungskräfte eine gute Balance zwischen klassischer und lösungsfokussierter Führung finden (ebd.).

Annahmen lösungsfokussierter Führung

Wie andere in diesem Band beschriebene Anwendungsgebiete richtet sich auch lösungsfokussierte Führung nach den Grundsätzen des Milwaukee-Teams.

Was bedeuten diese Grundsätze für die Führungssituation (vgl. de Shazer u. Dolan 2011)?

- Was nicht kaputt ist, muss man auch nicht reparieren.

Dieser Grundsatz bedeutet nicht, dass keine Entwicklung stattfinden soll, sondern lediglich, dass es sich für die Führungskraft lohnt, genau hinzuschauen, zu erkennen, was funktioniert, und dies auch wertzuschätzen.

- Wenn etwas nicht funktioniert, sollte man etwas anderes probieren.

Anstatt nicht Funktionierendes zu »reparieren«, ist es viel effektiver, wenn Führungskräfte ihre Mitarbeitenden ermutigen, etwas anderes auszuprobieren, vor allem dann, wenn dies auf bereits Funktionierendem und den Stärken der Mitarbeitenden aufbaut.

- Das, was funktioniert, sollte man häufiger tun.

Die Nutzung »desselben« ist viel einfacher, schneller und oft nachhaltiger, als komplett neues Verhalten zu erfinden. Deshalb ist es Aufgabe der Führungskraft, den Blick aller auf Funktionierendes zu lenken.

- Kleine Schritte können zu großen Veränderungen führen.

Führungskräfte fokussieren auf kleine und realistische nächste Schritte. Somit steigt die Wahrscheinlichkeit maßgeblich, dass sie auch tatsächlich umgesetzt werden.

- Die Lösung hängt nicht zwangsläufig mit dem Problem direkt zusammen.

Die Lösung ist etwas anderes als das Problem. Anstatt Probleme zu analysieren, ermöglichen lösungsfokussierte Führungskräfte ihren Mitarbeitenden, sich mit dem gewünschten Zustand respektive der gewünschten Lösung auseinanderzusetzen.

- Die Sprache der Lösungsentwicklung ist eine andere als die, die zur Problembeschreibung notwendig ist.

Durch das Verwenden von Lösungssprache erhöhen lösungsfokussierte Führungskräfte die Handlungsfähigkeit der Mitarbeitenden. Zusätzlich steigt die Wahrscheinlichkeit, dass eine gute Lösung auch tatsächlich gefunden werden kann.

- Kein Problem besteht ohne Unterlass: Es gibt immer Ausnahmen, die genutzt werden können.

Cauffman und Dierolf (2007, S. 23) beschreiben die Aufgabe der Führungskraft dabei wie folgt:

> »Die lösungsfokussierte Managerin fragt: ›Was funktioniert trotz der Probleme, vor denen Sie stehen?‹ (...) Mithilfe solcher lösungsorientierten Fragen wird jeder für das Ziel nützliche Ressourcen entdecken.«

- Die Zukunft ist sowohl etwas Geschaffenes als auch etwas Verhandelbares.

Lösungsfokussierte Führungskräfte ermöglichen ihren Mitarbeitenden eine partizipative Mitgestaltung der gewünschten Zukunft bzw. Zukunftsbilder.

Eingesetzte Werkzeuge

Folgende Hauptwerkzeuge funktionieren gemäß Aussagen von lösungsfokussierten Führungskräften im Alltag besonders gut und werden deshalb oft und gerne eingesetzt (vgl. Abb. 17).

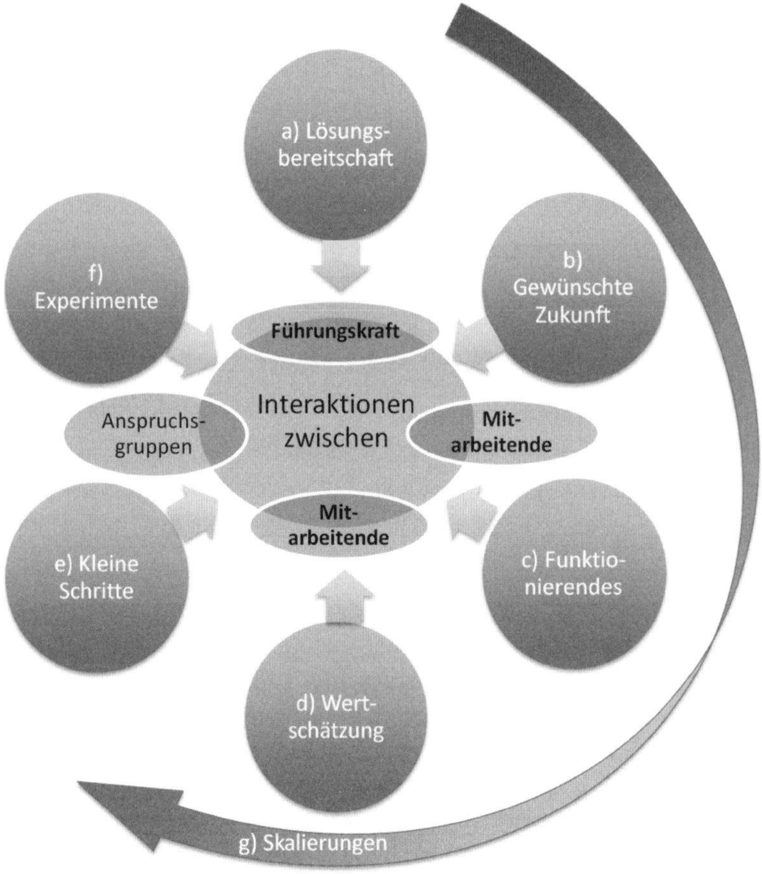

Abb. 17: Die sieben Hauptwerkzeuge lösungsfokussierter Führung (nach Godat 2014a, S. 39)

a) *Die Lösungsbereitschaft erhöhen:* Führungskräfte können die Lösungsbereitschaft der Mitarbeitenden durch aufmerksames Zuhören sowie Erfragen des erhofften Resultates und der gewünschten Zukunft aktiv fördern.
b) *Die gewünschte Zukunft fokussieren:* Die Fähigkeit, mit den Mitarbeitenden Ziele zu erforschen, sowie die Wunderfrage, ein zentrales Element im Lösungsfokus, helfen, die gewünschte Zukunft klar zu sehen und so effizienter und effektiver den Weg zu Lösungen zu finden.
c) *Funktionierendes erkennen:* Dies ist eine weitere Schlüsselkompetenz lösungsfokussierter Führungskräfte. Da die Mitarbeitenden Funktionierendes bereits beherrschen, ist es leichter, darauf aufzubauen. Dies stärkt zudem die Zuversicht in künftige Lösungen.
d) *Positive Aspekte durch Wertschätzung stärken:* Da das bereits Funktionierende eruiert wurde, kann es nun durch Benennen und Hervorheben wirksam verstärkt werden.
e) *Kleine Schritte festlegen:* Das Festlegen von kleinen Schritten erhöht die Wahrscheinlichkeit des zukünftigen Erfolges sowie die Effizienz und Effektivität der Führungskraft maßgeblich.
f) *Experimente wagen:* Lösungsfokussierte Experimente leiten die Aufmerksamkeit aller Beteiligten auf die funktionierenden Aspekte des Alltags und machen sie nutzbar für zukünftige Lösungen. Beobachtungsexperimente, So-tun-als-ob, Münzwurfexperimente sowie Prophezeiungsexperimente können von Führungskräften in unterschiedlichen Situationen dafür eingesetzt werden, die Wahrscheinlichkeit nützlicher Handlungen der Mitarbeitenden in Zukunft zu erhöhen.
g) *Mit Skalierungen Erfolge messbar und nutzbar machen:* Ein sehr beliebtes Werkzeug in der lösungsfokussierten Führung ist der Einsatz von Skalen. Auf diese Weise werden Erfolge besonders gut sichtbar. Die Visualisierung ermöglicht es, positive Ausnahmen besser zu erkennen und für zukünftige Lösungen nutzbar zu machen. Skalierungen verbinden zudem alle bisher genannten lösungsfokussierten Werkzeuge in einem Multifunktionstool.

Unterschiede zu lösungsfokussiertem Coaching

Aufgrund der Gemeinsamkeiten zwischen lösungsfokussierter Führung und lösungsfokussiertem Coaching haben unterschiedliche Autorinnen – wie zum Beispiel Mussmann und Zbinden (2005), Cauffman und Dierolf (2007), Duclos (2006), Radatz (2007), Schmitz und Billen (2008), Bannink (2010) oder Mussmann (2011) – lösungsfokussierte Coachingprinzipien auf die Führung übertragen. Dies war wichtig für die Entwicklung, deckt jedoch das Bild der heutigen effektiven Praxis nicht vollständig ab. Denn neben diesen Gemeinsamkeiten zeigen sich in der Praxis spannende und sehr relevante Unterschiede.

Ein breites Spektrum nützlicher Interaktionen ...

Bei lösungsfokussierter Führung steht eine breite Palette nützlicher Interaktionen zwischen der Führungskraft, den Mitarbeitenden sowie den Anspruchsgruppen im Zentrum. Dabei erstreckt sich das Spektrum der Einsatzmöglichkeiten von wiederkehrenden Alltagsinterventionen über wirksame Führungsinstrumente, effektive und effiziente Sitzungen, Coaching- und Workshopsituationen bis hin zu längerfristigen Managementzyklen (vgl. Tab. 12).

Wiederkehrende Alltagsinterventionen	Wirksame Führungsinstrumente	Effiziente und effektive Sitzungen	Coaching von Mitarbeitenden durch die Führungskraft	Lösungsfokussierte Workshops mit Mitarbeitenden	Längerfristige Managementzyklen
• tägliche Wertschätzung • lösungsfokussierte Alltagsgespräche • täglicher Ressourcentratsch • einzelne Coachingfragen in zeitknappen Situationen	• lösungsfokussierte Mitarbeitergespräche • ressourcenorientierte Leistungsbeurteilungen • Fortschrittsevaluation mit Fokus auf Funktionierendem	• lösungsfokussierte Fragen vor, während und/oder nach der Sitzung • Skalierungen des Sitzungsverlaufes • Schaffung einer produktiven Denkumgebung	• zur besseren Lösungsfindung • zur persönlichen Entwicklung • bei Alltagsthemen	• Teamentwicklungen • Lösungsfindungsworkshops • Strategieentwicklung • Zukunftsworkshops	• Projektmanagement • angereichertes Management by Objectives • lösungsfokussiertes Risikomanagement • lösungsfokussierte Strategiezyklen

Tab. 12: Das Spektrum lösungsfokussierter Führung (nach Godat 2013b, p. 28–39; vgl. auch Godat 2014b, p. 43–45)

Das erwähnte Spektrum zeigt auf, dass lösungsfokussierte Führung einerseits zwar Coachingsituationen umfasst, in denen die Führungskraft Mitarbeitende unterstützt. Andererseits wird klar, dass dieser Zugang auch in anderen Führungssituationen nutzbringend eingesetzt wird.

... mit wiederkehrendem Charakter...

Die meisten dieser lösungsfokussierten Führungsaktivitäten weisen einen wiederkehrenden Charakter auf. Die Führungsbeziehung zwischen den Vorgesetzten und den Mitarbeitenden besteht oft über einen längeren Zeitraum, sodass lösungsfokussierte Interaktionen nicht selten tagtäglich oder zumindest regelmäßig stattfinden. Im Unterschied dazu sind Coachingsituationen einerseits zeitlich begrenzt und finden andererseits kaum in dieser Regelmäßigkeit respektive Häufigkeit statt (Godat 2013b).

Praxisbeispiele für wiederkehrende Interaktionen (Godat, Kocher u. Scheiber 2013):

- *»Wir fragen nach Funktionierendem vor und nach jedem Treffen, das wir durchführen. Wir lernen immer wieder sehr viel dabei, und die Mitarbeitenden fühlen sich handlungsfähiger und zuversichtlicher danach.«*
- *»Wenn Mitarbeitende im Alltag mit Problemen auf mich zukommen, frage ich immer zuerst nach der gewünschten Zukunft.«*
- *»Starte und gib Gratiskomplimente. Es lohnt sich!«*
- *»Ein kraftvolles Element, das wir verwenden, ist es, Teamsitzungen zu starten mit unseren ›leuchtenden Diamanten‹ [den Erfolgsgeschichten] aus der unmittelbaren Vergangenheit.«*
- *»Wir investieren jede Woche 15 bis 30 Minuten in das Teilen von Erfolgsgeschichten.«*
- *»Wir klären bei jeder Problemmeldung zunächst, was bereits funktioniert.«*
- *»Meine Mitarbeitenden sehen, dass ich oft Komplimente gebe und ihre Ideen bejahe.«*

... durch Führungskräfte, die inhaltliche Interessen haben ...

Während sich lösungsfokussierte Coachs als Prozessbegleitende sehen, haben Führungskräfte oft inhaltliche Interessen, welche die Lösungen der Mitarbeitenden beeinflussen können. Es ist Aufgabe der lösungsfokussierten Führungskräfte, den Rahmen zu definieren, in welchem die Mitarbeitenden Expertinnen sein dürfen und ihre eigenen Lösungen entwickeln können. Ein klarer Rahmen gibt Sicherheit und ist je nach Ausgangslage kleiner oder größer (Godat 2013a, b).

... und lösungsfokussierte Interaktionen zwischen den Mitarbeitenden fördern

Lösungsfokussierte Führung bezieht sich nicht nur auf die Kommunikation zwischen der Führungskraft und den Mitarbeitenden, sondern es werden auch die Kommunikation und Interaktion zwischen den Mitarbeitenden und relevanten Anspruchsgruppen gefördert. Teilweise geschieht dies sehr bewusst, indem zum Beispiel Mitarbeitende lösungsfokussiert geschult, wertschätzende Kommunikationsregeln miteinander vereinbart, oder Führungsinstrumente eingesetzt werden, welche diese Art der Kommunikation beinhalten.

»High-Five« beim Schichtwechsel: Die Produktionsmitarbeiter des japanischen Verpackungsmaterialunternehmens Fujimori Kogyo Co. Ltd. haben eingeführt, dass sie sich beim Schichtwechsel gegenseitig als Wertschätzung mit einem »High-Five« abklatschen (Aoki 2005).

Wertschätzung durch die Erfolgsglocke: Als Maßnahme zur Förderung der gegenseitigen Wertschätzung wurde in einer Personalabteilung im Schweizer Detailhandel (Einzelhandel) von den Mitarbeitenden immer dann eine Erfolgsglocke – eine Schiffsglocke an der Wand – geläutet, wenn die Mitarbeitenden einen Erfolg bei anderen gesehen hatten oder selber einen feiern konnten. Dies rief automatisch die Nachfrage hervor: »Wow, wie hast du das geschafft?« – und einer anschließenden Schilderung der Handlungen, die zum Erfolg geführt haben (Godat 2013a, 2014a, 2014b).

Oft geschieht die Förderung der lösungsfokussierten Interaktionen jedoch auch unbewusst, indem Mitarbeitende die Kommunikationsform der Vorgesetzten, wie im folgenden Beispiel, als Vorbild übernehmen.

Führungskommunikation hat Vorbildcharakter (Godat, Kocher u. Scheiber 2013):

- »Bei Antritt meiner neuen Führungsfunktion vor 18 Monaten habe ich mir vorgenommen, in jedem Gespräch am Arbeitsplatz mindestens eine lösungsfokussierte Frage zu stellen oder ein Kompliment zu geben. Für mich ist es heute äußerst spannend zu sehen, dass die Mitarbeitenden sich untereinander die gleichen Fragen stellen und sich gegenseitig Komplimente machen.«
- »Es war großartig zu sehen, wie sich ein paar einfache Fragen von Person zu Person verbreitet haben mit positiven Resultaten für alle.«
- »Meine Mitarbeitenden denken mittlerweile lösungsfokussiert, ohne dass sie wissen, was Lösungsfokussierung ist und dass es passiert.«

Lösungsfokussierte Führung ist wahrhaftiges Leadership. Im Sinne von John Quincy Adams inspirieren lösungsfokussierte Führungskräfte ihre Mitarbeitenden

- durch den Fokus auf der gewünschten Zukunft, *mehr zu träumen,*
- durch das Erkennen der Erfolgshandlungen in der Vergangenheit, *mehr zu lernen,*
- durch die Fokussierung auf kleine nächste Schritte, *mehr zu tun,*
- durch die wertschätzende Grundhaltung und die Ermutigung, eigene Lösungen zu finden, *mehr aus sich zu machen.*

5.3.9 Lösungsfokus in einer Schule

Evan George

Im folgenden Beitrag geht es um eine Beratung (George 2005), welche die Anwendung des BRIEF-Modells in einer Schule illustriert. Es ging darum, einen Teamtag durchzuführen und Folgetreffen über eine Zeitspanne von mehreren Monaten zu institutionalisieren. Das Projekt wurde gemeinsam mit Maggie Stephenson, die damals bei der Bezirksgemeinde Kent arbeitete, durchgeführt. Maggie ist Erziehungspsychologin und lud BRIEF ein, mit ihr gemeinsam das Senior Management Team einer Schule zu beraten. Die von den Schülerinnen dieser Schule bei den Abschlussprüfungen erzielten Ergebnisse wurden im nationalen Vergleich als inakzeptabel schlecht betrachtet. In der Folge machte sich die Schule daran, sich für eine neue und hoffentlich erfolgreichere Zukunft aufzustellen.

Lösungsfokus wurde im Bildungsbereich Großbritanniens mit großer Begeisterung aufgenommen. Pädagoginnen, Führungskräfte, Seelsorgerinnen wie auch andere Mitarbeitende besuchen Trainings in einer Methode, die sehr gut in die Welt der Erziehung zu passen scheint und die sich flexibel an das facettenreiche Schulleben anpasst.

Seit mehreren Jahren beginnt BRIEF jede Beratung auf dieselbe Art, nämlich mit der Frage: »Welches sind Ihre besten Hoffnungen von unserer gemeinsamen Arbeit?« (George, Iveson a. Ratner 1999). Lösungsfokus ist ein nichtnormativer Zugang. Wir können daher keine Ahnung haben, in welche Richtung die Beratung geht, und diese Eröffnungsfrage schließt ganz von Anfang an die Position des »Nichtwissens« (de Jong a. Berg 2008) mit ein, indem wir eine Frage stellen, die nur die Kundin beantworten kann. Die Antwort auf diese Frage etabliert die legitimen Grenzen des Beratungsprozesses; jede weitere Frage muss sich direkt auf die »Beste-Hoffnung«-Antwort beziehen. Sollte dies nicht der Fall sein, würden wir die Frage als aufdringlich oder oktroyiert betrachten, formuliert mehr auf der Basis der Neugier der Beraterin als der besten Hoffnungen der Kundin.

Auch in unserem Fall stellten wir die Beste-Hoffnung-Frage und gaben dem Team Zeit, gemeinsam darüber nachzudenken und die Antworten zu formulieren. Die Teammitglieder entschieden, dass ihre besten Hoffnungen darin bestanden, dass dieser Tag sie zu einem Weg führen würde, »eine Schule zu werden, die nicht nur den Talenten und Fähigkeiten der Schülerinnen, sondern auch denen der Lehrenden voll gerecht wird«. Diese Antwort bot uns Beratern eine Wahl, was den nächsten Schritt betraf. Wir konnten uns entweder auf den Beginn der Reise konzentrieren: »Woher werden Sie wissen, dass Sie auf dem Weg sind?«, oder auf das Ende: »Stellen Sie sich vor, dass Sie bereits eine Schule geworden sind, die den Talenten und Fähigkeiten von Schülerinnen und Mitarbeitenden voll gerecht wird, woran werden Sie das merken?« Wir entschieden uns für den letzteren Zugang und luden die Schulmanagerinnen ein, in positiven, konkreten und beobachtbaren Details die Merkmale der Schule, die sie sein wollten, zu beschreiben. Dieses detaillierte Beschreiben kann z. B. durch die Verwendung einer Liste (Ratner, George a. Iveson 2012) erleichtert werden: »Nennen Sie mir 100 Dinge, die Ihnen sagen würden, dass die Schule auf dem richtigen Weg ist«, oder durch die Einbeziehung der Sichtweisen der wichtigsten Stakeholder. Wir entschieden uns für den zweiten Zugang und baten die Schulmanagerinnen, eine Liste der zwölf wichtigsten Stakeholder aufzustellen. Danach teilten wir alle in vier Gruppen auf und luden jede Gruppe ein zu beschreiben, wie die Schule, die sie anstrebten, in den Augen von drei ihrer wichtigsten Stakeholder aussehen würde. Dass sie ihre Vorstellungen mit dem ganzen Team teilen sollten, stellte sicher, dass die Perspektiven der Lehrenden, des Hilfspersonals, der Schülerinnen, Eltern, Inspektorinnen, der lokalen Bildungsbehörde, der Gemeinde, der Bürgerinnen in der unmittelbaren Nachbarschaft der Schule und sogar der Bezirkszeitung angesprochen wurden. Das Bild, das entstand, war tatsächlich detailliert, konkret, beobachtbar und verwurzelt in der täglichen Realität des Schullebens.

Nachdem wir dem Managementteam ein Bild der erwünschten Schule der Zukunft entlockt hatten, luden wir es ein zu betrachten, was bereits im Schulalltag vor sich ging, das zu dieser Vision passte. Die Frage, die wir wiederum einer neuen Mischung von Untergruppen stellten, war diese: »Welche brillanten Momente haben Sie im Schulalltag beobachtet, die Ihnen die Hoffnung geben, dass Sie tatsächlich diejenige Schule werden können, die Sie anstreben?« Diese Fragestellung passte zu den beiden Themen von Hoffnung und Hoffnungslosigkeit, die die Beschreibungen der erwünschten Zukunft durchdrungen hatten. Die Gruppen meldeten zahlreiche »brillante Momente« zurück, wobei sich einige davon auf eine tragische Episode im vergangenen Semester bezogen, die jedoch die Lehrenden und Schülerinnen in einer neuen Verbundenheit zusammengebracht hatte. Sie stimmten überein, dass, wenn diese Verbundenheit auch ohne die auslösende Tragödie reproduziert werden könnte, die Schule auf dem Weg in eine erfolgreiche Zukunft wäre und dass dieser Moment im Schulleben ihnen vor allem anderen sagte, dass der Unterschied, den sie suchten, tatsächlich möglich war.

Als letzten Baustein dieses eintägigen Workshops nahmen wir uns das Thema »Hoffnung« vor, indem wir dem Team eine Skalierungsfrage anboten, die sich auf ihre Zuversicht bezog, dass die beschriebene Vision tatsächlich in die Realität übersetzt werden könne. Nachdem die Teilnehmenden ihre Belege für ihre Zuversicht all ihren anwesenden Kolleginnen genannt hatten, wurden sie gebeten, still für sich darüber nachzudenken, was sie an ihrem eigenen Handeln anderes bemerkten, das dazu beitrage, dass ihre Zuversicht eine Stufe höher auf der Skala ist als zuvor.

Uns Beratern blieb dann nur mehr übrig zusammenzufassen, was wir im Lauf des Tages gehört hatten, das zur Erwartung passte, dass die Schule tatsächlich Fortschritte machen würde. Wir luden die Gruppe ein, nach Anzeichen des Fortschritts Ausschau zu halten und vor allem nach den Beiträgen ihrer Kolleginnen zu diesem Fortschritt.

Dieser Workshop wurde durch eine Reihe von »Twilight«-Treffen im Laufe des Schuljahres fortgesetzt. (Die Treffen wurden so genannt, weil sie zwischen 15.30 Uhr und 17.00 Uhr stattfanden, nachdem die Schülerinnen das Schulhaus verlassen hatten.) Hierbei fokussierte das Senior Management Team auf den Fortschritt und darauf, was von dem, was die Mitglieder taten, funktionierte. Jedes Meeting begann mit der Frage: »Was haben Sie mit Freude bemerkt, das Ihnen sagt, dass sich die Schule in die erwünschte Richtung bewegt?«

Schlussfolgerung

Was ist dran an dieser einfachen Intervention im Leben einer Schule, das sie erzählenswert macht? Für BRIEF – und vor allem für den Autor – war diese Arbeit ein Meilenstein auf dem Weg zu Minimalismus und der Zentralisierung von Beschreibung im Veränderungsprozess. Kurz nach dem Workshop traf der Autor eine komplex zusammengestellte Familie und verfolgte dabei denselben Weg: beste Hoffnungen, erwünschte Zukunft und *brillante Momente*, die von Hoffnung und Zuversicht, dass Veränderung möglich ist, sprechen. Leider war die Sitzung bald zu Ende, und wir kamen nicht mehr zum Skalieren. Ein Folgetreffen wurde vereinbart, aber am Tag des Treffens rief die Familie an, um abzusagen. Sie sagte, dass sie wichtige Veränderungen vorgenommen und dass sie das Gefühl habe, dass eine weitere Sitzung nicht mehr notwendig sei. Diese beiden Erfahrungen trugen dazu bei, dem Autor den Weg, den BRIEF eingeschlagen hatte, klarzumachen: Lösungsfokussierte Beratung braucht Menschen nicht zu verändern. Aufgabenplanung im traditionellen Sinn ist nicht notwendig. Alles, was notwendig scheint, ist einfache Beschreibung: Beschreibung der erwünschten Zukunft und Beschreibung dessen, was bereits vorhanden ist, das zu dieser Zukunft passt.

Auch wenn es nicht möglich ist, keine »Fußstapfen im Leben der Kunden« zu hinterlassen, so sind unsere Fußstapfen doch vielleicht weniger gravierend geworden.

5.3.10 Lösungsfokussierte Arbeit mit Gemeinden

Marianne Geurts

In diesem Beitrag stelle ich zwei Fallbeispiele vor, in denen es darum ging, die Produktivität von Gemeinderäten, die aus Bürgerinnen bestehen, die sich freiwillig mit kommunalen Aufgaben beschäftigen, durch die Einführung von lösungsfokussierten Arbeitsweisen zu verbessern. Laut öffentlicher Meinung in den Niederlanden sind diese Räte über Gebühr konsensorientiert, was sich in Verzögerungen und Kompliziertheiten niederschlägt. Um das zu verbessern, führt man noch mehr Regeln ein, als ohnehin schon vorhanden und so geht das Spiel weiter. Eines meiner Ziele bei diesem Projekt war, die Selbstorganisationsfähigkeit dieser »Bürgerräte« zu verbessern. Als ich ein laufendes Projekt übernahm, waren die Bürgerräte gerade in Soziokratie ausgebildet worden, einem von Gerard Endenburg (1988) entwickelten Modell, das auf dem Prinzip der Selbststeuerung basiert. Obwohl dieses Modell, das auf produktivere Meetings und bessere Entscheidungen abzielt, bereits gut für sie funktionierte, war es mein Auftrag, die Effektivität weiter zu steigern.

Fall 1: Verbesserung der Kooperation zwischen Stadtbehörde und Bürgerrat

In diesem mehr als zwei Jahre dauernden Projekt sollten die fünf Bürgerräte einer mittleren Stadt in den Niederlanden, die aus jeweils acht bis zehn Bürgerinnen bestanden, sowie Vertreterinnen der Stadtbehörde, lokale Politikerinnen, Polizistinnen, Feuerwehrleute und Mitarbeitende des Gesundheits- und Bildungssektors Trainings und Coaching erhalten. Das primäre Ziel der Stadtbehörde war es, ihre Strategie besser an den Bedürfnissen und Wünschen der Gemeinde auszurichten und eine Plattform für die Umsetzung von Veränderungen in der Stadt zu schaffen.

Die erste Reaktion einiger Bürgerratsmitglieder war, ihren Bedarf für Training in Abrede zu stellen. Ich begann das erste Treffen mit einer Reihe von Fragen:

- »Was funktioniert gut für Sie?«
- »Wie schaffen Sie das?«
- »Was ist Ihnen wirklich wichtig?«

- »Haben sich Ihre Treffen verbessert, seit Sie den Bürgerrat gebildet haben?«

Usw.

Im Verlauf dieses Gesprächs schienen sich die Teilnehmenden langsam wohler mit mir zu fühlen und begannen, eine Reihe von Beschwerden über die Handlungen und Entscheidungen der Stadtbehörde zu äußern. Anstatt darauf im Detail einzugehen, ergriff ich die Gelegenheit, Lösungsfokus zu demonstrieren, ohne ihn zu benennen, und stellte Fragen wie z. B.:

- »Was war bisher für Sie hilfreich?«
- »Was hätten Sie gerne anstatt der beschriebenen Entscheidungen und Handlungen?«

Danach bat ich um Erlaubnis, sie während ihrer üblichen Sitzung beobachten zu dürfen, und sie stimmten zu. Am Sitzungsende lud ich sie ein, die Frage »Was könnten wir das nächste Mal anders machen, damit das Meeting noch besser wird?« zu beantworten. Es folgte eine lebhafte Konversation, in die ich meine eigenen Beobachtungen einbringen konnte. Am Ende der Sitzung bat der Bürgerrat um Fortsetzung der Unterstützung und um Training, damit sie ihre Meetings verbessern könnten. Daraufhin wurde Folgendes unternommen:

- Trainings in Meeting- und Kommunikationsfertigkeiten
- Coaching der Bürgerratstreffen mit Fokus auf Steigerung der Effizienz der Treffen, Intensivierung der Bürgerbeteiligung, Verbesserung der Kooperation mit der Stadtbehörde und Umgang mit Interessenkonflikten
- Coaching der Treffen der wichtigsten Stakeholder der Stadt.

Drei Ebenen bei Meetings

Das Training und Coaching war darauf fokussiert, gemeinsame Normen zu etablieren und alles, was gut funktionierte, bewusst zu machen. Die Normen in Bezug auf ein profundes Bild der erwünschten Zukunft waren essenziell als Basis für mehr Selbstorganisation. Das Training nahm die Form von Dialogen, Tipps und einigen sich entwickelnden Rollenspielen an. Wir unterschieden drei Ebenen bei Meetings – mit jeweils anderen relevanten Fragen:

1) Der Meetingprozess (Vorbereitung, zeitliche Planung, Protokoll, Leitung und Nachbereitung)

- »Was können Sie anders machen für eine ausreichende Vorbereitung?«
- »Was ist hilfreich, damit Sie jedem Tagesordnungspunkt ausreichend Zeit zuordnen können?«
- »Was erwarten Sie von der Sitzungsleitung und voneinander?«
- »Was können Sie bei der Übertragung von Aufgaben und Terminen anders machen?«
- »Passt das Format des Protokolls zum Zweck Ihrer Treffen? (Ergebnisprotokoll vs. detaillierteres Format.)«

2) Der Entscheidungsfindungsprozess (sich ein Bild verschaffen, Meinungsbildung, Entscheidungen treffen, basierend auf »keine groben Einwände«)

Es gab eine Menge Fehlkommunikation in der Gruppe, wenn einige Mitglieder sich bereits eine Meinung gebildet hatten, während die anderen sich erst ein Bild verschaffen mussten. Die Gruppe fand es hilfreich, auf der Agenda das Ziel der jeweiligen Themenbesprechung hinzuzufügen, wie z. B. »Sich ein Bild verschaffen«. In der Folge war es allen klar, dass die Sache noch nicht entscheidungsreif war, sondern dass es nur darum ging, erste Ideen auszutauschen. Wir sprachen über folgende Punkte:

- Was wird hilfreich sein, damit es mehr Unterstützung für Entscheidungen gibt?
- Wie können Sie mehr ausgefallene Ideen stimulieren?
- Was brauchen Sie, um mehr Klarheit über die Entscheidungsbereiche zu haben?
- Einige Teilnehmende redeten viel über Themen, die von der Stadtbehörde bereits entschieden waren. In diesem Fall war es eine hilfreiche Fragestellung: »Nachdem diese Frage entschieden ist, was wird uns helfen, damit umzugehen?«

3) Der Dialogprozess (Reflexion, Zuhören, Sondieren, Feedback, Dynamik zwischen Stakeholdern oder Personen)

Feedbackgeben und -nehmen war die größte Herausforderung für alle. Neben der Tatsache, dass das sowieso für viele Leute schwer ist, betrachteten sich die Mitglieder als Freiwillige und nicht als Profis für den Job. Anstatt ihnen theoretische Feedbackregeln zu erklären, lud ich sie ein, die Unterschiede durch Beobachten und Experimentieren selbst zu erfahren. Sie kamen zu dem Schluss, dass die beste Art, Feedback zu geben, Sätze waren wie zum Beispiel »Wenn du mit deiner Nachbarin sprichst, kann ich nicht hören, was die anderen sagen« anstatt »Bitte sei still!«. Oder »Wenn du so stark reagierst, habe ich das Gefühl, dass du mit dem, was ich gerade gesagt habe, nicht einverstanden bist« anstatt »Reg dich nicht so auf!«. Je mehr sie davon ausprobierten, desto leichter wurde es für sie.

Fall 2: Verbesserung der Kooperation zwischen Stadtgemeinden

Die Initiative von sieben Stadtgemeinden zur Verbesserung ihrer Zusammenarbeit war ein inspirierendes Beispiel kooperativer Praktiken. Ich wurde gebeten, die gemeinsamen Sitzungen der Gemeinden in Bezug auf Prozess und Inhalt zu leiten. Sieben lokale Politiker und sieben Beamte nahmen teil, jeweils in Vertretung einer lokalen Stadtbehörde, zum Themenbereich »lokaler Arbeitsmarkt«. Das Ziel der Sitzungen war, die regionale Zusammenarbeit zu verbessern und gemeinsam Ideen zu entwickeln, wie der soziale Kontext für Menschen mit komplexen Bedürfnissen und Distanz zum Arbeitsmarkt verbessert werden könne.

Lösungsfokussierter Dialog

Dialog ist ein Weg, der dazu führt, die Selbstwahrnehmung zu erhöhen und inhaltlich solide Fortschritte zu machen. Im Allgemeinen strukturieren wir unsere Meetings mithilfe einer dichten Agenda. Dialog ähnelt aber eher einer »Küchentischkonversation« (siehe Abschnitt 5.3.3): Die Themen, die dabei auftauchen, sind diejenigen, die in diesem spezifischen Moment relevant sind. Meine Einsichten und Dialogfertigkeiten gehen auf meine Erfahrungen mit Laurie Fitzgerald (2003) zurück. Zwei relevante Elemente sind das »Check-in« und das »Check-out«:

- Check-in: Ziel ist, sich aufeinander einzustellen und die Grundlage für die inhaltliche Seite des Dialogs zu schaffen. Das geschieht, indem man eingangs mit ein paar Worten miteinander klärt, welches der Status quo ist, welches relevante Erfolge seit dem letzten Meeting waren und woran die Teilnehmenden

erkennen werden, dass das aktuelle Meeting nützlich für sie war.
- Dialog: Ziel ist es, die kollektive Intelligenz durch folgende Handlungen bestmöglich zu nutzen: aufmerksames Zuhören; Fragenstellen, die nach Verständnis suchen; sagen, was man wirklich meint; offen für Feedback sein; und authentisch sein.
- Check-out: Ziel ist es, am Ende der Sitzung zu überprüfen, ob sie für alle Teilnehmenden nützlich war und was für das nächste Mal in Betracht gezogen werden sollte.

Was ich zur Unterstützung anbot, war, Sitzungen so zu leiten, dass sie mit lösungsfokussierten Reflexionen verbunden waren, und Projektleiterinnen und Führungskräfte einzeln zu coachen, um ihre Führungs- und Prozessmanagementfertigkeiten zu stärken. Dabei tauchten zwei wichtige Spannungsfelder auf: das Dilemma zwischen Arbeitsdruck und spontanem Dialog sowie der Konflikt zwischen dem Bedürfnis, Themen zu analysieren, zu kontrollieren und zu strukturieren, bevor Entscheidungen getroffen werden, und dem Bedürfnis, »die Brücke zu bauen, während wir darübergehen« (Quinn 2004).

Meine Rolle als Sitzungsleiterin beinhaltete neben der Sitzungsleitung auch die Beobachtung des Teams anhand folgender Fragen:

- Fokussiert das Team auf die erwünschte Zukunft anstatt auf vergangene Probleme?
- Schaut es auf Ressourcen, die es auf seinem Weg zum Ziel unterstützen?
- Welche Qualitäten sind im Team oder an einzelnen Personen erkennbar?
- Welches Verhalten beeinflusst den Prozess auf positive Weise?
- Werden positive Formulierungen verwendet?
- Spenden die Teammitglieder einander positives Feedback und Anerkennung?

Ich versuchte, den Dialog zu stimulieren, ohne ihn zu unterbrechen, vor allem in Hinblick auf folgende Ziele:

- mehr Verständnis füreinander zeigen
- Blick auf die gemeinsam erwünschte Zukunft und auf Fortschritte lenken

- ineffektive Verhaltensmuster in unterstützende verwandeln
- Engagement für bestimmte Vorhaben stimulieren
- Klarheit über die Position und Verantwortung der relevanten Stakeholder erzielen.

Das Ergebnis beider Fälle

In beiden Fällen waren die positiven Effekte sehr ermutigend. Die Teilnehmenden bemerkten weniger Problemgespräche und weniger egozentrisches und defensives Verhalten und stattdessen mehr von Folgendem:

- leichteren Zugang zu Lösungen auch bei Komplexität
- Selbstorganisation, konkrete Handlungen, ordentliche Vorbereitung
- Fokus auf gemeinsamen Ziele, Akzeptanz von Unterschieden
- Bereitschaft, einander zu unterstützen, Solidarität, Gleichberechtigung, Offenheit
- Raum für Wortmeldungen, Momente der Stille
- explorierende Fragen, positives Feedback, Zuhören
- authentisches, natürliches Verhalten.

Was ich daraus lernte

Wichtig zur Verbesserung der Zusammenarbeit war das Arbeiten sowohl mit den Beamten wie auch mit den Bürgerräten. Meine Erkenntnisse dabei waren:

- Je mehr die Beteiligten das Gefühl, alles kontrollieren zu müssen, losließen, desto größer wurde die Kraft der Selbstorganisation der Teams.
- Je offener und explorierender ich wurde, desto leichter öffneten sich die anderen.
- Transparenz ist ein Muss, wenn man andere auf respektvolle Weise involvieren will.
- Die Macht des Erzählens von Erfolgsgeschichten ist immens.

Seit etwa zehn Jahren bemerke ich eine Veränderung in der Art von Anfragen. Die Menschen haben zunehmend genug von Egozentrik und sind sich stärker ihrer eigenen Fähigkeiten, Teamrollen und Interaktionsmuster bewusst. Das führt zu einer anderen Art von Fragestellungen. Vor zehn Jahren sagte man sich: »Ich weiß nicht, was ich falsch mache. Es liegt am System oder an den anderen.« Oder: »Ich weiß nicht, wie ich es anders machen kann.« Heute sagt man sich eher: »Ich weiß genau, was ich anders machen sollte, aber es gelingt mir (noch) nicht.«

Meine Art der Unterstützung ist heute mehr auf Empowerment und weniger auf Analyse und die Vermittlung neuer Erkenntnisse gerichtet, d. h., sie ist lösungsfokussierter geworden. Fall 1 ist ein Beispiel meiner Arbeit vor einigen Jahren; Fall 2 läuft immer noch. Heute »baue ich die Brücke, während wir darübergehen«. Das bedingt einen Fokus auf der erwünschten Zukunft und auf stetigen Fortschritten und kleinen Erfolgen. Diese Erfolge sind die Bausteine für die Brücke.

5.3.11 Lösungsfokussierte Praxis in der Kinder- und Jugendhilfe: Kernleistung und Organisation entwickeln

Wolfgang Gaiswinkler, Peter Kriegl und Marianne Roessler

Wir stellen Ihnen ein Praxismodell vor, das auf dem lösungsfokussierten Ansatz basiert und speziell für Organisationen entwickelt wurde, die im Bereich Kinderschutz bzw. Kinder- und Jugendhilfe arbeiten. Wir gehen der Frage nach, wie ein Lösungsfokus bei der Arbeit mit Klientinnen nachhaltig und organisationsweit eingeführt und aufrechterhalten werden kann und wie es gelingt, lösungsfokussierte Prinzipien konsequent auf die Zusammenarbeit in der Organisation und auf die Arbeit mit externen Partnerinnen zu übertragen. Als Antwort auf diese Frage bietet das Praxismodell (Roessler u. Gaiswinkler 2012) Anregungen, Erfahrungen und Konzepte.

Lösungsfokussierte Praxis im Kinderschutz: Besonderheiten
Andrew Turnell und Steve Edwards (1999) entwickelten, ausgehend vom Lösungsfokus, gemeinsam mit Sozialarbeiterinnen ein Praxismodell für Jugendamtssozialarbeit. Da dieses »Signs-of-Safety«-Modell für ein Hochrisikofeld geschaffen wurde, bietet es auch Methoden, mit deren Hilfe mögliche Gefahren für die Kinder durch die Sozialarbeiterinnen direkt und konkret angesprochen, abgeklärt und bearbeitet werden können.

Klarheit, Transparenz und ein gelingendes Arbeitsbündnis stellen bei »Signs of Safety« und beim Lösungsfokus (Lipchik 2011,

S. 44) ein wesentliches Kernelement dar: Für Klientinnen ist es wichtig, Klarheit darüber zu bekommen, welche institutionellen Anforderungen erfüllt werden müssen. Diese Transparenz und Klarheit sind für ein gelingendes Arbeitsbündnis zentral (Asay u. Lambert 2001).

Bei der klassischen Anwendung von Lösungsfokus arbeitet die professionelle Helferin – etwa die Psychotherapeutin oder Beraterin – mehr oder weniger ausschließlich entlang der erwünschten Zukunft der Klientin. Eine Jugendamtssozialarbeiterin agiert oft in einem anderen Kontext: Wenn sie aufgrund einer Meldung oder aufgrund eigener Beobachtungen den Auftrag hat, die Gefährdung eines Kindes abzuklären und zu intervenieren, um zu gewährleisten, dass das Kind sicher ist, würde sie einen Kunstfehler begehen, wenn sie ihren Auftrag und ihre Ziele nicht sich selbst und den Klientinnen gegenüber offenlegte. Sie muss also mit einem »doppelten Hut« (doppeltem Mandat) (Lipchik 2011, S. 242; Kleve 2007, S. 206) agieren und einerseits am Wollen und an den Zukunftsvorstellungen der Klientinnen ansetzen und andererseits das institutionelle Wollen vertreten. Sie muss festlegen, auf welche »Sorgen« Antworten gefunden werden müssen – als konkrete »Anzeichen von Sicherheit«. Dabei wird – wie im Lösungsfokus auch – auf dem aufgebaut, was bereits funktioniert.

Auf einer Mailingliste der lösungsfokussierten Community und auf den Konferenzen der EBTA (European Brief Therapy Association) gibt es manchmal Kollegen, die meinen, »Signs of Safety« widerspreche dem Lösungsfokus. Wir halten das für ein Missverständnis. Auch die Mitglieder des Milwaukee-Teams waren Meisterinnen darin, mit mandatierten Klientinnen zu arbeiten und sie darin zu unterstützen, eigene Zukunftsvorstellungen und nächste Schritte zu entwickeln – gerade vor dem Hintergrund von institutionellen Aufträgen oder »Sorgen« von Personen aus dem Umfeld der Klientinnen. Wir meinen, dass »Signs of Safety« eine kunstfertige Adaptierung lösungsfokussierter Prinzipien für Personen ist, die in ihren professionellen Kontexten den Auftrag haben, Kontrolle auszuüben und Entscheidungen zu fällen. Jugendamtssozialarbeiterinnen, die erfolgreich arbeiten, gehen kompetent mit dem doppelten Mandat um: Sie transportieren nachdrücklich die institutionellen Ziele und stärken zugleich Eigensinn, Selbstwirksamkeit (Grossmann 2005) und Selbstermächtigung der Klientinnen.

Eine weitverbreitete Strategie, mit der Herausforderung des doppelten Mandats umzugehen, ist es, diese Funktionen personell zu trennen: Kontrolle und Entscheidung bei der einen Person, Unterstützung der Familie bei der anderen. So eine Arbeitsteilung kann in manchen Fällen nützlich sein. Allerdings werden in der Praxis die Kontrolleure gut daran tun, ihrem lösungsfokussierten »Hut« möglichst zu größerer Geltung zu verhelfen. Das Praxismodell ist nützlich, weil es beide Logiken verbindet: Fachkräfte und Organisationen, die es nutzen, haben erkannt, dass die kunstvolle Stärkung von Eigensinn der beteiligten Akteure (speziell der Klientinnen) der Erreichung der institutionellen Ziele nicht schadet, sondern nützt. Dieser explizite Umgang mit dem doppelten Mandat widerspricht dem Lösungsfokus in keiner Weise und wurde von Insoo Kim Berg auch gegenüber Sozialarbeiterinnen deutlich thematisiert (Gaiswinkler u. Roessler 2012): So stellte sie bei einem Workshop in Wien dem medizinischen Modell (Anamnese, Diagnose, Behandlung, Evaluation) (Kunstreich 2001, S. 300) ein »lösungsfokussiertes Empowermentmodell« für Sozialarbeit gegenüber (Gaiswinkler u. Roessler 2012, S. 48):

- Was will die Klientin?
- Was will die Einrichtung?
- Ziele verhandeln.
- Ausnahmen bzw. funktionierende Vorboten (re)konstruieren; wie können sie wiederholt werden?
- Wie nah sind wir schon beim Ziel?
- Welches ist der nächste kleine Schritt?

Dieses Modell ist eine simple und smarte Übersetzung von Lösungsfokus in Kontexte, in denen professionelle Helferinnen spezifische institutionelle Ziele oder Aufträge verfolgen müssen. (Lipchik 2011, S. 205)

In der Jugendamtssozialarbeit wird das Spannungsfeld von Förderung von Eigenverantwortung einerseits und Kontrolle und Entscheidung im Rahmen externer Aufträge andererseits besonders deutlich. Ähnliche Herausforderungen gibt es auch in vielen anderen Handlungsfeldern sozialer Arbeit wie auch für Führungskräfte in Organisationen. Als Metamodell – so meinen wir – ist das von Insoo Kim Berg formulierte »lösungsfokussierte Empowermentmodell« bzw. das hier diskutierte Praxismodell auch für diese Felder geeignet.

Der organisationale Wandel als Lernreise

Das Praxismodell bietet eine erprobte Konzeption für Organisations- und Qualitätsentwicklung. Wir nennen diese Projekte »Praxisentwicklungsprojekte« oder »Lernreisen«. Diese Projekte sind notwendig, weil das Modell zwar durch Trainings effektiv weitergegeben werden kann, eine nachhaltige Nutzung jedoch nur realistisch und möglich ist, wenn in einem Parallelprozess Elemente und Prinzipien des lösungsfokussierten bzw. des Praxismodells nicht nur auf die Klientinnenarbeit, sondern auch auf die Zusammenarbeit in der Organisation angewendet werden.

Die Führungsebene entwickelt einen Umsetzungsplan, der auf die lokalen Bedingungen und Bedürfnisse abgestimmt ist. Zu Projektbeginn ist der Plan nicht mehr als ein Anfang. Er wird sich entwickeln und wandeln, je mehr die Organisation die Reise in Richtung »Anzeichen von Sicherheit« und Lösungsfokus unternimmt.

Weltweit gibt es in etwa 100 Gebietskörperschaften in zwölf verschiedenen Ländern eine Vielzahl von Einrichtungen der behördlichen Kinder- und Jugendhilfe, die solch eine organisationale Lernreise gestartet haben und die auf unterschiedlichen Niveaus und in unterschiedlichen Phasen bei der Einführung und Nutzung des Signs-of-Safety-Ansatzes stehen.

Die Auseinandersetzung einer Organisation mit dem Praxismodell bietet zwar keine mechanisch-lineare Erfolgsgarantie, zeigt jedoch in der Praxis eine hohe Wahrscheinlichkeit für eine Win-win-Situation für alle Beteiligten. Organisationen, die das Praxismodell nutzen, setzen nicht nur bei der Arbeit mit Familien am Wollen der Familienmitglieder an, sondern auch in den Beziehungen zu Kooperationspartnerinnen und den Binnenverhältnissen der Organisation. Daher ist es naheliegend, dass bei Implementierungsprojekten ein Top-down- und ein Bottom-up-Ansatz kombiniert werden: Die Entscheidung und inhaltliche Auseinandersetzung mit dem Ansatz seitens des Topmanagements bis hin zur politisch verantwortlichen Ebene und die aktive Beteiligung der Sozialarbeiterinnen kommen zusammen.

Organisationen, die beschlossen haben, auf eine derartige »Lernreise« zu gehen, setzen unter anderem folgende Strategien ein:

Ein sinnvoller *Zeithorizont* beim Start eines Praxisentwicklungsprojektes ist fünf Jahre. Wie in anderen Branchen auch, gibt es im Kinder- und Jugendhilfebereich einen Wechsel von Moden – oft im Zweijahresrhythmus. Das Topmanagement gibt eine deutliche und glaubwürdige Absichtserklärung ab, dass dieses Projekt nicht nach zwei Jahren wieder zu Ende sein wird. Wenn nach zwei oder drei Jahren alle Beteiligten sehen, dass der Lern- und Implementierungsprozess organisationsweit und systematisch weitergeführt wird, hat das starke Effekte.

In jährlichem Rhythmus werden *Schwerpunktthemen* und *Zwischenziele* auf verschiedenen Organisationsebenen festgelegt.

Einrichtung einer *Steuergruppe,* die die Organisation repräsentiert: Diese Gruppe entwirft eine Umsetzungsstrategie, die auf die lokalen Bedingungen und Bedürfnisse abgestimmt ist, und legt Schwerpunkte fest. Sie trifft sich regelmäßig, um ihren Plan nach den Erfordernissen der Praxis zu überprüfen und zu adaptieren. In ihr arbeiten auch die externen Beraterinnen mit. Die Gruppe definiert Instrumente und Prozesse, die Fortschritte möglichst beobachtbar bzw. messbar machen.

Interne *Practice Leaders* werden ernannt, die durch Trainings und Supervision begleitet werden. Sie sind die Schlüsselpersonen für ein nachhaltiges Projekt und führen mit ihren Teams regelmäßig zwei Formen von Besprechungen durch: Mittels »wertschätzender Interviews« (Cooperrider a. Whitney 2005) wird gelungene Praxis untersucht mit dem Ziel, Veränderungs- und Lernprozesse zu befördern – Praktikerinnen werden unterstützt, darauf zu achten, was sie beibehalten wollen, und auf »Ausnahmen« zu fokussieren. Dieses Appreciative-Inquiry-Verfahren ähnelt verblüffend dem klassischen Design von Folgesitzungen im Lösungsfokus (Turnell 2007, p. 297). In beiden Stilen wird danach gefragt, was gut läuft und was sich verbessert hat. Das zweite wichtige Kernstück eines nachhaltigen Projektes sind Fallbesprechungen nach dem Mappingverfahren. Mittels einer einfachen Falllandkarte (Roessler u. Gaiswinkler 2012) wird für alle sichtbar gemacht: »Was läuft gut (im Leben der Familie)?« Und: »Welche Ressourcen sind bei den Klientinnen und in ihrem sozialen Netzwerk vorhanden, bzw. welche können entwickelt werden?« Auf diese Weise verbinden sich professionelle Helferinnen mit den Kompetenzen der Klientinnen. Des Weiteren werden Probleme auf der Verhaltensebene als »Sorgen« angesprochen und in die Falllandkarte eingetragen. »Anzeichen von Sicherheit« (also die »Ausnahmen« von den Sorgen), Ziele und nächste Schritte aller Beteiligten werden erarbeitet und zueinander in Bezug gesetzt. Die Gefährdung des jeweiligen Kindes wird auf einer Skala von 0 bis 10 eingeschätzt. Bei all diesen Punkten werden alle Beteiligten nach ihrer Sichtweise gefragt. Auch die Kinder werden mit dem 3-Häuser-Verfahren und mit dem von Susie Essex entwickelten Words-and-Pictures-Verfahren aktiv in diesen Prozess einbezogen (Turnell a. Essex 2006).

Die ganze Organisation begibt sich auf eine Lernreise (Senge 2011): Auch das Topmanagement setzt sich aktiv mit dem Ansatz und den Herausforderungen von Jugendamtssozialarbeit auseinander. Es hat eine sehr starke Wirkung, wenn die Sozialarbeiterinnen an der Basis sehen, dass Mitglieder des Topmanagements lernen. Wobei Lernen manchmal einfach nur heißt, genau zuzuhören und deutlich zu machen, was und dass man gehört hat (Bushe 2010). Für alle Fachkräfte gibt es eine meist drei- bis viertägige Basisschulung. Die Practice Leaders werden intensiver geschult und supervidiert. Im Laufe der Implementierung gibt es Workshops zu speziellen Themen wie z. B. »Lösungsfokussierte Gesprächsführung« oder »Sicherheitsplanung«. Das Lernen erfolgt auch und vor allem durch die kollegiale Arbeit an Fällen mithilfe der Falllandkarte, die von den Practice Leaders begleitet wird.

Es wird ein Papier erstellt, das so etwas wie ein Rahmendokument darstellt. Darin werden das Vorhaben und seine theoretischen und praktischen Implikationen beschrieben. Im Laufe der Lernreise werden Schritt für Schritt die schriftlichen fachlichen Standards und das Dokumentationssystem der Organisation überarbeitet.

Die »organisationale Lernreise« führt zu einer Reihe von positiven Effekten: Das Wissen der Sozialarbeiterinnen darüber, wie sie ihre herausfordernde Arbeit in dem schwierigen Feld erfolgreich bewerkstelligen, wird gehoben und wertgeschätzt. Mit dem Appreciative-Inquiry-Verfahren bzw. mit der Nutzung der Grundprinzipien von Lösungsfokus existiert ein alternatives Paradigma nicht nur für Veränderung, sondern auch für Forschung, Professionsentwicklung, Organisationsentwicklung und außer für individuelles Lernen auch für das Lernen von Teams. Diese Art von fachlichem Austausch kann, wenn er systematisch betrieben wird, nützliche Forschungsergebnisse im Sinne von »praxisbasierter Evidenz« bringen (Ferguson 2003, p. 100). Das Wissen und die Ressourcen der Klientinnen und der erweiterten Familie werden für die Entwicklung von nachhaltigen Lösungen genutzt (Früchtel, Budde u. Cyprian 2007).

Ein Parallelprozess für den organisationalen Wandel wird aufgebaut: So wie die Organisation das lokale Wissen der Sozialarbeiterinnen aufwertet und nutzt, so agieren auch die Sozialarbeiterinnen und werten das lokale Wissen der Klientinnen auf. Beide Prozesse unterstützen einander. Das Management entscheidet sich bewusst für diesen Parallelprozess und lebt ihn mit Konsequenz von der Topebene bis zur Teamebene. Die soziale Arbeit richtet sich auf die Lebenswelten (Thiersch 2012) der Kinder und Familien aus (Gaiswinkler u. Roessler 2009). Der Ansatz entspricht auch einer Alltagsorientierung (Pantucek 1998, S. 94). Es kommt zu einer verbesserten Kommunikation unter den beteiligten Profis. Untersuchungen zu Todesfällen von Kindern zeigen, dass bei diesen tragischen Ereignissen oft die Kooperation und Kommunikation zwischen den Helfersystemen problematisch und dysfunktional war (Munro 1996).

Natürlich gibt es auch nach Einführung des Praxismodells immer noch Zwischenfälle, schwierige Situationen und tragische Ereignisse. Jedoch zeigt sich in Organisationen, die sich für die Einführung des Praxismodells entscheiden und nachhaltige Praxisentwicklungsprojekte durchführen (Wheeler a. Hogg 2011), ein deutlich verändertes Bild: Die Zufriedenheit von Eltern, Kindern, und Sozialarbeiterinnen steigt, die Stimme der Kinder wird deutlicher gehört, Sozialarbeit wird als Profession aufgewertet (Munro 2011), und die Burn-out-Rate der beteiligten Praktikerinnen sinkt. Mehr Kinder können in den Familien bleiben bzw. können in die Familie rückgeführt werden. Dabei wird nicht weniger genau auf Sicherheit und Wohlergehen der Kinder geachtet, sondern im Gegenteil: An der Situation der Kinder wird genauer, rigoroser und konkreter gearbeitet.

Von der behördlichen Kinder- und Jugendhilfe lernen

Wir meinen, dass andere Dienstleistungsorganisationen von dem Praxismodell lernen können, und zwar vor allem in folgenden Bereichen:

Sie können verstärkt danach fragen, was die Nutzerinnen der Dienstleistung wollen und welche erwünschte Zukunft sie formulieren. Sie können sich explizit darüber verständigen, welche Ziele und Aufträge die jeweilige Organisation verfolgt, und diese Ziele den Klientinnen gegenüber transparent machen. Sie können Probleme aus der Sicht der professionellen Helferinnen als »Sorge« formulieren – das schlägt auch Luc Isebaert vor (2005, S. 32, S. 71) – und die Nutzerinnen explizit nach ihren Sorgen fragen. Sie können beharrlich und nachhaltig thematisieren, was gut läuft und was für die Klientinnen in die gewünschte Richtung geht. Sie können eine Outcome-Orientierung implementieren, bei der die Fachkräfte gemeinsam mit den Klientinnen Outcome- und Wirkungsdaten produzieren, die für den jeweiligen Fall und für die Klientinnen passen und von Nutzen sind (Duncan, Miller a. Sparks 2004; Roosma et al. 2009), anstatt nicht gegenstandsangemessene Dokumentations- und Qualitätsmanagementverfahren einzuführen, die lediglich Zahlenfriedhöfe produzieren.

Die Falllandkarten können für alle Bereiche genutzt werden, in denen ein Partner aufgrund seines Auftrages Dinge ansprechen muss, die nicht gut laufen. Sie lassen sich auch für Mitarbeitergespräche nutzen, z. B. dazu, etwaige Sorgen im Hinblick auf Leistung und Zusammenarbeit auf konstruktive, zukunftsorientierte Weise besprechbar zu machen, und zugleich dafür, dass die zentralen Lektionen aus dem Lösungsfokus gelebt werden: nämlich die elegante, ermächtigende und nachhaltige Strategie, beharrlich auf die erwünschte Zukunft der Beteiligten zu fokussieren und ins Zentrum zu rücken, was schon in die gewünschte Richtung geht, wie davon mehr gemacht werden kann und was der nächste kleine Schritt ist.

Manchmal werden wir gefragt: Wenn eine Organisation oder Behörde sich für solch ein langfristiges Praxisentwicklungsprojekt entscheidet, bedeutet das, dass dann nur mehr nach diesem Praxismodell gearbeitet werden darf? Heißt das, dass sich eine ganze Behörde nach einem einzigen Modell ausrichtet? Nein, natürlich nicht: In allen funktionierenden Beispielen von Implementierungs- und Praxisentwicklungsprojekten wird das Praxismodell mit anderen Ansätzen kombiniert. Außerdem fußt es außer auf den Techniken und Instrumenten, die es bietet, auf dem bestechend einfachen lösungsfokussierten Metamodell (de Shazer a. Berg 1991):

1) »Finde heraus, was die Klientin will.« (Und im Fall des doppelten Mandats: Finde heraus und arbeite heraus, was die Auftraggeberin will).
2) »Repariere nichts, was nicht kaputt ist.«
3) »Wenn etwas funktioniert, mach mehr davon.«
4) »Wenn etwas nicht funktioniert, mach etwas anderes.«

Dieses Metamodell hat Vorrang gegenüber der Festlegung auf bestimmte Schulen oder Doktrinen. Dieses Metamodell wird auch auf die Arbeit mit der Organisation und auf die Entwicklung der Praxis der Arbeit mit Klientinnen angewandt: Auf allen Ebenen wird »gute Praxis« untersucht mit dem Ziel, gute Praxis zu entwickeln und zu fördern.

6 Fragen zur praktischen Anwendung

6.1 Wo liegen die Grenzen lösungsfokussierter Organisationsberatung?

Nicht jede Organisation lässt gleich viel Spielraum für Lösungsfokus zu. Stark problemorientierte oder analyselastige Kulturen brauchen Zeit, um sich auf neue Zugänge einzustellen. Die Praktikerin muss einschätzen können, wo die Organisation steht. Dann wird sie versuchen, deren Grenzen Schritt für Schritt auszudehnen. Vor einem großflächigen Einsatz von Lösungsfokus als Haltung und Toolset sollte man sich folgende Fragen stellen:

- Als wie weit bzw. eng schätze ich die Grenzen der Anwendung von Lösungsfokus ein?
- Was und wohin will die Organisation?
- Unter wie viel Zeit- und Ergebnisdruck stehen meine Auftraggeberinnen?
- Braucht man eine »Hauruck«-Aktion, um das Steuer herumzureißen?
- Gibt es eine Ecke in der Organisation, in der wir anfangen und von wo aus wir weiterarbeiten können?

In Situationen hohen Drucks ist der Blick in die erwünschte Zukunft besonders nützlich, da er einen direkten Zugang zu Lösungen ermöglicht. Die Betroffenen fühlen sich aber durch den Druck oft blockiert, was hinderlich sein kann, aber manchmal auch zu einem Befreiungsschlag motiviert. Das Prinzip der kleinen Schritte wird in derartigen Situationen von Auftraggebern nicht immer akzeptiert, jedoch relativiert sich der Zeitgewinn von »Hauruck«-Aktionen oft dadurch, dass sie durch den entstehenden Widerstand ausgebremst werden. Warum also nicht gleich mit Lösungsfokus starten?

6.2 Gibt es auch Gefahren?

Gefährlich wird Lösungsfokus nur dann, wenn er dogmatisch gelebt und als Allheilmittel gesehen wird. Das tut keiner Richtung gut. Wie wir alle wissen, kann jede übertriebene Stärke wiederum zur Schwäche werden. Lösungsfokus erzeugt meist eine bessere, aber keine heile Welt, und auch lösungsfokussierte Praktikerinnen können irren. Wir müssen nach wie vor auf das achten, was nicht funktioniert, und dann eben etwas anderes tun. Gefährlich wird es auch, wenn Lösungsfokus mit »positivem Denken« verwechselt wird. Lösungsfokus will nicht die Welt »gutreden«, und lösungsfokussierte Praktikerinnen lassen es keinesfalls zu, dass Versagen verleugnet wird oder eine Problemphobie eintritt.

6.3 Wie kann man Lösungsfokus in bestehende Systeme einführen?

Nicht von heute auf morgen und auch nicht unbedingt von oben verordnet. Der bewährteste Weg ist eher die »Ölfleckstrategie«: in einer Ecke der Organisation anfangen, wo bereits viel »natürlicher Lösungsfokus« vorhanden ist und die Wirksamkeit des Zugangs gut gemessen werden kann, und von dort aus weiterarbeiten.

6.4 Was ist wichtiger: Tools oder Haltung?

Steve de Shazer und Insoo Kim Berg betonten immer wieder die Bedeutung der Haltung. Sie als die Gesamtheit von habituellen Verhaltensweisen zu etablieren braucht Zeit. Daher ist es sinnvoll und gut, einmal ins Tun zu gehen. Für den Start gibt es viele grundlegende Methoden, die relativ leicht zu erlernen sind. Daher halten sich die meisten Anfängerinnen zuerst an den Tools fest. Das ist auch gut so, solange man dabei nicht vergisst, dass lösungsfokussierte Organisationsberatung aus mehr als ein paar »coolen« Fragen besteht, denn die volle Wirkung des Zugangs ist nicht nur über ein paar Skalierungen zu erzielen. Allerdings: »Aller Anfang ist ein Anfang« (Hargens 2008), und ist der einmal erfolgreich gemacht, kann einiges ins Rollen kommen.

6.5 Wie kann ich Lösungsfokus erlernen?

Das Erste, was eine lösungsfokussierte Anfängerin üblicherweise zum Erlernen von Lösungsfokus in die Hand bekommt, sind Fragensets. Mit deren Hilfe lassen sich meist von Anfang an gut funktionierende lösungsfokussierte Gespräche führen. Der Nachteil ist allerdings, dass sie das Formelhafte des Zugangs betonen und zur Annahme verleiten, dass Lösungsfokus recht simpel sei: Man merke sich ein paar typische Fragen und einen groben Gesprächsablauf, und schon ist man eine Expertin.

Mit dem Erlernen von Lösungsfokus ist es ähnlich wie mit dem Erlernen der englischen Sprache: Die Zugangsbarrieren sind relativ niedrig. Die Grammatik ist nicht schwer, das Grundvokabular ist einfach, und ein Anfänger kann rasch Pidgin-Englisch sprechen. Schwierig wird es, wenn es um die Feinheiten der Sprache geht, zum Beispiel die richtige Verwendung von Verbalkonstruktionen, die Sprachregister, die Mehrfachbedeutungen von Worten – dann wird Englisch richtig schwer. Da hilft nur Üben, Üben, Üben. Und genau dasselbe gilt auch für den Lösungsfokus. Wann genau im Gespräch setze ich die Wunderfrage ein, und wann lasse ich sie aus? Niemand könnte dies genau beantworten, nicht einmal Steve de Shazer und Insoo Kim Berg selbst. Diese Frage wurde den beiden aber immer wieder gestellt, und irgendwann einmal antwortete Insoo darauf im Scherz: »Elf Minuten nach Beginn des Gesprächs.« Daraufhin machte doch tatsächlich diese Aussage die Runde – so sehr wünschen wir uns alle Rezepte. Lösungsfokus liefert einige »rezeptartige« Empfehlungen, die sehr nützlich sind. Wir dürfen aber nie vergessen, dass exzellente Köche noch sehr viel mehr in die Kreation eines unvergesslichen Gerichtes einbringen, als im Rezept steht. Dieses »Mehr« gehört zum »Kunst-Teil« von Lösungsfokus, den man sich durch geduldiges, diszipliniertes und selbstkritisches Lernen, Wiederholen und Reflektieren erwirbt.

6.6 Woran kann ich ein Stück lösungsfokussierter Arbeit erkennen?

Hier möchte ich Sie auf »Clues 1.2« (ASFCT 2014) verweisen, eine durch die Association for Solution-Focused Consulting and Training

(ASFCT) erstellte Beschreibung lösungsfokussierter Arbeit, die im Magazin *InterAction* publiziert und laufend adaptiert wird. Ein Auszug der allerwichtigsten Merkmale ist hier für Sie zusammengefasst:

Haltung und Annahmen:

- Veränderung geschieht laufend.
- Ressourcenorientierung.
- Haltung des Nichtwissens.
- Die Kundin ist die Expertin, Arbeit innerhalb des Bezugrahmens der Kundin.
- Kooperativer, interaktionaler Zugang.
- Jeder Fall ist anders.
- Streben nach Einfachheit.

Tools und Verhalten:

- Gespräche mit der Sprache der Kundin aufbauen.
- Einfache Sprache benutzen.
- An der »Oberfläche« bleiben, keine »psychologisierenden« Erklärungen und Annahmen.
- Beschreibungen von spezifischen, beobachtbaren, interaktionalen Details suchen.
- Die erwünschte Zukunft beschreiben.
- Kleine Schritte beschreiben bzw. machen.
- Konversationen von Frage zu Antwort zu Frage aufbauen; dies bedingt, genau auf die Antwort der Kundin zu hören, damit die nächste Frage sowohl in Inhalt wie auch Sprache auf dieser Antwort – und nicht auf einem theoretischen Modell aufgebaut werden kann. (»Ich weiß nicht, welche Frage ich gestellt habe, bis ich die Antwort gehört habe«).
- Nützliche Veränderungen vergrößern.

Literatur

Amabile, T. M. a. S. J. Kramer (2011): The progress principle. Boston (Harvard Business Press).

Anderson, H. u. H. S. Goolishian (1992): Der Klient ist Experte: Ein therapeutischer Ansatz des Nicht-Wissens. *Zeitschrift für systemische Therapie* 3: 176–189.

Aoki, Y. (2009): Creating a workplace where we all wanna go every morning. *InterAction* 1 (2): 103–119.

Asay, T. P. u. M. J. Lambert (2001): Empirische Argumente für die allen Therapien gemeinsamen Faktoren: Quantitative Ergebnisse. In: M. A. Hubble (Hrsg.): So wirkt Psychotherapie. Empirische Ergebnisse und praktische Folgerungen. Dortmund (Modernes Lernen).

ASFCT: Clues 1.2 (2014): How do we NOTICE (sic) that a piece of work is using the SF approach? *InterAction* 6 (1): 106–109. Verfügbar unter: http://www.ingentaconnect.com/content/sfct/inter/2014/00000006/00000001/art00015 [9.11.2014].

Bannink, F. (2010): 1001 solution-focused questions. Amsterdam (W. W. Norton).

Bateson, G. (1985): Ökologie des Geistes. Frankfurt a. M. (Suhrkamp).

Begley, S. a. R. Davidson (2012): The emotional life of your brain. London (Hodder & Stoughton).

Belbin, R. M. (1993): Teamroles at work. Oxford (Butterworth-Heinemann).

Bentner, A. u. M. Krenzin (2011): Lösungsfokussiert gut beraten. Konzepte & Methoden für die psychosoziale Praxis. Darmstadt (Surface).

Berg, I. K. (1994): Family based services: A solution-focused approach. New York (Norton).

Berg, I. K. a. S. de Shazer (1993): Making numbers talk: Language in therapy. In: S. Friedman (ed.): The new language of change. Constructive collaboration in psychotherapy. New York (Guildford), p. 5–24.

Berg, I. K. a. Y. Dolan (2001): Tales of solutions: A collection of hope-inspiring stories. New York (Norton).

Berg, I. K. a. P. Szabó (2005): Brief coaching for lasting solutions. New York (W. W. Norton).

Biswas-Diener, R., T. B. Kashdan a. G. Minhas (2011): A dynamic approach to psychological strength development and intervention. *The Journal of Positive Psychology* 6 (2): 106–118.

Blase, K. a. M. McKergow (2006): Meanings affect the heart – SF questions and heart coherence. In: G. Lueger a. H.-P. Korn (eds.): Solution-focused management. München (Rainer Hampp).

Buckingham, M. a. D. O. Clifton: (2001): Entdecken Sie Ihre Stärken jetzt! Frankfurt a. M./New York (Campus). [Am. Orig. (2001): Now! Discover your strengths. New York (The Free Press).]

Burgstaller, S. (2006): Designing resource-oriented learning architectures. In: G. Lueger a. H.-P. Korn (eds.): Solution-focused management. München (Rainer Hampp).
Burgstaller, S. (2014): Pioneering a new HR tool in a CEE-based banking group. In: K. Hankovsky a. N. Polgár (eds.): Brief and simple. Solution focused case studies. Budapest (Solutionsurfers).
Burgstaller, S. (2014): What is an organisation? *InterAction* 6 (2).
Bush, R. A. B. u. J. P. Folger (2009): Konflikt-Mediation und Transformation. Weinheim (Wiley-VCH). [Am. Orig. (1993): The promise of mediation. San Francisco (Jossey-Bass).]
Bushe, G. R. (2010): Clear leadership. Sustaining real collaborations and partnership at work. Boston (Davies-Black).
Cameron, K. (2003): Positive organizational Scholarship. San Francisco (Berret-Koehler).
Cauffman, L. u. K. Dierolf (2007): Lösungstango. 7 verführerische Schritte zum erfolgreichen Management. Heidelberg (Carl-Auer).
Chomsky, N. (1968): Language and mind. New York (Harcourt/Brace/Jovanovich).
Clarke, J. (2006): Turning clients into customers for change – The art of platform building. In: G. Lueger a. H.-P. Korn (eds.): Solution-focused management. München (Rainer Hampp).
Collins, J. (2003): Der Weg zu den Besten. München (DTV). [Am. Orig. (2001): Good to great. Why some companies make the leap and others don´t. New York (Harper Business).]
Cooperrider, D. L. a. D. Whitney (2005): Appreciative inquiry. A positive revolution in change. San Francisco (Berrett-Koehler).
Csikszentmihalyi, M. (1997): Finding flow. The psychology of engagement with everyday life. New York (Basic Books).
Cunningham, W. A., J. J. Bavel a. I. R. Johnsen (2008): Affective flexibility. Evaluative processing goals shape amygdala activity. *Psychological Science* 19 (2): 152–160.
De Jong, P. u. I. K. Berg (2003): Lösungen (er)finden. Das Werkstattbuch der lösungsorientierten Kurztherapie. Dortmund (Modernes Lernen), 5., verb. u. erw. Aufl. [Engl. Orig. (2002): Interviewing for solutions. Wadsworth (Thomson Learning).]
de Shazer, S. (1984): The death of resistance. *Family Process* 23: 1–17.
de Shazer, S. (1987): Minimal elegance. *Family Therapy Networker* 11 (8): 57–60.
de Shazer, S. (1989): Resistance revisited. *Contemporary Family Therapy* 11 (4): 227–233.
de Shazer, S. (2004a): Der Dreh. Überraschende Wendungen und Lösungen in der Kurzzeittherapie. Heidelberg (Carl-Auer), 8. Aufl.; 12., unveränd. Aufl. 2012. [Am. Orig. (1988): Clues. Investigating solutions in brief therapy. New York (W. W. Norton).]
de Shazer, S. (2004b): Das Spiel mit Unterschieden. Wie therapeutische Lösungen lösen. Heidelberg (Carl-Auer), 4., korr. Aufl. [Am. Orig. (1991): Putting difference to work. New York (W. W.Norton).]

de Shazer, S. (2012a): Muster familientherapeutischer Kurzzeit-Therapie. Heidelberg (Carl-Auer). [Am. Orig. (1982): Patterns of brief family therapy: An ecosystemic approach. New York (Guilford).]
de Shazer, S. (2012b): Wege der erfolgreichen Kurztherapie. Stuttgart (Klett-Cotta), 11. Aufl. [Am. Orig. (1985): Keys to solution in brief fherapy. New York (W. W. Norton).]
de Shazer, S. (2012c): Worte waren ursprünglich Zauber. Von der Problemsprache zur Lösungssprache. Heidelberg (Carl-Auer), 3., unveränd. Aufl. [Am. Orig. (1994): Words were originally magic, New York (W. W. Norton).]
de Shazer, S. (2012d): Don't think, but observe: What is the importance of the work of Ludwig Wittgenstein for solution-focused brief therapy? Verfügbar unter: http://www.sfbta.org/bftc/steve&insoo_pdfs/dont_think_but_observe.pdf [9.11.2014].
de Shazer, S. a I. K. Berg (1991): The brief therapy tradition. In: J. H. Weakland a. W. A. Ray (eds.): Propagations. Thirty years of influence from the Mental Research Institute. New York (Haworth).
de Shazer, S. u. Y. Dolan (2011): Mehr als ein Wunder. Lösungsfokussierte Kurztherapie heute. Heidelberg (Carl-Auer), 2. Aufl.; 3., unveränd. Aufl. 2013. [Am. Orig. (2007): More than miracles. Binghamton, NY (Haworth).]
Dezin, N. K. (1995): Symbolic interactionalism. In: J. A. Smith, R. Harré a. L. Van Langenhove (eds.): Rethinking psychology. London (SAGE).
Diener, E. (2009): Culture and well-being. London (Springer).
Dierolf, K. (2006): Solution focus as a way to break through complexity. In: G. Lueger a. H.-P. Korn (eds.): Solution-focused management. München (Rainer Hampp).
Doppler, K. u. C. Lauterburg (2008): Change Management. Den Unternehmenswandel gestalten. Frankfurt a. M. (Campus).
Dröse, A. (2006): Integrationsmanagement bei Mergers & Acquisitions. Saarbrücken (VDM).
Duclos, M. (2006): Solution-focused leadership through appreciation. In: G. Lueger a. H.-P. Korn (eds.): Solution-focused management. München (Rainer Hampp).
Duncan, B., S. D. Miller a. J. Sparks (2004): The heroic client. A revolutionary way to improve effectiveness through client-directed, outcome-informed therapy. San Francisco (Jossey-Bass).
Eijnatten, F. van, M. C. van Galen a. L.A. Fitzgerald (2003): Learning dialogically. The art of chaos-informed transformation. *The Learning Organization: An International Journal* 10 (6): 361–367.
Endenburg, G. (1988): Sociocracy. The organization of decision making. Maastricht (Eburon).
Erickson, M. H. (1954): Pseudo-orientation in time as a hypnotherapeutic procedure. *Journal of Clinical and Experimental Hypnosis* 2: 261–283.
Ferguson, H. (2003): Outline of a critical best practice perspective on social work and social care. *British Journal of Social Work* 33: 1005–1024.
Fredrickson, B. L. (2009): Positivity. New York (Random House).

Froeschle, J. a. S. Nix (2009): A solution-focused leadership model: Examining perceptions of effective counselor leadership. *Journal of School Counseling* 7 (5): 3–24.

Früchtel, F., W. Budde u. G. Cyprian (2007): Sozialer Raum und Soziale Arbeit. Fieldbook: Methoden und Techniken. Wiesbaden (VS – Verlag für Sozialwissenschaften).

Furman, B. (2009): SF respects the not invented here syndrome. *InterAction* 1 (2): 120–130.

Furman, B. u. T. Ahola (2010): Es ist nie zu spät, erfolgreich zu sein. Heidelberg (Carl-Auer).

Gaiswinkler, W. a. M. Roessler (2009): Using the expertise of knowing and the expertise of notknowing to support processes of empowerment in social work practice. *Journal of Social Work Practice* 23: 215–227.

Gaiswinkler, W. u. M. Roessler (2012): Unsere Lernreise. In: M. Vogt et al. (Hrsg.): Begegnungen mit Steve de Shazer und Insoo Kim Berg. Dortmund (Modernes Lernen).

Gallup (2013): Präsentation zum Gallup Engagement Index 2012. Verfügbar unter: http://www.gallup.com/strategicconsulting/160904/praesentation-gallup-engagement-index-2012.aspx [29.7.2014].

Galtung J. (2007): Konflikte und Konfliktlösungen. Die Transcend-Methode und ihre Anwendung. Werder an der Havel (Homilius).

Gans, J., T. Schild u. S. Kreil (2012): Effiziente Risikokommunikation für mehr Transparenz und eine risikobewusste Entscheidungsfindung. *Controlling* 24 (4/5): 237–240.

Geisbauer, W. (Hrsg.) (2004): Reteaming. Methodenhandbuch zur lösungsorientierten Beratung. Heidelberg (Carl-Auer), 3., unveränd. Aufl. 2012.

George, E. (2005): Consultation: A solution-focused approach. In: A. Southall (ed.): Consultation in child and adolescent mental health services. Oxford (Radcliffe).

George, E., C. Iveson H. Ratner (1999): Problem to solution: Brief therapy with individuals and families. London (BT).

Gergen, K. J. u. M. Gergen (2009): Einführung in den sozialen Konstruktionismus. Heidelberg (Carl-Auer).

Glasl, F. (1997): Konfliktmanagement: Ein Handbuch für Führungskräfte, Beraterinnen und Berater. Stuttgart (Freies Geistesleben).

Glass, C. (2009): Exploring what works: Is SF the best way of harnessing the impact of positive psychology in the workplace? *InterAction* 1 (1): 26–41.

Godat, D. (2013a): Solution focused leadership. From working practice to a descriptive model of SF leadership. Verfügbar unter: http://www.solutionfocusedleadership.com/wp-content/uploads/2014/02/Solution-Focused-Leadership-From-Working-Practice-towards-a-Descriptive-Model-of-SFL.pdf [9.11.2014].

Godat, D. (2013b): Solution focused leadership – The other side of the elephant. Four distinctions between SFL (sic) and SF coaching. *InterAction* 5 (2): 20–34.

Godat, D. (2014a): Lösungen auf der Spur. Wirkungsvoll führen dank Lösungsfokus. Zürich (Versus).
Godat, D. (2014b): The success bell: A leadership highlight with a solutions focus. In: N. Polgar a. K. Hankovszky (eds.): Brief and simple. Solution focused case studies. Budapest (Solutionsurfers).
Godat, D., P. Y. Kocher u. L. Scheiber (2013): Abschlussbericht Solution Focused Leadership Survey. (Unveröffentl. Mskr.)
Gigerenzer, G. (2010): Bauchentscheidungen. München (Goldmann).
Gigerenzer, G. a. S. Kurzenhäuser (2005): Fast and frugal heuristics in medical decision making. In: R. Bibace et al. (eds.): Science and medicine in dialogue. Thinking through particulars and universals. Westport (Praeger).
Grossmann, K. P. (2005): Die Selbstwirksamkeit von Klienten. Ein Wirkverständnis systemischer Therapien. Heidelberg (Carl-Auer).
Haldane, A. G. (2012): The dog and the frisbee. Verfügbar unter: http://www.bankofengland.co.uk/publications/Documents/speeches/2012/speech596.pdf [17.10.2014]. Auch verfügbar unter: http://www.bis.org/review/r120905a.pdf [9.11.2014].
Hankovszky, K. et al. (2012): Yet another radical paradigm shift: Some congruent ideas about SF training. *InterAction* 4 (1): 21–27.
Hargens, J. (2008): Aller Anfang ist ein Anfang. Gestaltungsmöglichkeiten hilfreicher systemischer Gespräche. Göttingen (Vandenhoek & Ruprecht).
Harré, R. a. G. Gillett (1994): The discursive mind. London (SAGE).
Harter, J. K. et al. (2009): Q12® meta-analysis: The relationship between engagement at work and organizational outcomes. Washington, DC (Gallup).
Harvard Mediation Program (2014). Verfügbar unter: http://www.law.harvard.edu/academics/clinical/hmp/about/mission.html [9.11.2014].
Heimerl, P. (2012): Organisationaler Wandel. In: P. Heimerl u. R. Sichler (Hrsg.): Strategie, Organisation, Personal, Führung. Wien (Facultas).
Hjerth, M. (2013): Microtools and the plus model. Verfügbar unter: http://www.jesperchristiansen.com/userfiles/file/microtools2012_EN.pdf [18.11.2014].
Hochreiter, G. (2004): Reteaming – Lösungsorientierte Teamchoreografien gestalten. In: W. Geisbauer (Hrsg.): Reteaming. Methodenhandbuch zur lösungsorientierten Beratung. Heidelberg (Carl-Auer), 3., unveränd. Aufl. 2012, S. 27–41.
Hoffmann, K., G. Lueger a. P. Luisser (2006): Effects of SF training on productivity and leadership behaviour. In: G. Lueger a. H. P. Korn (eds.): Solution-focused management. München (Rainer Hampp), S. 89–97.
Hüther, G. (2009): Bedienungsanleitung für ein menschliches Gehirn. Göttingen (Vandenhoeck & Ruprecht).
Isebaert, L. (2005): Kurzzeittherapie – Ein praktisches Handbuch. Die gesundheitsorientierte kognitive Therapie. Stuttgart (Thieme).
ISS'ES (1990): Eine Sache von so grundlegendem Zweifel … (Interview mit Steve de Shazer.) [ISS = Institut für systemische Studien.] Verfügbar unter: http://systemischestudien.de/fileadmin/redakteur/Bilder/ISSES/Interview_de_Shazer.pdf [29.7.2014].

Ito, T. A. et al. (1998): Negative information weighs more heavily on the brain: The negativity bias in evaluative categorizations. *Journal of Personality and Social Psychology* 75 (4): 887–900.
Iveson, C. (1994): Preferred futures – Exceptional pasts. (Präsentation bei der EBTA-Konferenz, Stockholm.)
Iveson, C. (2010): Striving towards minimalism in changing scenery. (Interview.) *InterAction* 2 (1): 122–132.
Iveson, C. (2012) im Interview bei der SOLWorld Konferenz in Oxford, anlässlich der Coaching-Masterclass. Verfügbar unter: http://www.sol2012.co.uk/media/[9.9.2012].
Iveson, C. (2014): Chapter 9 at your best. Verfügbar unter: http://www.brief.org.uk/blog/?p=204 [11.11.2014].
Iveson, C., E. George a. H. Ratner (2012): Brief coaching: A solution focused approach. London (Routledge).
Jackson, P. Z. (2013): A »SIMPLE« appproach to OD. *e-Organisations & People* 20 (2): 21–27.
Jackson, P. Z. a. M. McKergow (2007): The solutions focus. Making coaching & change SIMPLE. London/Boston. (Nicholas Brealey), 2. ed.
Johnson, G., K. Scholes a. R. Whittington (2009): Fundamentals of strategy. Harlow (Pearson).
Johnstone, K. (1979): Impro. London (Faber & Faber).
Kabat-Zinn, J. (2003): Mindfulness-based interventions in context: Past, present, and future. *Clinical Psychology: Science and Practice* 10 (2): 144–156.
Kabat-Zinn, J. (2009): Full catastrophe living: Using the wisdom of your body and mind to face stress, pain, and illness. New York (Delta).
Kahnemann, D. (2011): Thinking, fast and slow. London (Penguin).
Kleve, H. (2007): Postmoderne Sozialarbeit. Ein systemtheoretisch-konstruktivistischer Beitrag zur Sozialarbeitswissenschaft. Aachen (Kersting).
Königswieser, R. u. A. Exner (2002): Systemische Intervention. Architekturen und Designs für Berater und Veränderungsmanager. Freiburg im Br. (Klett-Cotta).
Königswieser, R. u. M. Hillebrand (2007): Einführung in die systemische Organisationsberatung. Heidelberg (Carl-Auer).
Königswieser, R., R. Wimmer u. F. B. Simon (2013): Back To The Roots? Die neue Aktualität der (»systemischen«) Gruppendynamik. *OrganisationsEntwicklung* 1: 65–73.
Korman, H. (2014): The common project. Verfügbar unter: http://www.sikt.nu/Articl_and_book/Creating%20a%20common%20project.PDF[29.7.2014].
Korn, H.-P. (2014): Agiles Management. In: M. Lang u. S. Scherber (Hrsg.): Agiles Management. Saarbrücken (Symposion).
Kramer, H.-E. (2007): Organizing doubt. Copenhagen (Copenhagen Business School Press).
Kuch, C. u. S. Burgstaller (2011): How working with organisations might be different from working with teams and individuals … *InterAction* 3 (2): 42–56.

Kunstreich, T. (2001): Grundkurs Soziale Arbeit. Blicke auf die Jahre 1955, 1970 und 1995 sowie ein Rückblick auf die Soziale Arbeit in der DDR. Bd. II. Bielefeld (Impulse).
Lewin, K. (1947): Frontiers in group dynamics I. Concept, method, and reality in social science, social equilibria, and social change. *Human Relations* 1: 5–41.
Lim, S. et al. (2010): The trajectory of counseling in China: Past, present, and future trends. *Journal of Counseling & Development* 88 (1): 4–8.
Lipchik, E. (2011): Von der Notwendigkeit, zwei Hüte zu tragen. Die Balance von Technik und Emotion in der lösungsfokussierten Therapie. Heidelberg (Carl-Auer).
Lipchik, E. a. S. de Shazer (1986): The purposeful interview. *Journal of Strategic and Systemic Therapies* 5: 88–99.
Lueger, G. (2005): Solution-focused rating (SFR): New ways in performance appraisals. In: M. McKergow a. J. Clarke (eds.): Positive approaches to change. Applications of solutions focus and appreciative inquiry at work. Cheltenham (Solutions), pp. 81–92.
Luhmann, N. (2011): Organisation und Entscheidung. Wiesbaden (Springer).
McKergow, M. (2006): Steve de Shazer – A different kind of cleverness. In: G. Lueger G. a. H.-P. Korn (eds.): Solution-focused management. München (Rainer Hampp).
McKergow, M. a. J. Clarke (eds.) (2005): Positive approaches to change. Applications of solutions focus and appreciative inquiry at work. Cheltenham (Solutions).
McKergow, M. a. J. Clarke (eds.) (2007): Solutions focus working. 80 real life lessons for successful organisational change. Cheltenham (Solutions).
Meier, D. (2004): Wege zur erfolgreichen Teamentwicklung. Mit dem Solution Circle Turbulenzen im Team als Chance nutzen. Norderstedt (Books on Demand).
Meier, D. u. P. Szabó (2008): Coaching – erfrischend einfach. Einführung ins lösungsorientierte Kurzzeitcoaching. Norderstedt (Books on Demand).
Montada, L. u. E. Kals (2013): Mediation. Psychologische Grundlagen und Perspektiven. Weinheim (Beltz), 3., überarb. Aufl.
Morgan, G. (1998): Images of organization. Thousand Oaks (SAGE).
Munro, E. (1996): Avoidable and unavoidable mistakes in child protection work. *British Journal of Social Work* 26: 795–810.
Munro, E. (2011): The Munro Review of child protection: Final report. A child-centred system. Presented to Parliament by the Secretary of State for Education by Command of Her Majesty. Verfügbar unter: https://www.gov.uk/government/publications/munro-review-of-child-protection-final-report-a-child-centred-system [9.11.2014].
Mussmann, C. (2006): Solution-focused leadership: The range between theory and practical application. In: G. Lueger a. H. P. Korn (Hrsg.): Solution-focused management. München (Rainer Hampp), pp. 99–108.
Mussmann, C. (2011): Gruppen-Coaching im Führungskontext. London (Ventus).

Mussmann, C. u. R. Zbinden (2005): Lösungsorientiert führen und beraten. Zürich (Kaufmännischer Verband).
Norman, H. (2005): Solution-focused reflecting teams in action. In: M. McKergow a. J. Clarke (eds.): Positive approaches to change. Applications of solutions socus and appreciative inquiry at work. Cheltenham (Solutions), pp. 67–80.
O'Connell, B. (2012): Solution-focused coaching in practice. London/New York (Routledge).
O'Hanlon, W. H. (1987): Groundwork: Introduction to Erickson's Work: In: Taproots. Underlying principles of Milton Erickson's therapy and hypnosis. New York (Norton), p. 3–20.
Pantuçek, P. (1998): Einige methodische Konsequenzen des lebensweltorientierten Zugangs. In: P. Pantuçek u. M. Vyslouzil (Hrsg.): Theorie und Praxis lebenswelt-orientierter Sozialarbeit. St. Pölten (SozAKTIV).
Pascale, R. T. a. J. Sternin (2005): Your company's secret change agents. *Harvard Business Review* (May). Verfügbar unter: https://hbr.org/2005/05/your-companys-secret-change-agents [18.11.2014].
Pascale, R. T., J. Sternin a. M. Sternin (2010): The power of positive deviance. How unlikely innovators solve the world´s toughest problems. Boston (Harvard Business Press). (Auch verfügbar unter: www.positivedeviance.org [31.7.2014].)
PMI – Project Management Institute (2009): A guide to the project management body of knowledge. Newtown Square (PMI).
Quinn, R. E. (2004): Building the bridge as you walk on it. A guide for leading change. San Francisco (Jossey-Bass).
Radatz, S. (2007): Coaching-Grundlagen für Führungskräfte. Mit Coaching neue Weichen in der Führung stellen. Wien (Systemisches Management).
Rath, T. (2007): StrengthsFinder 2.0. New York (Gallup).
Ratner, H., E. George a. C. Iveson (2012): Solution focused brief therapy. 100 key points and techniques. London/New York (Routledge).
Ringlstetter, M., S. Kaiser u. G. Müller-Seitz (Hrsg.) (2006): Positives Management. Wiesbaden (Gabler).
Roessler, M. u. W. Gaiswinkler (2012): Der Signs of Safety-Ansatz. Ambivalenzmanagement, Praxis und Praxisforschung in der Jugendwohlfahrt. In: M. Brandstetter et al. (Hrsg.): Community Studies aus der Sozialen Arbeit. Wien (LIT).
Röhrig, P. (Hrsg.) (2008): Solution tools. Bonn (managerSeminare).
Roosma, E. et al. (2009): Safety meeting scale. Verfügbar unter: http://208.86.2.45/sop/112SSA000roosmascale.pdf [31.7.2014].
Saussure, F. de (1922): Cours de linguistique générale. Paris (Payot).
Schmitz, L. u. B. Billen (2008): Lösungsorientierte Mitarbeitergespräche. München (Redline Wirtschaft).
Schreyögg, G. (2013): In der Sackgasse. Organisationale Pfadabhängigkeit und ihre Folgen. *OrganisationsEntwicklung* 1 (13): 21–28.

Seligman, M. E. P. (2002): Authentic happiness. Using the new positive psychology to realize your potential for lasting fulfillment. New York (Free Press).
Seligman, M. E. P. (2006): Learned optimism. How to change your mind and your life. New York (Vintage).
Senge, P. M. (2011): Die fünfte Disziplin. Kunst und Praxis der lernenden Organisation. Stuttgart (Schäffer-Poeschel).
Shaked, D. (2013): Strength-based lean Six Sigma. Clerkenwell (Kogan Page).
Simon, A. S. (1972): Theories of bounded rationality. In: C. B. McGuire a. R. Radner (eds.): Decision and organization. Amsterdam (North-Holland).
Simon, F. B. (2011): Einführung in Systemtheorie und Konstruktivismus. Heidelberg (Carl-Auer), 6., unveränd. Aufl. 2013.
SOLWorld-Charta (2014). In deutscher Sprache verfügbar unter: http://solworld-dach.com/was-ist-solworld/. In englischer Sprache verügbar unter: http://solworld.ning.com/notes/SOLWorld_Charter [beide 18.10.2014].
Sparrer, I. (2010): Einführung in Lösungsfokussierung und Systemische Strukturaufstellungen. Heidelberg (Carl-Auer), 2. Aufl.; 3., unveränd. Aufl. 2014.
Spitzer, M. (2002): Lernen. Heidelberg (Akademischer Verlag).
Steindl-Rast, D. (2011): Fülle und Nichts. Freiburg (Herder).
Terni, P. (2014): Getting out of the way. An executive retreat facilitation experience using solution focus. In: K. Hankovsky a. N. Polgár (eds.): Brief and simple. Solution focused case studies. Budapest (Solutionsurfers).
Thiersch, H. (2012): Lebensweltorientierte soziale Arbeit. Aufgaben der Praxis im sozialen Wandel. Weinheim (Juventa).
Tiger, N. (2014): SF – a significant competitive advantage. News from Sweden. Verfügbar unter: http://sfworkblog.wordpress.com/2012/09/21/sf-a-significant-competitive-advantage-news-from-sweden#more-410 [9.11.2014].
Trebesch, K. (Hrsg.) (2000): Organisationsentwicklung, Konzepte, Strategien, Fallstudien. Stuttgart (Klett-Cotta).
Turnell, A. (2007): Thinking and practicing beyond the therapy room: Solution-focused brief therapy, trauma, and child protection. In: T. S. Nelson a. F. N. Thomas (eds.): Handbook of solution-focused brief therapy. Clinical applications. New York (Routledge), pp. 295–314.
Turnell, A. a. S. Edwards (1999): Signs of safety. A solution and safety oriented approach to child protection casework. New York (Norton).
Turnell, A. a. S. Essex (2006): Working with »denied« child abuse. The resolutions approach. Berkshire (Open University Press).
Visser, C. (2011): Solution-focused language matching. Verfügbar unter: http://solutionfocusedchange.blogspot.co.at/2011/08/solution-focused-language-matching.html [31.7.2014].
Vogt, M. et al. (Hrsg.) (2012): Begegnungen mit Steve de Shazer und Insoo Kim Berg. Dortmund (Modernes Lernen).
Watzlawick, P. (1984): Selbsterfüllende Prophezeiungen. In: P. Watzlawick (Hrsg.): Die erfundene Wirklichkeit. München (Piper), S. 91–110.
Watzlawick, P., J. H. Weakland u. R. Fisch (1975): Lösungen. Zur Theorie und Praxis menschlichen Wandels. Bern (Hans Huber), 1. Nachdr. [Am. Orig.

(1974): Change. Principles of problem formation and problem resolution. New York (W.W. Norton).]

Weick, K. E. (1998): Improvisation as a mindset for organizational analysis. *Organization Science* 9 (5): 543–555.

Weick, K. E. a. R. E. Quinn (1999): Organizational change and development. *Annual Reviews Psychology* 50: 361–386.

Wheeler, J. a. V. Hogg (2011): Signs of safety and the child protection movement. In: C. Franklin et al. (eds.): Solution-focused brief therapy. A handbook of evidence-based practice. New York (Oxford University Press).

Wimmer, R. (2004): Organisation und Beratung. Systemtheoretische Perspektiven für die Praxis. Heidelberg (Carl-Auer), 2., erw. Aufl. 2012.

Wittgenstein. L. (1958): Philosophische Untersuchungen. Oxford (Basil Blackwell).

Wittgenstein, L. (1961): Tractatus logico-philosophicus. London (Routledge & Kegan Paul Ltd.).

Wittgenstein, L. (1969): Über Gewißheit. Oxford (Blackwell).

Yeung, F. K. (1999): The adaptation of solution-focused therapy in Chinese culture: A linguistic perspective. *Transcultural Psychiatry* 36: 477–489.

Ressourcen

Applied Improvisation Network: http://appliedimprov.ning.com.

Association for the quality development of solution focused consulting and training: http://www.asfct.org.

Austrian Solution Circle (ASC): www.austriansolutioncircle.at (Österreichisches Netzwerk lösungsfokussierter Praktikerinnen).

BRIEF in London: www.brief.org.uk.

European Brief Therapy Association: www.ebta.eu.

Netzwerk für lösungsorientiertes Arbeiten: http://nla-schweiz.ch (Schweizer Netzwerk lösungsfokussierter Praktikerinnen).

Plattform der globalen SOLWorld Community: www.solworld.ning.com.

Plattform der deutschsprachigen SOLWorld Community: www.solworlddach.com

Solution Focused Brief Therapy Association: www.sfbta.org.

Über die Autoren

Jesper H. Christiansen arbeitet seit 1997 als Moderator und lösungsfokussierter Kurzzeit-Coach mit Teams und Großgruppen in Dänemark und mittlerweile europaweit.

Elfriede J. Czerny studierte Betriebswirtschaft in Wien und ist als systemisch-lösungsfokussierte Unternehmensberaterin und Coach sowie als Consultant der usolvit consultants GmbH tätig. Sie unterstützt Einzelpersonen, Teams und Organisationen auf ihrem Weg zu mehr Effektivität, Freude und Leichtigkeit in ihrem Berufsalltag.

Wolfgang Gaiswinkler ist Sozialwissenschafter und Gruppendynamiker und als Organisationsberater, Sozialwissenschafter und Supervisor im Rahmen des Instituts OS'T tätig. Er arbeitete zwei Jahre in einem Projekt eng mit Insoo Kim Berg zusammen und führt Trainings und Implementierungsprojekte zum lösungsfokussierten Ansatz und zu Signs of Safety durch.

Evan George ist einer der drei Mitbegründer des BRIEF Institute in London, einem international anerkannten Zentrum für die Entwicklung und Verbreitung von lösungsfokussierter Kurzzeittherapie und Coaching. Er führt international Trainings für lösungsfokussierte Therapeutinnen, Coaches und Beraterinnen durch und ist als Berater und Teamcoach vor allem in Schulen und medizinisch-therapeutischen Institutionen tätig. Er ist Autor und Ko-Autor von verschiedenen Publikationen.

Marianne Geurts studierte Organisationswissenschaften und Arbeitssoziologie und ist als Organisations-, und Teamentwicklerin, Coach und Moderatorin in den Niederlanden tätig. Sie berät Unternehmen, Gemeinden und Regionen bei der Verbesserung von Stakeholder-Beziehungen und dabei, mehr Möglichkeiten für Menschen mit Distanz zum Arbeitsmarkt zu schaffen.

Dominik Godat, studierter Ökonom und ehemaliger Personalbereichsleiter, ist Geschäftsführer der Godat Coaching GmbH, einem international tätigen lösungsfokussierten Beratungsunternehmen. Er ist zudem Studienleiter des »CAS Coaching als Führungskompetenz« an der Hochschule Luzern und Autor der ersten weltweiten Studie zu lösungsfokussierter Führung, aus der das Buch *Lösungen auf der Spur – Wirkungsvoll führen dank Lösungsfokus* entstand.

Chris Iveson war als Sozialarbeiter und Familientherapeut tätig, bevor er 1989 gemeinsam mit Evan George und Harvey Ratner das BRIEF Institute in London gründete. Die jahrelange Kooperation mit Steve de Shazer und Insoo Kim Berg und die vielen eigenen Innovationen führten unter anderem dazu, dass BRIEF das europaweit führende Zentrum für die Entwicklung und Vermittlung von lösungsfokussierter Kurzzeittherapie und Coaching wurde. Chris ist Autor und Ko-Autor von vier Büchern, unter anderem von *Brief Coaching. A Solution Focused Approach.*

Paul Z. Jackson studierte an der Universität Oxford und war als Journalist und Producer bei der BBC tätig. Er ist Mitbegründer der SOLworld und dem AIN (Applied Improvisation Network), Referent und Moderator bei Konferenzen und Workshops, und Autor mehrerer Bücher, unter anderem *The Solutions Focus.*

Alan Kay war lange Jahre als Geschäftsführer einer Marketing und Kommunikations-Agentur in Kanada tätig. Er lernte Lösungsfokus 1997 kennen und wendet diesen als Berater bei einer breiten Palette von Branchen und Organisationen im Profit und Non-Profit Sektor in Kanada und den USA an.

Stefan Kreil ist Ingenieur, Absolvent der Wirtschaftsuniversität Wien und hypnosystemischer Coach. Er ist im operativen und strategischen Risikomanagement und als interner Business Coach bei der SAP AG tätig.

Peter Kriegl studierte Betriebswirtschaft und ist als Organisationsberater, Trainer und Coach im lösungsfokussierten sowie im Signs-of-Safety-Ansatz im Rahmen des Instituts OS'T tätig.

Daniel Meier ist Mitbegründer und Leiter der SolutionSurfers, einem international tätigen Ausbildungsinstitut für lösungsorientiertes Arbeiten mit Sitz in der Schweiz. Er entwickelte 2005 eines der ersten lösungsfokussierten Teamcoaching-Modelle, den SolutionCircle.

Andrew Poulter studierte Biologie, Linguistik und internationale Beziehungen in Cambridge, Harvard und Wien. Er ist als technischer Geschäftsführer der Österreich-Niederlassung einer internationalen Software-Firma tätig, und Übersetzer des Buches *Begegnungen mit Steve de Shazer und Insoo Kim Berg.*

Harvey Ratner ist Mitbegründer des BRIEF Institute und ausgebildeter Sozialarbeiter und Familientherapeut. Gemeinsam hat BRIEF 70.000 Personen weltweit den lösungsfokussierten Zugang gelehrt und dafür eine Auszeichnung für besondere Beiträge zur lösungsfokussierten Praxis von der

EBTA erhalten. Harvey leitet den Diplom-Kurs bei BRIEF und ist Ko-Autor mehrerer Bücher, unter anderem *Brief Coaching with Children and Young People* gemeinsam mit Denise Yusuf.

Doris Regele ist studierte Kommunikationswissenschafterin und seit über 20 Jahren in der Beratung tätig. Sie ist geschäftsführende Gesellschafterin der Redmont GmbH und verfügt über umfangreiche Erfahrung mit Kommunikations- und Veränderungsprojekten.

Wolfgang Regele studierte Chemie an der TU Wien und absolvierte ein MBA Studium am INSEAD in Fontainebleau. Er bringt als geschäftsführender Gesellschafter der Redmont GmbH einen breiten Erfahrungsschatz aus fast 20 Jahren Management und 10 Jahren Beratungstätigkeit ein, und ist auf Change-Prozesse insbesondere in M&A-Situationen spezialisiert.

Marianne Roessler ist Sozialarbeiterin, Sozialwissenschafterin, Organisationsberaterin und Supervisorin und leitet Lehrgänge zur Anwendung von Lösungsfokus auf die Sozialarbeit im Rahmen des Instituts OS´T. In zweijähriger Zusammenarbeit mit Insoo Kim Berg war sie bei der Adaptierung des Ansatzes auf qualitätsvolle Sozialarbeit tätig. Sie begleitet Einrichtungen der Kinder- und Jugendhilfe.

Marco Ronzani studierte Jus und ist seit vielen Jahren als Anwalt und Mediator tätig. 2006 begegnete er Insoo Kim Berg und vollzog den Paradigmenwechsel vom problemanalytischen zum lösungsfokussierten Ansatz, auch in der Mediationsarbeit.

Peter Szabó ist Jurist und arbeitete als Personalchef eines Unternehmens bevor er gemeinsam mit Daniel Meier die SolutionSurfer gründete und begann, Coachingausbildungen anzubieten. Peter ist internationaler Referent und Ko-Autor von *Brief Coaching for Lasting Solutions* mit Insoo Kim Berg und von *Coaching – erfrischend einfach* mit Daniel Meier.

Über die Herausgeberin

© Fotostudio Monika Klinger, Wien

Susanne Burgstaller, Mag. Dr., lösungsfokussierte Unternehmensberaterin, Organisations- und Team-Entwicklerin, Moderatorin, Coach und Management-Trainerin; Gründerin und geschäftsführende Gesellschafterin von *usolvit consultants GmbH.*

Susanne Burgstaller verfügt über 25 Jahre Erfahrung in Organisationsberatung, Personalentwicklung und Unternehmensführung und berät Unternehmen und Institutionen im deutschsprachigen Raum sowie international. Sie erlernte Lösungsfokus bei Steve de Shazer und Insoo Kim Berg sowie bei verschiedenen internationalen Kolleginnen. Sie ist im Steering Committee der SOL Community, als Mitglied des ASFCT im Organisationsteam der SOLworld DACH und als Gründungsmitglied des Austrian Solution Circle tätig.

Kontakt: www.usolvit.com

C/O/N/E/C/T/A (Hrsg.)
Führung leben
Praktische Beispiele –
praktische Tipps –
praktische Theorie
Carl-Auer